Jean-Baptiste Dumas

Leçons
sur la philosophie
chimique

Chimie

 Le code de la propriété intellectuelle du 1er juillet 1992 interdit en effet expressément la photocopie à usage collectif sans autorisation des ayants droit. Or, cette pratique s'est généralisée dans les établissements d'enseignement supérieur, provoquant une baisse brutale des achats de livres et de revues, au point que la possibilité même pour les auteurs de créer des œuvres nouvelles et de les faire éditer correctement est aujourd'hui menacée. En application de la loi du 11 mars 1957, il est interdit de reproduire intégralement ou partiellement le présent ouvrage, sur quelque support que ce soit, sans autorisation de l'Éditeur ou du Centre Français d'Exploitation du Droit de Copie , 20, rue Grands Augustins, 75006 Paris.

ISBN : 978-1986579582

10 9 8 7 6 5 4 3 2 1

Jean-Baptiste Dumas

Leçons sur la philosophie chimique

Chimie

Table de Matières

AVIS DE L'ÉDITEUR.	7
PREMIÈRE LEÇON.	7
DEUXIÈME LEÇON.	36
TROISIÈME LEÇON.	58
QUATRIÈME LEÇON.	81
CINQUIÈME LEÇON.	119
SIXIÈME LEÇON.	148
SEPTIÈME LEÇON.	164
HUITIÈME LEÇON.	185
NEUVIÈME LEÇON.	204
DIXIÈME LEÇON.	228
ONZIÈME LEÇON.	248

AVIS DE L'ÉDITEUR.

Les Leçons sur la Philosophie chimique professées, en 1836, au Collège de France par M. Dumas, ont été rédigées à cette époque et publiées par M. Bineau, devenu plus tard professeur à la Faculté des Sciences de Lyon.

M. Dumas avait reconnu la fidélité de la reproduction de ces Leçons improvisées.

La première édition étant épuisée depuis longtemps, nous en faisons paraître une seconde avec la permission de l'auteur. Il n'y avait rien à changer à une rédaction qui devait conserver son caractère historique.

Dans un second volume, sous presse, nous avons réuni toutes les Leçons ou Conférences ayant pour objet des questions de Philosophie chimique, recueillies dans les Cours de M. Dumas, par ses élèves, pendant les trente années de son enseignement à l'École Polytechnique, à la Sorbonne, à la Faculté de Médecine ou à l'École Centrale des Arts et Manufactures, ainsi que les Notes sur les mêmes sujets qui ont paru dans les *Comptes rendus de l'Académie des Sciences*.

On aura ainsi, sous une forme condensée, l'ensemble des opinions et des vues émises successivement par M. Dumas et devenues pour la plupart familières aux chimistes du temps présent.

PREMIÈRE LEÇON.

(16 avril 1836.)

Définition de la Philosophie chimique. — Origines de la Chimie. — Chimie des Égyptiens. — Chimie des Hébreux, des Grecs. — Chimie des Arabes. Geber. — Roger Bacon. — Albert le Grand. — Arnauld de Villeneuve. — Raymond Lulle. — École de Raymond Lulle. — Paracelse. — Agricola. — Bernard Palissy. — Conclusion.

Messieurs,

En commençant ces leçons sur la Philosophie chimique, dont je n'accepte qu'à regret le fardeau redoutable, j'ai besoin de réclamer l'appui de toute votre bienveillance. Pour aborder avec quelque confiance un pareil sujet, il eût fallu s'y préparer de longue date, consacrer quelques années aux nombreuses recherches qu'il nécessite, et approfondir, dans le calme et la retraite, les difficultés si variées dont il est hérissé. Obligé de me présenter devant vous comme à l'improviste, je serais sans excuse si, en acceptant une semblable mission, je n'avais mesuré sa haute utilité avant de consulter mes forces, et si je n'avais rien tenté pour qu'elle demeurât placée en des mains plus dignes que les miennes de l'accomplir.

La Philosophie chimique (à peine si j'ose la définir) a pour objet de remonter aux principes généraux de la science, de montrer non-seulement en quoi ils consistent aujourd'hui, mais encore quelles sont les diverses phases par lesquelles ils ont passé, de donner l'explication la plus générale des phénomènes chimiques, d'établir la liaison qui existe entre les faits observés et la cause même de ces faits.

La Philosophie chimique fait abstraction des propriétés spéciales des corps ; elle met de côté les particularités qu'ils peuvent présenter, et n'examine que l'essence des diverses réactions. Prise au point de vue de la Chimie actuelle, elle se compose de l'étude générale des particules matérielles que les chimistes, appellent *atomes*, et de celle des forces auxquelles sont soumises ces particules. Ainsi, elle comprend la recherche de toutes les propriétés des atomes, l'examen de l'action chimique, de ses effets, de sa cause et de ses diverses modifications ; elle cherche à démêler les rapports de ressemblance et de dissemblance que présentent les corps de la nature, et elle essaye d'en découvrir les causes secrètes.

Je pourrais donc, bornant là son rôle, vous dire comment la science peut envisager en partant des principes admis aujourd'hui ; mais vous trouverez plus utile d'examiner comment elle s'est donné ces mêmes principes, comment s'est formée sa manière d'expérimenter, comment s'est fixée la marche de sa logique. Vous aimerez à suivre ses progrès depuis son origine jusqu'à ce jour, et même à prévoir, autant qu'il est permis de le faire, les découvertes prochaines qu'elle nous promet.

Les vues générales de la Chimie ne peuvent guère s'isoler

maintenant ; elles sont subordonnées à l'état de la Physique et des Mathématiques. À leur tour, ces vues réagissent sur la première de ces sciences. Un jour, sans doute, elles réagiront aussi sur les sciences de calcul, en forçant les géomètres, qui ne reculeront pas devant les difficultés du sujet, à créer de nouvelles méthodes.

Cependant, n'allez pas croire que la Mécanique et la Physique nous aient toujours été fort utiles. La Chimie avait peu à gagner et beaucoup à perdre dans le concours des physiciens, à l'époque où ceux-ci n'avaient à lui offrir autre chose que leurs systèmes de Mécanique moléculaire, basés sur l'existence d'atomes crochus ou d'atomes en spirale, conceptions stériles qui ne pouvaient servir qu'à jeter dans l'étude des phénomènes chimiques une déplorable confusion. Eh bien ! étudiez les chimistes du temps où ces idées florissaient, où elles dominaient les écoles, et vous verrez qu'ils s'en laissent difficilement imprégner ; vous verrez que leur bon sens saisit admirablement le vague de ces théories et leur peu de portée ; vous verrez qu'ils en repoussent l'application, tout comme nous repoussons aujourd'hui du domaine de la science toute spéculation trop éloignée des faits observables. C'est qu'il existe entre les chimistes actuels et les anciens chimistes quelque chose de commun : c'est la méthode. Et quelle est cette méthode, vieille comme notre science elle-même, et qui se caractérise dès son berceau ? C'est la foi la plus complète dans le témoignage des sens ; c'est une confiance sans bornes accordée à l'expérience ; c'est une aveugle soumission à la puissance des faits. Anciens ou modernes, les chimistes veulent voir avec les yeux du corps avant d'employer ceux de l'esprit ; ils veulent faire des théories pour les faits, et non chercher des faits pour les théories préconçues.

C'est sous le point de vue de la méthode qu'il faut examiner les ouvrages des anciens, pour comprendre ce qu'ils ont de philosophique ; et, prise à ce point de vue, cette étude n'est pas sans intérêt, comme il me sera facile de vous le prouver en jetant un coup d'œil sur les travaux des anciens chimistes, de ceux même qui ont précédé l'établissement des académies, c'est-à-dire de ceux qui ont écrit avant 1650 ou à peu près.

Comparés aux physiciens, aux mécaniciens et aux géomètres, les chimistes nous paraissent les véritables inventeurs de l'art d'expérimenter. S'ils ont été les derniers à se faire des théories, c'est que leur tâche était bien plus difficile. Ce n'est que d'hier, sans doute, qu'on peut dater nos premiers essais de théories justes, et pourtant l'observation des phénomènes chimiques, l'art de les coordonner dans un certain but et de les reproduire à volonté datent des premiers âges du monde. De là même, ces difficultés sur l'époque précise à laquelle il faut placer la naissance de la Chimie.

De là aussi, ce singulier contraste qu'on remarque chez les anciens peuples entre l'état florissant de la Chimie industrielle et l'absence complète de toute Chimie théorique, contraste qui mérite bien quelque détail, et qui jette d'ailleurs une si vive lumière sur la création de la méthode des chimistes.

Nous n'en sommes plus à l'époque où, jaloux peut-être de dissimuler leur véritable origine, Borrichius et ses émules allaient chercher les lettres de noblesse de leur science aux temps les plus reculés du monde, et ne reconnaissaient pour ancêtres que des demi-dieux ou des rois. Nous ne pouvons même plus placer exclusivement le berceau de la Chimie dans l'officine des anciens pharmacopoles à qui l'on attribuerait volontiers sa découverte. Les services que nous avons rendus nous placent assez haut pour que nous puissions rappeler, sans embarras, notre obscure parenté. Avouons donc, sans détour, que la Chimie pratique a pris naissance dans les ateliers du forgeron, du potier ou du verrier, et dans la boutique du parfumeur, et convenons nettement que les premiers éléments de la Chimie scientifique ne datent que d'hier.

Les Phéniciens, les Égyptiens étaient, il est vrai, très-avancés dans les arts dépendant de la Chimie. On observe chez eux une industrie très-perfectionnée, dans laquelle une foule d'observations ont été mises à profit et ont donné naissance à des arts très-compliqués. Ainsi, les Égyptiens avaient poussé fort loin l'art de la verrerie, ils connaissaient non-seulement les verres blancs, mais encore les émaux, les verres colorés ; et, quand on examine les produits sortis de leurs mains, on est saisi d'étonnement et d'admiration, en y reconnaissant des preuves incontestables d'une industrie presque aussi avancée que celle que nous possédons aujourd'hui. Non-seulement ils savaient recueillir le *natron*, que la nature leur donnait tout formé, mais ils le purifiaient ; mais ils connaissaient la potasse, et savaient que cet alcali peut être retiré des cendres ; ils fabriquaient des savons, ils n'ignoraient pas que la chaux peut se préparer par la calcination des pierres calcaires, et ils avaient une connaissance détaillée des usages auxquels elle se prête ; ils avaient même découvert qu'elle rend caustique le carbonate de soude. Déjà, qui plus est, chose bien singulière ! le génie de la fraude avait su mettre à profit cette propriété, pour donner à la soude une causticité capable de faire illusion sur sa valeur vénale, comme on le fait de nos jours ; et tout naturellement on avait cherché et découvert les moyens propres à déceler cette sophistication.

Leurs connaissances en Métallurgie ne sont pas moins remarquables. On les voit faire usage du cuivre, de l'or, de l'argent, du plomb, de l'étain, du fer. Ils ont donc des procédés d'extraction pour ces différents métaux, et ceux que nous connaissons comme ayant été pratiqués par eux diffèrent souvent bien peu des nôtres. Ils savent combiner ces métaux, et produire un certain nombre d'alliages, ainsi que d'autres préparations métalliques. La litharge, les vitriols et plusieurs autres sels leur sont parfaitement connus.

C'est avec un succès pareil que nous les voyons pratiquer les arts qui dépendent de la Chimie organique. Leurs procédés de teinture sont déjà très-avancés. Ils connaissent l'art de faire le vin et le vinaigre, et même, ce qui semble plus compliqué, ils possèdent la fabrication de la bière. Ils savent tirer parti des produits de la distillation des bois résineux en diverses circonstances, et très-probablement en particulier pour la préparation de ces momies, que nous trouvons encore intactes après tant de siècles écoulés.

Conclurez-vous de tous ces faits que les Égyptiens étaient de savants chimistes, qu'ils possédaient des théories chimiques, coordonnées et approfondies ? Eh ! non, du tout. Les Égyptiens n'avaient pas besoin de théories chimiques pour en arriver là ; ils n'en avaient pas plus besoin que les Chinois, chez lesquels certains arts sont arrivés à un degré de perfection qui fait notre désespoir, bien que l'on ne trouve parmi eux aucune de ces notions scientifiques qui accompagnent l'industrie des Européens et des autres peuples arrivés au même état de civilisation ; ils n'en avaient pas plus besoin que les Indiens, à qui l'on doit tant de procédés industriels, qui ont, par exemple, fait preuve d'une si grande habileté dans l'application des matières tinctoriales, et qui, en Europe, n'ont pas toujours été égales sous ce rapport.

Cela doit-il nous surprendre ? Non, sans doute. Pour s'en rendre compte, ne suffit-il pas, sans aller plus loin, de jeter les yeux sur ce qui se passe autour de nous ? Dans notre propre industrie, ou du moins dans celle de notre époque, nous trouverions une foule d'exemples propres à mettre en évidence tout ce que peut une pratique longue et assidue. Oui, aujourd'hui même, quand la science fait tant d'efforts, et des efforts si glorieux pour éclairer et diriger les arts, nous ne manquerions pas de ces exemples fameux, qui nous font voir comment il est possible que la pratique seule, suivie avec constance par un esprit judicieux, comment il est possible même que le simple hasard conduise à des méthodes industrielles parfaites, que la théorie n'aurait jamais pu imaginer.

Rappelons seulement ce qui s'est passé au Mexique, relativement à l'exploitation des mines d'argent. Depuis 1561, ces mines sont exploitées par un procédé qui réalise toutes les conditions désirables. Il est dû à un homme presque inconnu d'ailleurs, Hernando Velasquez, qui n'avait aucune des connaissances de Chimie théorique nécessaires pour imaginer son procédé. En effet, celui-ci est extrêmement compliqué, et n'a été compris ni de son auteur, ni de ceux qui sont venus après lui. Ce n'est que depuis quelques années que les efforts réunis de MM. Sonneschmidt, Humboldt, Karsten et Boussingault nous ont permis d'en concevoir la théorie. Velasquez y avait été conduit par la pratique seule, en passant d'une expérience à une autre, sans s'en rendre compte, sans qu'il lui fût même possible de s'en rendre compte.

Et, pour citer un exemple plus récent encore, le procédé de l'emploi de l'air chaud dans les hauts fourneaux, qui vient d'être si heureusement imaginé, et qui est adopté dans les usines avec tant d'empressement et de succès, est-il le résultat des méditations de la théorie ? Le comprenons-nous seulement ? Non, ce procédé est l'enfant du hasard, et parmi les explications que l'on s'efforce de nous en donner, il n'en est peut-être aucune qui soit entièrement digne d'obtenir de nos esprits une adhésion complète. Eh bien ! faute de théorie, se propage-t-il moins vite ? Pas du tout.

Ainsi, dans les arts, on peut faire des découvertes d'une haute portée, sans être guidé par aucune lumière scientifique. L'état florissant de l'industrie des Égyptiens ne prouve donc nullement qu'ils aient possédé la théorie des arts dans lesquels ils excellaient ;

et, quoi qu'en aient dit les auteurs qui veulent nous faire aussi vieux que le monde, il est difficile d'admettre que les Égyptiens aient été chimistes dans le sens exact et actuel du mot.

Ce que les Égyptiens ont connu, sans aucun doute, c'est l'art de lier entre elles des observations fortuites, celui de les coordonner, de passer de l'une à l'autre, et d'en tirer parti pour fonder ou perfectionner leurs industries. S'ils n'ont pas été chimistes, ils ont en quelque chose de la méthode des chimistes, l'art d'observer. Ne soyons donc pas trop surpris si, aussitôt qu'on a commencé à écrire sur l'histoire de la Chimie, on a regardé les Égyptiens comme des chimistes très-avancés ; si l'on a pensé que leurs hiéroglyphes cachaient des détails scientifiques sur les opérations de la Chimie ; et si enfin dans le mot même de Chimie, dont l'étymologie fort obscure ne peut rien nous apprendre de positif à cet égard, on a voulu voir l'ancien nom de l'Égypte.

On pourra peut-être savoir à quoi s'en tenir par la suite sur notre origine égyptienne, maintenant que les découvertes de Champollion permettent de déchiffrer les caractères hiéroglyphiques. Jusqu'ici, dans ce qu'on a écrit en faveur de cette opinion, s'il n'y a rien qui paraisse improbable, il n'y a rien non plus dans le détail des faits qui mérite une attention sérieuse. Que pourrions-nous dire, en effet, des prétendus ouvrages d'Hermès Trismégiste, ce roi d'Égypte trois fois grand, auquel on accorde tant de connaissances en Chimie, sinon que ce sont de pures inventions des alchimistes modernes ?

Il est assez facile de comprendre comment on a conclu les connaissances chimiques des Égyptiens de la perfection des produits de leur industrie. Mais avec notre Chimie si savante, et pourtant si populaire et si simple, nous ne comprenons plus cette haute idée que quelques Pères de l'Église professaient pour la Chimie de leur temps qui nous semble si pauvre. Ils ne consentaient pas à y voir une invention humaine ; ils en cherchaient l'origine dans les amours des Égrégores, et en particulier dans celles de leur dixième roi, Hexael, avec les filles des hommes qui auraient appris cette science par les indiscrétions de ces anges ou de ces démons. Borrichius, il est vrai, malgré son zèle pour la Chimie antédiluvienne, renonce à peu près à cette origine quasi divine ; mais confondant toujours la Chimie et les arts, il ne fait aucun doute que vous regarderez avec lui Tubalcaïn, le huitième homme après Adam, le fondeur et le forgeron de l'Écriture, *malleator et faber in cuncta genera æris et ferri*, comme le premier chimiste, et comme un grand chimiste.

Si les connaissances théoriques des Égyptiens nous paraissent fort équivoques, nous pouvons en dire autant de celles des Hébreux. Pour prouver que les Hébreux étaient avancés dans l'étude de la Chimie, on a prétendu qu'ils en avaient emprunté les principes aux Égyptiens pendant leur séjour parmi eux ; mais, d'après ce que nous venons de voir, on sent qu'un tel motif ne peut être d'un grand poids. On a voulu faire de Moïse un grand chimiste, et l'on a cité en preuve la dissolution du veau d'or, que l'on a cherché à expliquer par la théorie des sulfo-sels ; mais il est évident que rien ne prouve que Moise ait su la Chimie, quoiqu'on puisse lui accorder la connaissance de certains procédés. On a cité également d'autres personnages qui se seraient mêlés aussi de Chimie et même d'Alchimie, à en croire d'anciens ouvrages ; mais les passages qui les concernent sont manifestement apocryphes : tels sont les écrits attribués à une certaine Marie la Juive, telle est la prose qui prête la connaissance de la pierre philosophale à saint Jean l'Évangéliste.

La connaissance des différents arts chimiques cultivés par les Égyptiens s'était aussi répandue chez les Grecs ; mais, en apprenant leurs procédés, ils avaient hérité en même temps de leur ignorance sur la cause des effets qu'ils savaient produire. Leurs philosophes les plus célèbres, ces hommes qui ont tant réfléchi sur les phénomènes de la nature, se taisent en effet sur tous ces points. Nous ne trouvons dans leurs ouvrages aucune tentative pour arriver à la connaissance des phénomènes de la Chimie. Ils ont eu cependant sur la nature des idées fort remarquables : telles sont celles de Démocrite touchant l'existence des atomes ; elles reposent sur des vues qui sont encore celles des physiciens et des chimistes d'aujourd'hui ; mais elles sont prises en dehors de la Chimie proprement dite.

Enfin, il suffit de lire Pline pour acquérir la conviction que les Romains n'ont pas été plus avancés que les Grecs sur ces matières.

Nous pouvons donc le dire avec confiance, la méthode des chimistes, l'art d'interroger la nature par des épreuves, a sans doute été connu des Égyptiens ; mais, dans les temps reculés dont nous

PREMIÈRE LEÇON.

venons de parcourir la succession, la Chimie n'existait pas comme science.

Si nous voulons sortir du champ des conjectures, il faut descendre jusqu'au huitième siècle pour trouver des notions exactes sur l'état des connaissances chimiques, quoiqu'on puisse assurer que celles-ci datent de plus haut. En effet, c'est vers ce temps que vécut Geber, fondateur de l'école des chimistes arabes, qui s'est acquis tant de célébrité parmi les écrivains du moyen âge, l'auteur du *Summa perfectionis*, le plus ancien ouvrage de Chimie qui nous soit parvenu. Geber rassemble toutes les connaissances chimiques des mahométans ; et, quoiqu'il n'ait point la prétention de se donner comme inventeur des notions réunies dans son ouvrage, il est difficile de voir en lui un simple compilateur. Quoi qu'il en soit, nous lui devons du moins la possibilité de nous faire une idée juste de l'état de la science à cette époque. Son ouvrage, écrit tout entier dans une vue alchimique, nous montre que déjà l'on croyait dès longtemps à la transmutation des métaux, et l'on sait que cette erreur, dont on ne connaît point la source, s'est prolongée pendant un grand nombre de siècles. On y trouve aussi l'indication de la médecine universelle. Geber donne, en effet, son *Élixir rouge*, qui n'est qu'une dissolution d'or, comme un remède à tous les maux, comme un moyen de prolonger la vie indéfiniment et de rajeunir la vieillesse.

Au surplus, c'est bien avant Geber que se montre pour la première fois le mot d'Alchimie. Dès le quatrième siècle, on voit la Chimie désignée sous ce nom, dans lequel la particule *al* exprime une perfection, comme s'il eût existé des chimistes purement routiniers, et que des chimistes plus lettrés eussent voulu se distinguer d'eux.

Quelques phrases tirées du traité le plus pratique de Geber, celui qui est intitulé : *De investigatione magisterii*, vont vous initier à la Chimie de cette époque : « Prétendre à extraire un corps de celui qui ne le contient pas, c'est folie ; mais, comme tous les métaux sont formés de mercure et de soufre plus ou moins purs, on peut ajouter à ceux-ci ce qui est en défaut ou leur ôter ce qui est en excès. Pour y parvenir, l'art emploie des moyens appropriés aux divers corps. Voici ceux que l'expérience nous a fait connaître : la calcination, la sublimation, la décantation, la solution, la distillation, la coagulation, la fixation et la procréation. Quant aux agents, ce sont les sels, les aluns, les vitriols, le verre, le borax, le vinaigre le plus fort et le feu. » On sent, à la fermeté du style de Geber et à la netteté de ses expressions, qu'il résume des idées bien arrêtées et qui probablement lui viennent de loin. Outre le mercure et le soufre, Geber reconnaît un troisième principe : c'est l'arsenic.

Écrivant en arabe, Geber a dû initier les Arabes, plus que toute autre nation, aux pratiques de son art. Aussi, est-ce chez ce peuple surtout que se trouve cultivée l'Alchimie après Geber ; et bientôt nous voyons paraître, dans cette contrée, des auteurs bien connus dans l'histoire de la Médecine et de la Pharmacologie. Ce sont Rhazès, Avicenne, Mesué, Averroës, qui laissèrent des noms célèbres, soit pour avoir décrit quelques préparations nouvelles, soit pour avoir cherché à donner à la Médecine un mouvement nouveau.

Les connaissances chimiques dont les Arabes étaient en possession depuis longtemps ne pénétrèrent en Europe que vers le treizième siècle. Elles y vinrent à la suite du mouvement produit par les croisades, et c'est là un des nombreux services qu'elles ont rendus a la civilisation. On l'a déjà remarqué, d'ailleurs, tous ces grands mouvements de guerre, mêlant des peuples qui s'ignoraient, et les obligeant à une étreinte passagère, mais étroite, ont toujours été l'un des moyens les plus efficaces pour la transmission et la diffusion des lumières propres à chacun d'eux. C'est ainsi que la conquête de la Hollande pendant notre révolution nous a dotés des arts chimiques dont cette contrée se réservait le monopole. La Chimie nous est donc arrivée par le moyen des Croisés, et sous sa forme alchimique, telle que les Arabes la leur avaient apprise, telle que l'avait perfectionnée l'esprit ardent de ces peuples, qui avaient vu dans les préparations de la Chimie une source féconde d'utiles médicaments dont l'efficacité était inconnue à Geber. Un certain vernis de magie, qui doit être attribué sans doute à l'origine orientale de la Chimie parmi nous, semble inséparable du souvenir de nos premiers chimistes. Il s'est tellement associé à leur renommée et à leur mémoire, qu'il suffit de citer leurs noms pour en rappeler l'idée.

À leur tête se place le magicien des auteurs dramatiques, Roger Bacon, cordelier anglais, le premier écrivain chimiste que nous ayons eu en Europe. La lecture des ouvrages qu'il nous a laissés, et qu'il écrivit vers l'an 1230, porte à l'envisager comme un esprit très-remarquable. On est frappé à la fois de la netteté de ses connaissances et de leur universalité ; mais on regrette que sa crédulité lui fasse adopter de confiance des faits controuvés. Il possède les connaissances dont se composait la Mécanique d'alors ; il a sur la Physique des notions claires ; enfin si, quand il aborde les questions de Chimie, il n'était préoccupé de ses idées alchimiques, on serait étonné de la précision de quelques-unes de ses vues.

Il a composé un ouvrage d'un bon style, intitulé : *Opus majus*, dans lequel se fait remarquer surtout un chapitre sur l'art d'expérimenter. Il place l'expérience au plus haut degré possible dans l'échelle des connaissances humaines. C'est au moyen de cet art d'expérimenter, dit-il en terminant son *Opus majus*, que certains chimistes sont parvenus aux plus brillantes découvertes, et qu'il leur a été permis, par exemple, d'opérer la multiplication des métaux précieux et de découvrir le moyen de prolonger leur vie pendant plusieurs siècles. Mettez de côté cette idée chimérique, qu'il faut comprendre comme elle est émise : car Roger Bacon ne dit pas qu'il ait fait de l'or ou qu'il ait obtenu la panacée ; mais, victime de sa crédulité, il paraît convaincu, d'après les merveilles que la Chimie lui a offertes, que d'autres ont pu atteindre cette haute perfection ; mettez de côté cette idée, et vous sentirez que, s'il n'avait vraiment travaillé la Chimie de son temps, il n'eut pas insisté à son sujet sur la nécessité de l'expérimentation, comme il le fait dans son ouvrage. N'est-il pas curieux, d'ailleurs, que dans un homme si disposé accueillir les faits à la légère, on trouve cependant déjà ce qui, dans tous les temps, a caractérisé la marche véritable de la Chimie, cette foi complète dans l'expérience, qui, depuis Roger Bacon jusqu'à nos jours, n'a jamais abandonné les vrais chimistes ?

Que Roger Bacon, avec les connaissances de Physique, de Mécanique, d'Histoire naturelle et de Chimie, qu'il possédait et dont il s'exagérait tant le pouvoir, ait laissé la réputation dont il jouit aujourd'hui : cela ne doit pas nous étonner. Comment voulez-vous qu'un homme qui, le premier, a donné la préparation de la poudre à canon, ou qui, le premier, du moins, a fait connaître sa terrible puissance, comment voulez-vous que cet homme n'ait pas été un magicien ? Toutefois, si vous consultez ses ouvrages, vous n'y trouverez aucune de ces histoires merveilleuses dont on s'est plu à le faire le héros ; vous n'y apprendrez rien au sujet de la tête d'airain parlante, qu'il aurait fabriquée, et qu'il consultait, dit-on, à l'occasion.

Mais il ne vous sera pas difficile de comprendre pourquoi Roger Bacon a passé pour sorcier, si vous lisez son traité *De mirabili potestate artis et naturæ*. Il exagère tant cette puissance de l'art et de la nature, que vous pouvez vous figurer, avec un peu de bonne volonté, qu'il a connu l'art de s'élever et de se diriger dans les airs, aussi bien que la cloche du plongeur, les ponts suspendus, le microscope, le télescope, et les voitures ou bateaux à vapeur ; car c'est tout au plus si ces merveilles de notre âge réalisent tous les effets qu'il dit pouvoir être obtenus de son temps.

Ces assertions d'un esprit exagéré et crédule laissent beaucoup de doute sur les connaissances que Roger Bacon a pu avoir en ce qui concerne la poudre à canon. Voici sa recette : *Sed tamen salis petræ* LURU VOPO VIR CAN UTRIET*sulphuris, et sic facies tonitrum et corruscationem, si scias artificium*. Comme on voit, le charbon et les doses y seraient désignés d'une manière énigmatique ; et, quand il ajoute qu'avec une portion de ce mélange de la grosseur du pouce on peut détruire une armée et bouleverser une ville, on serait tenté de croire qu'il n'avait jamais manié de poudre, si l'on ne savait quelles exagérations a toujours fait naître la découverte des substances explosives ou vénéneuses.

À peu près à la même époque, on voit apparaître un autre personnage, rival du précédent par sa science variée et profonde, et qui a laissé comme lui une réputation universelle de magicien. C'est Albert de Bollstadt, dont la célébrité s'est résumée dans le nom d'Albert le Grand, qui a certainement beaucoup contribué à établir et à populariser cette renommée de sorcellerie qu'on lui a faite, et qui s'est transmise jusqu'à nos jours.

Albert le Grand était encore un moine ; c'était un dominicain, qui a même occupé l'épiscopat de Cologne. Il naquit en Souabe, en 1205. Comme beaucoup de savants de ces temps éloignés, c'était un homme universel, dont les études avaient embrassé toutes les sciences, et il avait à la fois des connaissances très-étendues et très-approfondies ; ce qui faisait dire de lui qu'il était : *Magnus in magiâ, major in philosophiâ, maximus in theologiâ*. En effet, les ouvrages qu'il a écrits sur ces matières, et qui d'ailleurs sont fort nombreux, montrent qu'il possédait des connaissances précises de diverse nature, et en particulier sur les propriétés chimiques des pierres, des métaux et des sels, pour nous borner à ce qui nous concerne, connaissances qu'on trouverait fort difficilement chez d'autres savants de cette époque.

On ne doit pas, d'ailleurs, pour s'en faire une juste idée, se figurer qu'Albert le Grand soit auteur de tous les ouvrages qu'on lui attribue. Il ne faut pas compter, parmi ses œuvres, les *Secrets du Petit Albert*, ouvrage dont la composition est si peu en rapport avec la nature des devoirs d'un évêque, et dans lequel personne ne pourrait sérieusement reconnaître le style d'Albert, du maître de saint Thomas d'Aquin, son disciple favori. Il faut même en écarter un certain Traité d'Alchimie, le *Traité des secrets du Grand Albert*, auquel on a fait porter son nom, et qui est postérieur à son époque. Quand on a étudié ses écrits véritables et qu'on jette les yeux sur ce traité, on aperçoit bien vite la fraude, tant ces livres, forgés par les alchimistes, sont tracés d'une main lourde et maladroite. Enfin, il faut surtout mettre de côté sa réputation de magicien, et oublier les merveilles qu'on en raconte, quoiqu'elles soient dignes de figurer parmi les curieuses histoires d'enchantements qui ont amusé notre enfance.

Ainsi, ce n'est plus une tête d'airain qu'Albert le Grand avait fabriquée : c'était un homme tout entier, ce qu'on appelle l'*Androïde* d'Albert, personnage qui résolvait ses principales difficultés, et dont on serait tenté de croire que c'est tout simplement quelque machine à calculer, personnifiée par l'exagération populaire.

Bien mieux, Albert le Grand avait invité à dîner un certain comte de Hollande. Pour recevoir dignement ce haut personnage, il fait dresser la table au milieu du jardin, ce qui, naturellement, étonne beaucoup le comte et les seigneurs qui l'accompagnaient : car on était en plein hiver, et plusieurs pieds de neige couvraient le sol du jardin. Mais, au moment de se mettre à table, la neige disparaît, une douce chaleur succède aux rigueurs de la froidure, les arbres se parent de leur feuillage et de leurs fleurs, et les oiseaux joyeux font entendre à l'envi leurs chants du printemps. Cette scène se continue aussi longtemps que dure le repas ; mais, à l'instant où le dîner se termine, tout l'enchantement s'évanouit, et l'hiver reparaît avec ses glaces et son aridité.

Vous voyez quelle idée on se formait alors des hommes qui se livraient à l'étude de la Chimie. Eux-mêmes ne contribuaient pas peu à l'entretenir : ils aimaient, en général, à se donner comme disposant d'une puissance bien supérieure à leurs forces. C'est ainsi qu'on les voit souvent se vanter de savoir faire de l'or, et d'en faire en telle quantité qu'ils veulent, ou du moins de connaître des gens qui en font ; de sorte que l'opinion qu'ils laissent établir sur leur compte va bientôt grossissant, et leur fait attribuer des connaissances qu'ils n'ont jamais possédées, et une puissance imaginaire.

Ceci, du reste, ne s'applique en rien à Albert le Grand, dont le traité *de Mineralibus et Rebus metalicis* offre tout au contraire plus de réserve et de sagesse qu'on n'en devrait attendre de l'époque. L'auteur y expose et y discute les opinions de Geber et des chimistes de l'école arabe ; il admet leur façon de voir sur la nature des métaux ; il partage leurs idées sur la génération de ces corps ; mais il y ajoute des observations qui lui sont propres, et surtout de celles que l'habitude de voir des mines et des exploitations métallurgiques lui a permis de faire.

On ne pourrait donc extraire de cet ouvrage que des faits de détail, si l'on voulait citer quelque chose qui appartînt à son auteur ; mais on donnerait par ce procédé une mauvaise appréciation de son mérite. Ce qui caractérise le traité *de Rebus metallicis* que j'ai étudié davantage, c'est l'exposition savante, précise et souvent élégante des opinions des anciens ou de celles des Arabes ; c'est leur discussion raisonnée, où se décèle l'écrivain exercé en même temps que l'observateur attentif.

À l'époque où florissaient Roger Bacon et Albert le Grand, la France ne possédait aucun savant de quelque renom qui fût versé dans les études chimiques ; mais elle ne resta pas longtemps en arrière. Un homme dont la renommée égala celle des chimistes que nous venons de citer, Arnauld de Villeneuve, ne tarda pas à se montrer dans le midi de la France, et fit faire à la Chimie des progrès plus grands qu'Albert le Grand et comparables à ceux qu'on attribue à Roger Bacon.

S'il n'est point l'inventeur de l'art de distiller, art beaucoup plus ancien, puisque Dioscoride a donné une description de l'alambic qu'il nomme *ambica*, la particule *al* ayant été ajoutée plus tard, du moins est-il certain qu'on lui doit d'avoir insisté sur l'utilité de la distillation, et d'avoir répandu la connaissance de quelques-uns des produits les plus importants que l'on extrait par ce moyen. Si ce n'est pas lui qui a découvert l'esprit-de-vin, il est toujours constant que c'est lui qui en a fait connaître les principales propriétés.

Vous serez curieux de connaître comment il s'exprime à ce sujet. Dans l'*Antidotarium*, vous trouverez quatre lignes sur la distillation des médicaments, où il dit que la distillation du vieux vin rouge donne une eau ardente d'un excellent usage contre la paralysie, etc. Et ailleurs, dans son traité *De conservandâ juventute*, vous lirez : « Discours sur l'*eau* de vin, que quelques-uns appellent *eau-de-vie*, etc. » Ces façons de s'exprimer supposent que cette liqueur aurait été généralement connue, et laissent le droit de penser qu'Arnauld joue ici le rôle d'historien plutôt que celui d'inventeur.

On le donne aussi comme ayant découvert l'essence de térébenthine ; cela est possible, et il la désigne sous le nom d'*oleum mirabile* ; mais il faudrait ajouter qu'il rapporte à un autre que lui l'honneur de la découverte de l'essence de romarin. En effet, contre sa coutume, il raconte en détail comment Azanarès, se trouvant à Babylone, apprit d'un vieux médecin sarrasin, à force de soins et d'instances, le procédé qui permet d'obtenir cette essence par la distillation.

Après avoir fait ses études, de Médecine à Paris, il professa cette science à Montpellier d'une manière très-distinguée. Les ouvrages fort nombreux qu'il a laissés indiquent des notions saines de Médecine, une pharmacologie aussi avancée qu'on peut l'attendre de cette époque, et des connaissances de Chimie qui ne sont point sans intérêt, dont quelques-unes même en ont beaucoup. D'ailleurs, Arnauld de Villeneuve possède, comme les autres, la pierre philosophale, et donne la recette pour faire de l'or, mais en termes inintelligibles et dans lesquels il est impossible de comprendre absolument rien, à moins d'être initié au langage sous lequel les chimistes se plaisaient a cacher leurs moyens de procéder et leurs découvertes réelles ou fictives en ce genre.

Les ouvrages d'Arnauld de Villeneuve sont remplis de faits et de détails instructifs ; mais la forme n'en est pas exempte d'une pédanterie rigide qui les rend difficiles à lire. Ils sont composés d'une multitude de traités divisés uniformément en sections et en articles, écrits d'un style aride et pauvre, qui ferait supposer que ce sont des résumés de ses leçons faits par lui ou plutôt par ses élèves.

Rien n'y rappelle l'esprit vif ou élevé que ses découvertes et ses succès près des grands permettent de lui attribuer, ni le scepticisme qu'on lui a prêté et qui s'accorde bien avec les diverses circonstances de sa vie. En effet, on sait qu'il encourut la censure ecclésiastique, pour avoir déclaré les œuvres de charité et de médecine plus agréables à Dieu que le sacrifice de la messe. Son caractère a paru même digne de figurer dans un roman ; aussi un romancier s'en est-il emparé, et l'a-t-il assez bien mis en scène.

Mais voulez-vous un tableau brillant et parfait, qui vous présente en un seul homme les traits les plus curieux de l'histoire des chimistes de cette époque ? Prenez comme type éminemment accompli Raymond Lulle, l'inventeur de l'Athanor et de la médecine universelle, le *Docteur illuminé*, élève d'Arnauld de Villeneuve, né vers la même année que lui, mais qui, ayant étudié plus tard, lui succède dans les fastes de l'Alchimie.

Il serait bien difficile et bien long de donner une idée exacte de l'existence aventureuse de ce personnage. Il faudrait pour cela dérouler sa vie tout entière, qui n'a pas duré moins de quatre-vingts ans, et qui fut toujours active jusqu'au dernier moment. Il faudrait vous le montrer voyageant de tous les côtés, ne passant jamais une année dans le même lieu, se mettant en communication avec tous les savants, discutant, ergotant sur tous les sujets, et en même temps laissant des écrits dont le nombre surpasse l'imagination, dans lesquels il se fait remarquer par la multitude et l'étendue de ses connaissances ; et où l'on trouve un mélange bizarre de Théologie, de Chimie, de Physique et de Médecine : de Théologie, parce qu'il était moine ; de Physique et de Chimie, parce que ces deux sciences n'étaient point séparées, et qu'il avait un goût passionné pour les études chimiques ; de Médecine, enfin, à cause de ses rapports avec Arnauld de Villeneuve, qui cultivait cette science avec beaucoup d'ardeur.

Raymond Lulle était espagnol : il naquit à Majorque, et appartenait à une famille noble et riche. Comme les autres seigneurs de son temps, il passa les années de sa jeunesse dans les fêtes et les plaisirs. Le hasard le fit amoureux d'une dame, et amoureux passionné. Il n'est point de folie que cette passion ne lui ait inspirée. On le vit même, songez au temps et au pays, on le vit même pénétrer dans l'église à cheval, pour s'y faire remarquer de la dame de ses pensées.

Fatiguée de ses assiduités turbulentes, la signora Ambrosia de Castello lui écrivit une lettre qui nous est restée, où elle cherche à calmer cet amour dont elle se sent indigne, où elle rappelle à lui-même un esprit fait pour s'appliquer à des choses plus sérieuses. Raymond Lulle n'en continua pas moins ses poursuites ; il fit des vers en son honneur : elle occupait toutes ses pensées, et le délire de son amour ne s'apaisait nullement. Enfin, inspirée par la Providence, à ce que disent d'anciens auteurs, et voulant mettre un terme à ses importunités, elle lui donne un rendez-vous chez elle ; et là, après avoir répété ses conseils, sans rien gagner sur son esprit, elle ajoute : « Eh bien ! Raymond, vous m'aimez, et savez-vous ce que vous aimez ? Vous avez chanté mes louanges dans vos vers ; vous avez célébré ma beauté, vous avez loué surtout celle de mon sein. Eh bien ! voyez s'il mérite vos éloges, voyez si je suis digne de votre amour. » Et en même temps, elle lui découvrit ce sein, que rongeait un cancer affreux.

Raymond Lulle, frappé d'horreur, court s'enfermer chez lui. Jésus-Christ lui apparaît, et, renonçant au monde, il distribue ses biens aux pauvres pour entrer dans un cloître à l'âge de trente ans. Il s'y livre à l'étude de la Théologie, à celle des langues et à celle des sciences physiques, avec la passion qu'il mettait naguère dans ses folies de jeune homme.

Bientôt après, il conçoit l'idée d'une croisade, et porte dans ce projet toute l'exaltation de son esprit ardent. Pour cette entreprise, on le voit parcourir tous les pays de l'Europe, se mettre en rapport avec les princes et les grands de presque toutes les nations, visiter tous les hommes célèbres du temps, et, malgré son peu de succès, ne pas négliger la moindre chance pour l'organisation de sa croisade, dont le but, chose singulière, était la conversion des peuples de l'Algérie, et la destruction de l'esclavage. Comme il avait besoin de parler aisément la langue du pays, il prend auprès de lui un esclave mahométan ; mais celui-ci, ayant pénétré les intentions de son maître, le frappe d'un coup de poignard dans la poitrine.

Raymond Lulle eut le bonheur de ne pas succomber, et son zèle apostolique n'en fut pas refroidi. Il parcourut de nouveau une partie de l'Europe sans succès, et se décida à partir seul pour Tunis, où il établit des conférences publiques sur la religion. Il fut bientôt arrêté, mis en prison, puis embarqué de force et renvoyé en Italie, où il recommença sa carrière aventureuse et agitée, sans cesser de produire quelques-uns des ouvrages si nombreux dont il est l'auteur. Enfin, il se décida à retourner en Afrique, recommença ses prédications dans une ville dernièrement illustrée par le succès de nos armes, à Bougie, où la populace, ameutée contre lui, le poursuivit à coups de pierre, et le laissa mort sur le rivage. Quelques marins rapportèrent son corps dans sa patrie, où Raymond fut honoré comme un saint ; et de fait, si l'on en croit la légende, son corps abandonné sur la grève attira l'attention des matelots à cause de la lueur qu'il répandait au loin.

Telle fut la fin de cet homme extraordinaire, qui se fût acquis un rang éminent dans l'histoire de la civilisation, si les circonstances n'eussent fait échouer sans cesse les projets qu'enfantait son génie, pour soumettre l'Afrique à l'Europe.

D'après cet exposé des aventures de Raymond Lulle, on croirait impossible qu'il ait pu laisser, sur la Chimie surtout, des ouvrages dignes de quelque attention. Comment s'imaginer, en effet, qu'une vie si agitée lui ait permis de méditer des idées profondes, de se livrer à des travaux importants ? Et bien, tout en voyageant sans cesse, il trouvait le moyen d'écrire dans presque tous les pays, et souvent simultanément sur la Chimie, la Physique, la Médecine et la Théologie. Dégagez de ses ouvrages l'élément alchimique, et vous serez surpris d'y observer une méthode et des détails qui maintenant même nous étonnent. Parmi les alchimistes, Raymond Lulle a fait école, et l'on peut dire qu'il a donné une direction utile. En effet, c'est lui qui, cherchant la pierre philosophale par la voie humide, et qui, employant la distillation comme moyen, a fixé leur attention sur les produits volatils de la décomposition des corps.

L'authenticité des écrits de Raymond Lulle ayant été souvent contestée, et non sans motif, pour certains d'entre eux, nous éviterons toute difficulté, et nous vous donnerons cependant une idée juste de sa manière et de celle des chimistes de son école, en puisant dans les écrits de Riplée, qui vivait environ un siècle après lui. Il suffit de citer comme exemple la recette pour obtenir la pierre philosophale, souvent reproduite par les alchimistes, qui en attribuent l'invention à Raymond Lulle. En prenant la description de Riplée à la lettre, elle est tout à fait inintelligible ; mais, une fois que l'on a le mot de l'énigme, on est frappé de la netteté de l'exposition des phénomènes qu'il avait en vue.

Pour faire, dit-il, l'*élixir des sages*, la pierre philosophale (et, par ce mot *pierre*, les alchimistes n'entendaient pas toujours désigner littéralement une pierre, mais un composé quelconque ayant la propriété de multiplier l'or, et auquel ils attribuaient presque toujours une couleur rouge), pour faire l'*élixir des sages*, il faut prendre, mon fils, le *mercure des philosophes*, et le calciner jusqu'à ce qu'il soit transformé en *lion vert* ; et après qu'il aura subi cette transformation, tu le calcineras davantage, et il se changera en *lion rouge*. Fais digérer au bain de sable ce *lion rouge* avec l'*esprit aigre des raisins*, évapore ce produit, et le mercure se prendra en une espèce de gomme qui se coupe au couteau ; mets cette matière gommeuse dans une cucurbite lutée et dirige sa distillation avec lenteur. Récolte séparément les liqueurs qui te paraîtront de diverse nature. Tu obtiendras un flegme insipide, puis de l'esprit et des gouttes rouges. Les ombres cymmériennes couvriront la cucurbite de leur voile sombre, et tu trouveras dans son intérieur un véritable dragon, car il mange sa queue. Prends ce dragon noir, broie-le sur une pierre, et touche-le avec un charbon rouge : il s'enflammera et, prenant bientôt une couleur citrine glorieuse, il reproduira le *lion vert*. Fais qu'il avale sa queue, et distille de nouveau le produit. Enfin, mon fils, rectifiesoigneusement, et tu verras paraître l'*eau ardente* et le *sang humain*. »

C'est surtout le sang humain qui a fixé son attention, et c'est à cette matière qu'il assigne les propriétés de l'élixir.

Je suis bien surpris si, parmi les chimistes qui me font l'honneur de m'écouter, il en est qui n'aient pas pénétré le mystère de la description que je viens d'exposer, en l'abrégeant beaucoup. Appelez *plomb* ce que Riplée nomme *azoque* ou *mercure des philosophes*, et toute l'énigme se découvre. Il prend du plomb et le calcine, le métal s'oxyde et passe à l'état de massicot : voilà le *lion vert.* Il continue encore la calcination, le massicot se suroxyde et se change en minium : c'est le *lion rouge*. Il met ce minium en contact avec l'esprit acide des raisins, c'est-à-dire avec le vinaigre : l'acide acétique dissout l'oxyde de plomb. La liqueur évaporée ressemble à de la gomme : ce n'est autre chose que de l'acétate de plomb. La distillation de cet acétate donne lieu à divers produits, et particulièrement à de l'eau chargée d'acide acétique et d'esprit pyroacétique, que dans ces derniers temps on a nommé *acétone*, accompagné d'un peu d'une huile brune ou rouge.

Il reste dans la cornue du plomb très-divisé et par conséquent d'un gris sombre, couleur que rappellent les ombres cymmériennes.

Ce résidu jouit de la propriété de prendre feu par l'approche d'un charbon allumé, et repasse à l'état de massicot, dont une portion mêlée avec la liqueur du récipient se combine peu à peu avec l'acide que celle-ci renferme et ne tarde pas à s'y dissoudre. C'est là le *dragon noir qui mord et qui avale sa queue*. Distillez de nouveau, puis rectifiez, et vous aurez en définitive de l'esprit pyroacétique qui est l'*eau ardente*, et une huile rouge brun, bien connue des personnes qui ont eu l'occasion de s'occuper de ces sortes de distillations, et dont elles ont dû voir leur esprit pyroacétique brut constamment souillé. C'est cette huile qui forme le *sang humain*, et qui a excité principalement l'attention des alchimistes. C'est qu'en effet elle est rouge, et j'ai déjà signalé l'importance que les alchimistes attribuaient à cette couleur. De plus, elle possède la propriété de réduire l'or de ses dissolutions et de le précipiter à l'état métallique, comme bien d'autres huiles du reste.

Riplée avait d'ailleurs purifié l'esprit pyroacétique, et il a dû l'obtenir presque exempt d'eau ; aussi connaît-il bien ses propriétés.

Après tous ces détails, on ne peut s'empêcher d'être frappé de l'attention scrupuleuse qu'il a fallu porter dans l'examen des divers phénomènes qui accompagnent la distillation de l'acétate de plomb, pour les observer avec tant de précision. N'est-il pas bien remarquable que l'esprit pyroacétique, dont on a coutume de faire remonter la découverte à une époque très-peu reculée, et dont l'étude vient d'être reprise dans ces derniers temps, ait été si bien connu des alchimistes ?

Et certes, en voyant que le vinaigre se change en une liqueur volatile et inflammable avec tant de facilité, par la seule action du feu, on comprend comment, pour ces imaginations exaltées, la puissance du feu devait paraître inépuisable et sans bornes ; on comprend que cette recette ait occupé successivement les plus célèbres d'entre les alchimistes, qui, tour à tour, l'ont alambiquée ou simplifiée selon la tournure de leur esprit.

Maintenant faut-il admettre avec Riplée et ses imitateurs que la distillation de l'acétate de plomb recèle vraiment le secret des opérations décrites par Raymond Lulle ? Cela peut sembler douteux ; car si les termes se ressemblent, si quelques-uns des phénomènes se ressemblent aussi, d'autres circonstances feraient croire que Raymond Lulle avait porté son attention sur des recherches beaucoup plus compliquées.

Tout porte à croire même que, dans sa *théorie* et sa *pratique*, les choses y sont plus souvent désignées par leur nom qu'on ne l'a pensé. Ainsi, quand il commence la description de son procédé, il prescrit de distiller le vitriol azoqué et le salpêtre ensemble, et il en retire une liqueur rouge qui a besoin d'être enfermée en des flacons bouchés avec de la *cire*. Ailleurs, il nous apprend que le mercure, exposé aux vapeurs vitriolique, est attaqué et converti en un vitriol blanc ou jaunâtre. Il est clair qu'il a connu le sulfate de mercure et qu'il a réellement distillé ce corps avec du nitre, ce qui lui a fourni un acide nitrique impur.

Cet acide nitrique lui sert à dissoudre de l'argent et du mercure. Il l'emploie aussi pour dissoudre l'or, mais il fait intervenir, en ce cas, un *mercure végétal*, dont la nature demeure ignorée. Les uns veulent y voir de l'esprit-de-vin rectifié ; d'autres l'esprit pyroacétique pur. Voilà comment la recette de Raymond Lulle et celle de Riplée se lient et s'expliquent mutuellement.

Du reste, ce serait perdre notre temps que de suivre plus loin l'exposition de procédés dont l'interprétation laisse toujours quelque doute, quand on veut la pousser jusqu'au bout de l'œuvre ; car, à la simplicité et à la clarté des premières opérations, succède toujours une obscurité affectée et mystérieuse.

Nous ne quitterons pas Raymond Lulle sans rappeler que le nombre et la variété de ses ouvrages ont fait croire à quelques personnes qu'il avait existé deux hommes de ce nom : le théologien, le martyr, l'homme éminemment dramatique dont j'ai raconté la vie, et le chimiste, dont l'existence plus humble eût passé inaperçue, et qui n'aurait marqué que par ses travaux.

Je ne puis partager leur opinion. De nos jours, Priestley a possédé des connaissances aussi variées, a écrit avec autant de fécondité sur des sujets religieux ou scolastiques, et sa vie, comme chimiste, s'est renfermée aussi en un petit nombre d'années qui ont commencé vers l'âge où se termine la carrière intellectuelle du commun des hommes. Ainsi, de ce que Raymond Lulle se serait fait chimiste à un âge avancé, de ce qu'il aurait travaillé la Chimie pendant peu d'années, de ce qu'il aurait beaucoup produit en Chimie et encore plus en Théologie ou en Philosophie, on n'en peut rien conclure.

À quoi il faut ajouter que, parmi les ouvrages qu'on lui attribue, il en est beaucoup, en Chimie au moins, qui sont manifestement fabriqués après coup.

Qu'il ait existé un chimiste espagnol du nom de Raymond Lulle et son contemporain, cela paraît peu contestable, si l'on fait attention à la direction particulière imprimée par ses écrits, dont le caractère original ne saurait être méconnu, et qui se manifeste déjà dans le cours du siècle qui a suivi la mort du martyr.

Que le chimiste et le théologien soient un seul et même personnage, c'est ce qui paraît bien probable, quand on compare l'*Ars magna*, traité de Philosophie qui serait du martyr, et le *Testamentum*, qui appartiendrait au chimiste. On y trouve le même style et le même emploi des figures symboliques, qu'on n'aperçoit plus dans le *Novum Testamentum*, ni dans les ouvrages analogues, de fabrication moderne et faussement attribués à Raymond Lulle.

Après lui, l'histoire de la Chimie nous offre une assez longue lacune. On ne rencontre plus de chimistes proprement dits, mais seulement des alchimistes de mauvaise nature, dont les écrits sont tout à fait inintelligibles. Parmi les chercheurs de pierre qui se montrent alors, apparaît au premier rang, au moins pour la date, car c'est presque un contemporain de Lulle, l'auteur du *Roman de la Rose*, roman qui renferme lui-même un chapitre destiné a la description du grand œuvre. Après avoir terminé le *Roman de la Rose*, Jean de Meun a composé encore plusieurs poëmes, ayant pour objet l'exposition des procédés convenables la formation de la pierre philosophale.

On trouve ensuite Nicolas Flamel, qui s'est acquis une certaine célébrité. On prétend qu'il trouva la pierre philosophale, en s'aidant des recherches d'un juif dont il aurait eu le bonheur de rencontrer les manuscrits. Plusieurs fois, il aurait mis en pratique ses procédés alchimiques ; il aurait acquis ainsi une fortune colossale qu'il aurait employée à bâtir une grande quantité de maisons et même des églises. Enfin, on ne sait trop pourquoi il aurait fait semblant de mourir, ainsi que sa femme, et ils se seraient réfugiés en pays lointains, devenus immortels et possesseurs d'inépuisables trésors.

Un livre *ex professo* a été consacré à l'examen de ces faits, et l'on y voit que Nicolas Flamel est mort dans un état de fortune très-médiocre, sans avoir jamais joui de l'éclat qui lui a été attribué. C'était simplement un écrivain public assez vaniteux, qui prêtait à la petite semaine, de manière que dans son quartier il avait des intérêts sur un nombre infini de petites maisons ; et, d'après l'histoire de sa vie, on voit qu'il n'a jamais été chimiste.

Un peu plus tard apparaît Basile Valentin, auteur du *Currus triumphalis antimonii*, qui parut en 1414, et dans lequel il fit connaître la manière d'obtenir l'antimoine, l'un des corps sur lesquels les alchimistes ont le plus exercé leur infatigable patience. De cette époque date l'introduction faite par la Chimie des préparations de ce métal en Médecine, où il a joué un rôle fort important.

L'application de la Chimie à la Médecine reçut surtout un grand accroissement vers le commencement du siècle suivant par les soins de Paracelse, dont il est nécessaire que nous caractérisions l'influence.

Paracelse, qui naquit aux environs de Zurich, était, si l'on s'en rapporte à l'histoire, un homme rempli de vices, débauché, ivrogne, crapuleux, ne hantant que les cabarets et les mauvais lieux. On ne conçoit pas comment, avec de telles habitudes, il a pu acquérir la haute réputation dont il a joui. « Mais il est constant par la tradition, nous dit un de ses apologistes, que Paracelse, quoique un peu ami du vin, comme étant Suisse de nation, a été un médecin merveilleux, et qu'il guérissait facilement les maladies réputées incurables. »

Appelé par la ville de Bâle pour occuper la première chaire de Chimie qui ait été fondée dans le monde, car, c'est à Bâle qu'elle fut établie, en 1527, il remplit quelque temps cette charge, et en sortit à la suite d'un démêlé d'une nature assez singulière.

Tout en professant la Chimie, Paracelse exerçait la médecine. Mandé pour soigner un chanoine gravement malade, avant de commencer la cure, il eut soin de faire son marché, et le patient promit une récompense magnifique pour prix de sa guérison. Les conditions fixées, Paracelse lui administra deux pilules d'opium, au moyen desquelles celui-ci se rétablit en quelques jours. Guéri si rapidement, le chanoine trouva que le salaire promis était exorbitant, et refusa de le payer. De là procès, recours à l'arbitrage des médecins, qui sont d'avis que Paracelse a guéri si vite son malade, qu'une légère rétribution doit lui suffire. En conséquence, il perd sa cause, et la fureur qu'il en éprouve le met en hostilité avec les magistrats, ce qui l'oblige à s'exiler du pays.

Privé de toutes ressources, il erra pendant quelque temps, et finit par mourir à Salzbourg, dans un cabaret, à l'âge de quarante-huit ans. Dénouement triste et naturel d'une vie crapuleuse, qui vint donner un éclatant démenti aux promesses téméraires dont il berçait ses disciples. Ceux-ci ne demeurèrent pourtant pas muets en face d'un événement si positif, et pour en atténuer les fâcheuses conséquences, qui rejaillissaient sur leur propre considération, ils ne manquèrent pas de dire que les ennemis de sa doctrine l'avaient empoisonné « en une débauche de vin, à quoi il n'était que trop facile de le porter ».

Paracelse, abandonnant la route des alchimistes ses prédécesseurs, s'occupa bien moins de la pierre philosophale que de la panacée universelle, c'est-à-dire, d'un moyen propre à prolonger indéfiniment la vie. Pour cela, il avait des essences et des quintessences, des arcanes, des spécifiques et des élixirs, parmi lesquels l'élixir des quintessences se fait remarquer par son nom ambitieux. De tout cela, il nous reste l'*élixir de propriété de Paracelse*, préparation peu usitée aujourd'hui, mais conservée néanmoins dans nos pharmacopées.

Après ce coup d'œil sur la vie de Paracelse, examinons en quoi consistent ses opinions en Chimie. Il admettait, outre les quatre éléments d'Aristote, une cinquième sorte de matière, résultant de la réunion de quatre autres sous leur forme la plus parfaite ; car après lui, par exemple, le feu n'est pas tout à fait la *chaleur*, l'eau n'est pas l'*humidité*, et il regarde comme chose possible de dégager la qualité de la forme. C'est en ce sens qu'il croit possible, au moyen des quatre éléments élémentants, comme on disait alors, d'en former un cinquième qui réunisse leurs qualités dépouillées de leurs formes. C'est la l'*élément prédestiné*, c'est la quintessence de Raymond Lulle, *quinta essentia*.

Ainsi, par quintessence, il entendait ce qu'il y avait de plus pur dans les quatre éléments, et il cherchait à découvrir l'élément prédestiné lui-même ou du moins une chose qui en approchât. C'est ce qu'il croyait faire quand il voyait s'exalter une qualité quelconque dans un corps, s'y accroître une propriété médicale par exemple. Ainsi, pour lui, la quintessence du vin, c'est l'alcool ; la quintessence du drap bleu, c'est la couleur bleue. Et de fait, tant qu'il parle des matières organiques, on le comprend très-bien. S'agit-il des métaux, voici la figure qu'il emploie.

Dans une maison habitée, il y a deux choses, l'homme et la maison : l'un qui va, vient, s'agite, qui veut et qui peut ; l'autre immobile, qui ne change d'aspect ou de forme qu'autant que l'homme le veut bien. Tel est le mercure et tels sont les minéraux métalliques ; ils ont en eux la maison et l'habitant animé, qui en est la quintessence. Si vous pouvez extraire ce dernier, vous avez la pierre philosophale et la panacée réunies. Mais, hélas !… comment saisir cet homme qui se barricade en son logis, sans abattre la maison et sans l'écraser sous les décombres ? Comment isoler cet esprit caché des métaux, sans traiter ceux-ci par des dissolvants de nature trop brutale, qui l'éteignent ou l'emprisonnent sous de nouvelles écorces.

Or il serait aussi facile de faire bâtir une nouvelle maison par un homme mort que d'obtenir une transmutation, au moyen de la quintessence des métaux dont l'esprit s'est évanoui sous la main de l'artiste ignorant.

Dirigé par ce principe que, dans tous les objets de la nature, il devait y avoir une matière essentielle, une quintessence, Paracelse, qui avait toujours en vue de l'obtenir, s'efforçait donc d'élaguer des mélanges naturels les corps les moins actifs et d'en retirer les substances les plus énergiques. Ces idées, après tout, le guidaient d'une manière juste, car c'est comme s'il avait dit, par exemple : l'opium, la ciguë, renferment en petite quantité des composés très-actifs auxquels ces médicaments doivent leur puissance ; il faut les isoler ; si l'on y parvient, ils représentent, à dose très-faible, les propriétés d'une quantité considérable de la matière d'où ils proviennent. C'est comme s'il avait dit : pour les métaux, certains dissolvants peuvent exalter leurs propriétés en ouvrant la maison, d'autres les affaiblissent en la fermant. Peu importe les théories ; si l'on arrive à comprendre qu'il y a des préparations métalliques qui peuvent devenir très actives.

Voilà comment il savait tirer des remèdes un parti éminemment utile ; voilà pourquoi il doit être considéré comme l'auteur de cette direction de la Chimie médicale, dans laquelle on se propose d'écarter des matières médicamenteuses les substances inertes, pour ne s'attacher qu'aux substances actives, ou d'augmenter l'énergie de celles-ci, en leur communiquant la solubilité qui leur manque.

Ce qui pourra vous étonner, c'est que Paracelse, outre les quatre éléments élémentants, outre l'élément prédestiné, reconnaît trois principes des corps tout à fait distincts. Les termes devenus célèbres de *sel*, de *soufre* et de *mercure*, qui désignent les trois principes des mixtes admis déjà par Basile Valentin, prennent une place éminente dans les doctrines de Paracelse, et deviennent le signal d'une scission qui se dessine de plus en plus entre les idées des chimistes et celles des philosophes. Il faut voir dans le sel, le soufre et le mercure, trois éléments que l'expérience des chimistes reconnaît et oppose aux quatre éléments d'Aristote ; et, si l'on ajoute cette nouveauté à celles que Paracelse mettait en avant à tant d'autres égards, on comprendra comment cet homme bizarre a pu remuer si profondément les imaginations et faire une révolution durable dans les esprits. On comprendra les titres de roi des chimistes, de monarque des arcanes, dont ses sectateurs ne manquent jamais de le décorer, et dont sa vanité semble s'être assez accommodée.

La recherche des quintessences, les discussions sur les trois principes ne suffisaient pas à l'imagination de Paracelse. C'est parmi ses partisans que l'on voit apparaître une nouvelle idée fantasque, la recherche d'un dissolvant sans égal, du menstrue universel, en un mot, de l'*alcaest*. Est-ce le corps alcalin par excellence, *alcali est* ? est-ce un être tout esprit, *allen geist* ? Nous n'en pouvons rien savoir, tant il y a de confusion dans les idées de Vanhelmont sur cet objet, et c'est lui qui s'en est le plus occupé. Paracelse s'est, pour ainsi dire, borné à en signaler l'existence, berçant ainsi l'imagination de ses élèves de l'espoir de découvrir un corps capable de récompenser les travaux les plus longs et les plus assidus, par ses merveilleuses propriétés.

Au surplus, et les détails qui précèdent le laissent prévoir, Paracelse avait en horreur les Arabes et les scolastiques ; il professait pour eux un profond mépris. Son bonnet, disait-il, quand échauffé par le vin il se livrait à ses déclamations obscures et furibondes, son bonnet en savait plus long que Galion et Avicenne. Ce dédain pour l'école arabe remit Hippocrate en honneur dans les études médicales. Mais notre enthousiaste fit payer cher ce service, par l'opinion exagérée du pouvoir de la Chimie en Médecine, qu'il chercha à communiquer à ses élèves, et il exerça une influence très-fâcheuse sur la marche de cette science. Nous verrons plus tard Boerhaave blâmer Paracelse d'avoir imposé la Chimie à la Médecine comme une maîtresse impérieuse, au lieu de la laisser à ses ordres comme une esclave obéissante.

À partir de Paracelse commence une ère nouvelle pour la Chimie ; car, en lui ouvrant un enseignement public, il en a assuré la perpétuité. Nous voyons après lui les chimistes se succéder régulièrement et se diviser en trois branches : les philosophalistes ou alchimistes, les médico-chimistes et les hommes d'expérience et de bonne foi.

Dès lors se dessine nettement en effet une ligne de démarcation entre les chimistes proprement dits et les hommes qui poursuivent la recherche de la pierre philosophale, esprits vains, absurdes, très-obscurs du reste, qui s'éloignent continuellement des notions scientifiques, et qui s'évertuent à substituer des supercheries à une science réelle. Ils ont passé presque inaperçus. Aussi, après vous avoir entretenus dans la période précédente d'hommes éclatants, tels que Bacon, Albert, Arnauld et Raymond Lulle, je ne pourrais plus vous montrer que des alchimistes peu connus, tels que le Cosmopolite, dont les aventures plus que les travaux ont fait la célébrité, ou bien je ne trouverais même à vous citer que des noms plus obscurs encore.

La secte des philosophalistes s'efface donc peu à peu dans l'ombre ; et c'est avec une vive surprise qu'après une grande lacune on voit reparaître un véritable alchimiste dans la personne de Price, en 1783. Celui-ci montrait, en Angleterre, une poudre rouge et une poudre blanche propres à transformer le mercure en or ou en argent, à volonté. Il avait même fait cette expérience devant nombre de personnes, publiquement et à sept reprises différentes. La Société royale de Londres, qui d'abord avait vu avec indifférence cette expérience sur la crédulité publique, se trouva pourtant dans la nécessité de s'en occuper, car Price était docteur et membre de la Société : elle nomma des commissaires pour examiner le secret. Quand Price se vit obligé d'opérer sous les yeux des membres de la Société, il prétendit n'avoir plus de poudre, et recourut à divers faux fuyants. On lui laissa le temps de faire ses préparatifs. Enfin, en 1784, pressé de nouveau par la Société royale, il donna à cette mystification un dénouement tout à fait imprévu, en s'empoisonnant avec de l'huile volatile de laurier-cerise. Triste exemple des déplorables conséquences auxquelles un besoin effréné de célébrité pousse les hommes, dont l'orgueil veut se satisfaire, même aux dépens de la vérité !

Tandis que les philosophalistes se confondaient en efforts inutiles dans leurs laboratoires, Vanhelmont et quelques autres disciples de Paracelse, doués d'une science et d'une érudition très-vastes, se livraient avec ardeur à la recherche des applications de la Chimie à la Médecine. Si, par l'introduction de nouveaux médicaments chimiques, ils ont rendu à cette dernière science des services incontestables, d'un autre côté, il faut convenir que, par leur promptitude à accueillir les médicaments nouveaux, par leur répugnances à faire usage des médicaments connus, par leur dédain des leçons des anciens auteurs, leur système a fait souvent du mal.

Enfin, à côté de ces divers chimistes ou prétendus chimistes, se montrent des hommes qui, pénétrés de la nécessité de s'éclairer avant tout par les lumières de l'expérience, se distinguent complétement des deux classes précédentes. Tels sont Cassius, qui a donné son nom au précipité pourpre que vous connaissez, et Libavius, dont vous connaissez aussi la *liqueur fumante*, et dont l'*Alchimia* est un fort bon ouvrage pour ces temps-la. Tel est encore Glauber, à qui l'on doit des découvertes variées, mais qui, dans ses écrits, très-remarquables du reste, se laisse aller à un ton d'emphase dont vous retrouverez une teinte dans la dénomination de *sel admirable*, qu'il donnait au sulfate de soude.

Dans la même catégorie, nous devons placer, à juste titre, Agricole, auteur du premier ouvrage de métallurgie que l'on connaisse. Alchimiste dans sa jeunesse, il renonça plus tard à ses premières idées, et se montra plein de sens et de justesse. Son livre *De re metallica* nous étonne à la fois par la clarté des idées et par l'exactitude des descriptions.

Vient ensuite Bernard Palissy, célèbre et dramatique inventeur des *rustiques figulines*, cet homme dont je voudrais que l'heure me permit de vous rappeler les malheurs, et que vous verriez, esclave d'une pensée, essayer en vain de s'y soustraire, et se réduire à la misère la plus affreuse plutôt que de renoncer à la recherche de la fabrication des faïences. Je voudrais pouvoir vous rappeler les paroles éloquentes qui lui échappent quand il se voit ruiné, abandonné de ses parents, de ses amis, criblé de dettes et, pour comble, accablé sur son grabat des plus amers sarcasmes. Quand il se dépeint amaigri par ses jours sans calme, par ses nuits sans repos, et succombant sous le poids d'une idée dont la fixité semble approcher de la folie, on ne peut s'empêcher d'être ému d'une pitié profonde. Enfin il réussit à fabriquer, de la faïence, devint l'artiste du roi et des grands de l'époque, rendit de vrais services à la Chimie et fut le premier professeur d'Histoire naturelle en France.

Il était protestant, et eut le bonheur d'échapper au massacre de la Saint-Barthélemy.

On a de lui un ouvrage très-singulier, où il expose avec beaucoup de profondeur et d'esprit les bases d'une Philosophie naturelle, fondée sur l'observation ou l'expérience. Il y met en présence, sous forme de dialogue, la pratique et la théorie ; il y montre la pratique toujours victorieuse, renversant tous les raisonnements de la théorie, et nous laisse voir sa grande antipathie pour les physiciens scolastiques, dont l'influence menaçait d'étouffer la Chimie au berceau.

Ainsi, pour nous résumer, l'origine de la Chimie industrielle se perd dans la nuit des temps ; et celle-ci, fille du hasard et d'une routine patiente, précède de bien des siècles les premiers essais de la Chimie systématique.

Dès leur apparition sur la scène, les chimistes ou alchimistes proclament leur respect pour le témoignage des sens et leur foi complète pour les résultats de l'expérience et de l'observation.

Dès l'apparition des premiers professeurs de Chimie dans les écoles, nous les voyons se poser hardiment en adversaires de la doctrine, si universellement respectée alors, des quatre éléments d'Aristote, et prouver que la Chimie conduit à reconnaître d'autres éléments.

Enfin nous les voyons prouver du fond du laboratoire ou proclamer du haut de la chaire qu'ils sont poussés par une force irrésistible dans une direction qui mène droit au renversement de la Philosophie et de la Physique des écoles. À tous ces titres, on me l'accordera, je pense, on peut essayer de réhabiliter leur mémoire tant décriée, sans s'écarter des règles et des devoirs qu'impose une sage critique.

DEUXIÈME LEÇON.
(23 AVRIL 1836.)

Nicolas Le Fèvre. — Les cinq éléments. — Esprit universel. — Augmentation de poids des métaux par la calcination. — Glazer. — Lemery. — Homberg. — Becher. — Stahl. — Théorie du phlogistique. — Conclusion.

Pendant la longue période dont nous avons parcouru l'histoire, le feu était regardé comme un agent universel. On se représentait sa puissance comme sans bornes : rien ne se faisait sans lui ; avec lui tout était possible, y compris la transmutation des métaux. Nous avons eu de nos jours quelque chose d'analogue dans le rôle exagéré peut-être que l'on a voulu faire jouer à l'électricité : tout s'expliquait par elle ; l'électricité dominait et réglait à son gré toutes les forces de la Chimie ; elle seule pouvait nous rendre compte des faits acquis à la Science, et il n'était rien qu'elle ne nous promit pour l'avenir. Tout en reconnaissant son importance, et, bien que ce soit encore à elle que l'on ait habituellement recours pour expliquer les faits qui se dérobent à toute autre explication, nous ne pouvons nous empêcher de convenir qu'elle n'a pas encore tout a fait tenu parole.

Eh bien, c'était une exagération de cette nature sur l'étendue du pouvoir du feu qui égarait les alchimistes. Ils avaient remarqué qu'à l'aide du feu on parvenait à faire passer les minerais de l'état terreux à l'état métallique ; ils s'imaginaient que les terres subissaient alors un degré de perfection qui permettait d'en espérer un nouveau ; ils en concluaient qu'étant bien conduit le feu devait amener les métaux communs à un état plus parfait. De là l'idée de leur conversion en argent et en or.

Il a fallu une longue expérience, des efforts nombreux et pénibles, que ne couronnait aucun succès, et des exemples éclatants du triste état où conduisait cette déplorable manie, pour détourner les esprits de ces idées qui s'y étaient profondément enracinées. Toutefois, au milieu de leurs illusions, au temps de leur domination comme à celui de leur décadence, les alchimistes ont rendu constamment service à la Chimie, comme on l'a remarqué, en publiant sans voile et sans détour toutes les observations qui leur semblaient inutiles au but constant de leurs travaux. Ils se réservaient au contraire, avec un soin jaloux, et déguisaient de cent manières les opérations relatives au grand œuvre ; mais ils ne se réservaient que celles-là. Singulière préoccupation qui les portait à mépriser la vérité pour adorer l'erreur ; singulier partage de connaissances, où, s'appropriant les idées fausses et nuisibles, et les cachant sous le boisseau, ils semaient à profusion et sans regret les idées vraies et nécessaires au progrès de l'humanité !

Mais nous arrivons à une époque où des vues plus saines commencent à se répandre, et qui vit s'élever presque en même temps trois corps savants qui ont exercé une influence incontestée sur les progrès des sciences. Le premier est l'Académie *del Cimento*, fondée en 1651, qui a illustré la Toscane. Onze ans après s'établit la Société royale de Londres, destinée à jouer un rôle non moins brillant et plus durable. Enfin, en 1666, l'Académie royale des Sciences de Paris vint s'associer à ce mouvement de l'esprit humain.

Celle-ci compta parmi ses premiers membres un homme distingué, Nicolas Le Fèvre, qui peut servir de type pour les chimistes de son époque, et avec d'autant plus de raison, qu'il lui a été donné de fonder l'enseignement de cette science dans les deux royaumes les plus importants de l'Europe civilisée.

Il avait fait ses études dans l'Académie protestante de Sedan. S'étant signalé en Chimie et en Pharmacie, il fut choisi par Vallot, premier médecin de Louis XIV, pour occuper la place de professeur, ou plutôt, pour nous servir des termes alors en usage, de démonstrateur de Chimie, au Jardin des Plantes. Le Jardin des Plantes n'était pas en ce temps-là ce qu'il est aujourd'hui. Fondé durant le règne précédent, il n'avait encore reçu qu'un faible développement, et se trouvait placé tout à fait sous la dépendance du premier médecin du roi. Vous voyez, du reste, que les cours de Chimie du Jardin des Plantes sont les premiers cours de ce genre que la France ait possédés, et qu'ils datent d'une époque déjà fort ancienne.

Après avoir professé pendant quelque temps avec succès, Le Fèvre passa en Angleterre, où il fut appelé par Jacques II, qui voulait lui confier le laboratoire Saint-James, établi à l'occasion de la création de la Société royale. La France possédait alors des chimistes, l'Angleterre en était dépourvue : de là les efforts du roi pour attirer à Londres Nicolas Le Fèvre et pour le déterminer à quitter son pays. D'ailleurs l'Angleterre lui assurait pour l'exercice de sa religion plus de tranquillité que la France, où s'exerçaient déjà les persécutions contre les protestants.

Ses ouvrages ont été composés à Londres. Néanmoins, étant écrits en français et publiés à Paris, ils sont acquis à la France. On y retrouve le style élégant d'un homme formé aux bonnes écoles. Son *Traité de Chimie raisonnée* n'est point, comme la plupart de ceux qu'on a publiés vers cette époque, un ramassis confus de recettes. L'auteur cherche soigneusement au contraire à se rendre compte des phénomènes qu'il décrit avec ordre, méthode et clarté. Vous écouterez probablement avec quelque intérêt les détails dans lesquels je crois utile d'entrer sur cet ouvrage, qui résume bien toute la Philosophie chimique de son époque.

En commençant son livre, il se demande s'il y a plusieurs sortes

DEUXIÈME LEÇON.

de Chimies, et il est conduit à en distinguer trois : la Chimie philosophique, l'Iatrochimie et la Chimie pharmaceutique.

La Chimie philosophique, c'est la science pure, dégagée de toute application à la Médecine et à la Pharmacie ; c'est l'étude de la nature, la recherche des composés qu'elle permet de produire, l'explication des mystères qu'elle offre à notre curiosité ; elle comprend même l'étude des phénomènes météorologiques. L'Iatrochimie, c'est l'application de la Chimie aux phénomènes de l'organisation et des fonctions des animaux : c'est, en un mot, la Physiologie animale. Enfin la Chimie pharmaceutique comprend le développement des procédés à suivre pour la préparation des médicaments. Vous voyez quelle idée vaste on se formait déjà de notre science.

Le Fèvre se demande ensuite si la Chimie est l'art des transmutations, ou bien l'art des séparations, ou bien tout à la fois l'art des transmutations et des séparations. Doit-elle être la science des mixtes, ou celle des éléments ? Chacune de ces définitions est insuffisante, répond-il ; et, donnant à la Chimie la plus grande extension, il admet qu'elle a pour objet la connaissance de toutes les choses que Dieu a tirées du chaos par la création, et il embrasse à la fois ainsi les matières qui dépendent de la Physique et celles que la Chimie actuelle s'est réservées.

S'agit-il enfin d'établir une différence entre le chimiste et le physicien spéculatif, voici comment il procède :

« Si un élève demande au chimiste de quelles parties un corps est composé, celui-ci ne se contente pas de répondre à ses oreilles ; mais il lui fait voir, sentir, toucher, goûter ces parties, dans lesquelles le mixte se résout entre ses mains. Que ce soient, par exemple, un esprit acide, un sel amer, une terre douce, ou tout autre produit, peu importe : il les montre en nature, et l'élève en saisit par lui-même et par ses propres sens toutes les qualités.

» Que la question s'adresse au physicien. Ah ! dira-t-il, de quelles parties ce corps est composé ?... Cela n'est pas encore bien déterminé dans l'école... Si c'est un corps, il a de l'étendue, par conséquent il doit être divisible, et ne peut être composé que de parties ou de points. Or il ne peut se composer de points, car les points étant sans étendue ne la sauraient communiquer aux corps ; il doit donc être formé de parties étendues. Mais, objecterat-on, celles-ci seront divisibles elles-mêmes en plus petites qu'on pourra partager en plus petites encore, et qui, à leur tour, le seront de nouveau tant qu'elles auront de l'étendue. Pour que la division s'arrête, il faudra manifestement arriver à des parties sans étendue ; mais alors celles-ci seront des points, et les corps n'en peuvent être formés. »

Ainsi le physicien se borne à vous apprendre que le corps sur lequel vous l'interrogez doit être composé de parties étendues ; libre à vous pourtant d'admettre qu'il est composé de points ou parties sans étendue ; car, dans l'état de la question, le physicien ne saurait vous donner une solution claire à ce sujet.

« D'où vient, continue-t-il, cette énorme différence entre les doctrines des chimistes et celle des physiciens ? C'est que les physiciens ont peur de se compromettre en se noircissant les mains de charbon. C'est qu'ils se contentent d'aller prendre leurs grades dans quelque université, et qu'ils se pavanent ensuite avec leur soutane, leur perruque, leurs parchemins et leurs sceaux. Le chimiste, au contraire, se tient attentif devant les vaisseaux de son laboratoire, dissèque laborieusement les mixtes, ouvre les choses composées, de manière à découvrir ce que la nature a caché de beau sous leur écorce. »

La distinction qu'établit ainsi Le Fèvre entre la Chimie et la Physique, telles qu'on les entendait de son temps, peut vous étonner ; mais elle est vraie. La Chimie, prenant toujours l'expérience pour guide dans ses recherches, pouvait exposer dès lors ses résultats précis ; l'autre science, rejetant ce flambeau pour s'attacher à des idées purement hypothétiques, se perdait au milieu d'un dédale d'arguties puériles. Voilà pourquoi Nicolas Le Fèvre, en même temps qu'il témoigne pour l'une la plus haute admiration, traite l'autre avec un mépris si profond.

Ainsi se continue cette lutte entre la Chimie naissante et la Physique scolastique, que nous avons vu naître à une époque plus reculée. Vous me demanderez maintenant à quel ordre d'idées Le Fèvre empruntait ses doctrines, puisqu'il repoussait avec tant de force les vues générales de la Physique de son temps, et je ne craindrai pas d'entrer dans quelques détails pour satisfaire votre curiosité.

Il admettait cinq éléments : le phlegme ou l'eau, l'esprit ou le mercure, le soufre ou l'huile, le sel et la terre. Ces cinq principes représentent l'image fidèle de la distillation. Ainsi, tandis qu'Aristote était évidemment parti de la combustion du bois pour établir ses quatre éléments, Le Fèvre fut conduit à admettre ces cinq éléments par les résultats que fournissent les matières végétales soumises, non plus à la combustion, mais a l'action de la chaleur en vase clos.

Les péripatéticiens trouvaient dans la flamme du bois qui brûle, dans la fumée qui s'en exhale, dans l'eau qui en suinte et dans la cendre qu'il laisse, les quatre éléments naturels du corps. Aux yeux de Nicolas Le Fèvre, ce mode de destruction ne mettait pas en évidence tous les principes de la matière : il fallait les chercher dans les produits de la distillation. Or qu'obtenait-il en distillant soit le bois, soit toute autre matière prise dans les végétaux ou les animaux ? Il voyait se dégager des gaz qu'il confondait sous le nom d'*air*; il recueillait une liqueur aqueuse chargée d'acide acétique, qui lui offrait à la fois l'eau et l'esprit : car le vinaigre était pour les anciens chimistes un esprit acide ; il obtenait en même temps une autre liqueur d'apparence oléagineuse et de nature inflammable, qui lui représentait l'huile ou le soufre. Enfin, dans le résidu, il trouvait un charbon propre à se résoudre en chaleur et en cendres qui lui fournissaient les deux derniers principes. Traitées par l'eau, elles se séparaient en effet en deux parties : l'une soluble, c'était le sel ; l'autre insoluble, c'était la terre.

Voila bien l'eau, l'esprit, l'huile, le sel et la terre, premiers produits de la décomposition du corps, qu'une Chimie plus savante devait bientôt décomposer à leur tour.

Au reste, Nicolas Le Fèvre avait senti le besoin d'admettre encore un nouvel élément, quelque chose d'analogue à la quintessence ou à l'élément prédestiné de Paracelse : c'est ce qu'il appelait *esprit universel*. Il ne l'avait jamais vu. Ses propriétés, il ne s'en rendait pas bien compte ; mais on voit que le rôle qu'il lui fait jouer n'est autre chose que celui qui appartient réellement à l'oxygène, qu'on croirait s'être révélé à lui, mais comme une idée très-confuse et très-obscure. Il pensait que cet esprit universel émanait des astres sous forme de lumière ; qu'il se corporifiait dans l'air, et qu'il produisait ensuite presque tous les effets observés dans les minéraux, les plantes et les animaux. Ainsi, par exemple, suivant Le Fèvre, l'air ne se borne pas, dans l'acte de la respiration, à rafraîchir le poumon, mais il y exerce une véritable réaction sur le sang, par le moyen de l'esprit universel, qui subtilise et volatilise toutes les superfluités du sang. C'est par lui que l'animal peut exercer toutes les fonctions de la vie. Cet esprit agit de même dans les plantes, quoique plus obscurément. Il semble, dit-il, affectionner la terre ; car il descend des airs, pour se corporifier en elle. Il affectionne aussi particulièrement le sel : c'est à sa fixation qu'est due la formation du nitre, et c'est à lui que le nitre doit les propriétés qui le caractérisent.

Vous voyez donc que le rôle attribué par Le Fèvre à l'esprit universel est bien celui que joue en général l'oxygène. Vous en jugerez mieux encore par le passage suivant, consacré à la description des effets produits par la calcination solaire de l'antimoine.

Hamerus Poppius avait déjà observé que l'antimoine augmente de poids, quand on le calcine au moyen d'une lentille, quoiqu'une partie du produit s'exhale en fumée. *Pondus auctum potiùs quàm diminutum*, dit-il ; mais Le Fèvre est bien plus précis à cet égard.

À côté d'une gravure très-détaillée, représentant l'artiste qui remue l'antimoine, puis la lentille et tous les accessoires de l'opération, tant l'affaire lui a paru sérieuse ; vous lisez la page suivante :

« Nous avons fait voir que les calcinations de l'antimoine avec le *nitre* l'ouvraient, le purifiaient et le fixaient ; ce qu'il ne pourrait faire, si ce sel ne participait tout à fait de la lumière qui se trouve *corporifiée* en lui.

» Mais il faut que nous fassions voir ici pathétiquement que le Soleil, qui est le père et la source de la lumière, qui engendre le nitre, purifie et fixe l'antimoine beaucoup mieux et plus efficacement que le nitre ne le peut faire.

» Ce digne feu conserve et multiplie l'antimoine. Si l'artiste prend 12 grains d'antimoine et qu'il les calcine au feu commun, il obtient une poudre blanche ou grise qui se trouve diminuée de 5 ou 6 grains.

» Avec le miroir ardent, l'antimoine est converti en une poudre blanche qui pèse 15 grains au lieu de 12. »

À cette description emphatique, ajoutons que Jean Rey, en parlant de cette expérience, et voulant s'en servir pour démontrer le rôle de l'air dans les calcinations, se compare à « Hercule, qui n'avait pas plutôt coupé une des têtes de l'hydre qui ravageait le Palu-lernéan qu'il en renaissait deux ». Les têtes de l'hydre, ce sont les objections qu'on lui adresse, et l'expérience de l'antimoine, le coup décisif qu'il leur porte, après avoir recueilli ses forces et roidi son bras, afin d'abattre toutes ces têtes d'un seul coup.

Comment ces opinions si arrêtées sur l'effet principal de la calcination, comment ces idées si justes sur l'augmentation du poids des corps ont-elles disparu des discussions de la Chimie générale ? C'est que, par un instinct bien remarquable, on a toujours regardé les théories comme choses fort distinctes de la vérité ; c'est qu'à ce titre on s'est accordé depuis longtemps à donner aux théories une importance proportionnelle aux services qu'elles rendaient. On a accepté les théories qui menaient à découvrir quelque chose, et l'on a dédaigné celles dont les inventeurs s'étaient montrés stériles. En Chimie, nos théories sont des béquilles ; pour montrer qu'elles sont bonnes, il faut s'en servir et marcher. C'est ce que n'ont fait ni Jean Rey, ni Le Fèvre ; c'est ce qui explique l'oubli, le dédain même où tombèrent leurs idées ; c'est ce qui expliquera le dédain ou l'oubli dans lequel nous laissons tomber des idées justes peut-être, mises en avant de nos jours, mais dont les inventeurs devraient nous démontrer la puissance, en découvrant, à leur aide, quelqu'une de ces nouveautés que recèle toute théorie bien faite.

Une théorie établie sur vingt faits doit en expliquer trente, et conduit à découvrir les dix autres : mais presque toujours elle se modifie ou succombe devant dix faits nouveaux ajoutés à ces derniers. On la voit naître, se développer, vieillir et mourir comme toutes les idées de transition nécessaires au progrès de l'intelligence humaine. Si un auteur se borne à représenter les vingt faits connus et qu'il s'arrête, sa pensée nous semble un avorton sans vitalité : de là cet abandon où on la laisse.

Vous comprendrez l'à-propos de ces réflexions, quand j'ajouterai que Le Fèvre, professeur habile et heureusement placé pour faire dominer une idée, n'a pu, malgré ses efforts, donner à son esprit universel la place qu'il méritait peut-être. Loin de là, comme Le Fèvre n'est point inventeur, qu'il se borne à généraliser, à épurer la pensée d'autrui, chacun semble avoir pensé que la stérilité de sa carrière condamnait ses doctrines, et bientôt celles-ci furent abandonnées.

Elles renfermaient pourtant un germe précieux, un premier essai de théorie, et ce premier essai reposait sur une vue juste de la nature des choses.

Qu'il y a loin, d'ailleurs, de Le Fèvre à ses prédécesseurs dans la manière dont ceux-ci envisageaient leur *esprit universel*, car cette création remonte aux premières époques de la Chimie ! C'est Hermès lui-même, le grand Hermès, qui en aurait révélé la connaissance aux adeptes ; mais vous me permettrez de m'arrêter plus près de Le Fèvre, c'est-à-dire au commencement du XVIIe siècle. L'ouvrage *ex professo* de Nuisement, poëte alchimiste, va nous faire connaître ce que l'on en pensait alors ; et où en trouverions-nous une notion plus étendue que dans les *Traittez du vray sel secret des philosophes et de l'espriz général du monde* ?

« Le monde, dit-il, n'est pas seulement corporel, mais participant d'intelligence, car il est plein d'idées omniformes. C'est son esprit qui communique la vie à tout ce qui respire, vit et croit. Le Soleil est le père de cet esprit du monde, de cet esprit universel ; la Lune en est la mère. L'air l'a porté dans son ventre, et la Terre lui a servi de nourrice. Il se corporifie, se change en terre, et dans cette terre il conserve sa vertu. »

Vous reconnaissez facilement dans cette idée le fond des dogmes du panthéisme ; et, du reste, si l'alchimiste nous laissait le moindre doute à ce sujet, le poète se chargerait de les lever tous, quand il s'écrie :

Pan le fort, le subtil, l'entier, l'universel,
Tout air, tout eau, tout terre et tout feu immortel,
Germe du feu, de l'air, de la terre et de l'onde,
Grand esprit avivant tous les membres du monde ;
Pour âme universelle en tous corps te logeant,
Auxquels tu donnes être et mouvement et vie...

Si les chimistes de ce temps avaient connu l'oxygène, ils y auraient certainement vu leur grand Pan ; et, chose bizarre, il s'est trouvé de nos jours un chimiste illustre, poëte aussi, dont le penchant pour les idées panthéistiques ne s'est pas déguisé, et qui, néanmoins, antagoniste de Lavoisier, a toujours cherché à faire prévaloir la doctrine du phlogistique, dont je vais tout à l'heure vous entretenir.

Nicolas Le Fèvre fut remplacé au Jardin des Plantes par un homme dont le souvenir s'est mieux perpétué, grâce à la découverte d'un sel auquel il a attaché son nom. C'est Glazer, dont vous connaissez le sel polychreste, qui n'est autre chose que le sulfate de potasse. C'est pourtant un homme bien inférieur à Le Fèvre pour la portée d'esprit, un homme à recettes qui n'a jamais pu s'élever à des généralités. Il a laissé un ouvrage intitulé : *Traité de la Chimie enseignant par une briefve et facile méthode toutes ses plus nécessaires préparations*, dans lequel il prend pour épigraphe : *Sine igne nihil operamur*. Glazer n'a rien ajouté aux théories de Le Fèvre. On n'a besoin que d'ouvrir son Traité de Chimie pour s'en convaincre : ce n'est plus un observateur à grandes vues, c'est un pur manipulateur. Pour lui, la Chimie n'est plus une science ayant pour objet la connaissance de tous les corps de la nature ; mais c'est l'art d'ouvrir les mixtes par une infinité d'opérations nécessaires, qui consistent à inciser, contuser, pulvériser, alcooliser, râper, scier, léviger, granuler, laminer, fondre, liquéfier, digérer, infuser, macérer, etc., etc., de faire, en un mot, une multitude d'opérations énumérées en une page de ce style. On ne sait que penser de la barbarie de ce langage, de la niaiserie de ces idées et de la classification burlesque de cette multitude d'opérations. Pulvériser, alcooliser, râper !!! rectifier, sublimer, extraire !!! Bon Dieu, quelle Chimie !

C'était d'ailleurs un homme peu sociable, très-peu communicatif, un esprit petit et obscur. Il eut une triste fin. En 1676, il fut impliqué dans l'horrible affaire de la Brinvilliers, avec laquelle, dit un de ses contemporains, il avait eu des relations trop intimes pour un honnête homme. Ces relations se bornaient, toutefois, à une vente imprudente de poisons, et il ne fut pas soupçonné d'avoir coopéré à ses crimes ; mais on le mit à la Bastille. Il fut relâché plus tard, et finit par mourir de chagrin en 1678.

Transportez-vous maintenant dans la rue Galande. Suivez la foule bruyante d'étudiants qui se précipite ; ne vous inquiétez ni des équipages dorés qui amènent les seigneurs et les princes, ni des chaises à porteurs qui transportent les grandes dames. Faites-vous faire place, allez toujours. Vous trouverez une cour, au fond de la cour une porte basse, un escalier roide, au moyen duquel vous descendrez, vous tomberez, peut-être, dans une cave éclairée par la lumière rougeâtre des fourneaux. Bientôt vous distinguerez, à son aide, les ustensiles de la Chimie du temps, et vous verrez la foule empressée, attentive, écoutant les leçons d'un jeune homme, qui compte tout au plus trente années.

Ce jeune homme sur lequel tous les regards sont fixés, aux paroles duquel toutes les oreilles prêtent une si vive attention, vous le devinez, c'est une révolution personnifiée, c'est Nicolas Lémery.

Pourquoi ce grand concours et cet empressement ? C'est qu'à de profondes connaissances il sait unir l'art de les exposer d'une manière simple, accessible à tous, et d'éclairer ses leçons par des expériences brillantes et précises. C'est qu'abandonnant le langage énigmatique et voilé de ses devanciers, il consent à parler Chimie en français ; c'est, pour écarter toute figure, qu'il consent à professer une Chimie sage et réservée, qui tient tout ce qu'elle promet, qui ne promet que ce qu'elle peut tenir. Innovation à jamais mémorable, qui, arrachant notre science aux régions du mensonge et de l'erreur, en a fait cette science positive et féconde, dans laquelle un fait en amène un autre, dans laquelle le présent s'appuie avec confiance sur le passé, pour s'élancer dans l'avenir.

D'ailleurs, Lémery, qui alors était établi comme pharmacien à Paris, avait su se concilier les esprits par d'autres qualités qui le rendirent en peu de temps populaire. Ainsi, pour les dames, il avait un blanc de fard très-estimé. Pour les étudiants, il avait une multitude de bons procédés de Chimie pratique. Pour les hommes graves, il avait une Chimie qu'on pourrait appeler nouvelle : il se recommandait par une philosophie sage et éclairée.

Nicolas Lémery n'avait pourtant pas reçu une éducation brillante. Né à Rouen, en 1645, élevé d'une façon très-modeste, il entra dans une pharmacie en qualité d'élève. Cherchant d'un esprit curieux à approfondir les pratiques de cet art, il y trouvait beaucoup de problèmes à résoudre, mais il n'en voyait pas la solution.

Il voulut donc étudier à fond la Chimie, et dans ce but il se rendit à Paris. Glazer, à qui il s'était adressé, lui fit, heureusement peut-être, un accueil peu bienveillant, et le dégoûta bientôt de ses leçons par son caractère dur et maussade. Il ne trouva dans cet homme qu'un maître mystérieux, ombrageux, craignant toujours non-seulement de dire, mais même de laisser deviner ce qu'il croyait savoir.

Lémery se décida à courir le monde, et visita successivement les principales villes de France. Arrivé à Montpellier, il y parut

DEUXIÈME LEÇON.

d'abord comme élève ; mais bientôt il y débuta comme professeur de Chimie, et obtint un éclatant succès.

Ramené à Paris en 1672, il y professa pendant vingt-cinq ans avec une vogue inexprimable. Ce fut à tel point, qu'après avoir rempli sa maison d'élèves, il finit par occuper presque toute la rue Galande, pour loger ceux qui se présentaient encore. Il lui fallait chez lui une espèce de table d'hôte, pour donner à dîner aux étudiants qui briguaient l'honneur d'être admis à sa table.

En 1675, il publia son *Cours de Chimie*. Cet ouvrage acquit une immense célébrité, et obtint un succès si extraordinaire, que, sans compter les contrefaçons, il y en avait une édition nouvelle presque chaque année. D'ailleurs, il se répandit chez tous les peuples civilisés, et fut traduit en latin, en anglais, en allemand, en espagnol, en italien, et peut être encore en d'autres langues. L'auteur en fut appelé *le Grand Lémery*. Sa gloire était à son comble ; son succès égalait tout ce que l'imagination peut présenter de plus brillant ; sa pharmacie offrait l'un des plus beaux établissements de Paris ; sa prospérité était la digne récompense de ses travaux. Eh bien, tout cela dura dix ans !!!

Revenez dix ans plus tard, et vous trouverez la rue Galande déserte. Lémery a disparu ; son laboratoire est fermé ; ses appareils sont vendus et dispersés. Toute cette vie s'est éteinte, tout cet éclat s'est évanoui ; toute cette gloire n'a pas trouvé grâce pour un crime irrémissible : Lémery était protestant !

En 1681, obligé d'abandonner sa pharmacie et son enseignement, il s'enfuit en Angleterre. Pressé par le désir de rentrer dans sa patrie, il revient en France en 1683. Exclu, pour ses croyances religieuses, de l'enseignement et de l'exercice de la Pharmacie, il se fait recevoir médecin, dernier refuge qu'il ne conserva pas longtemps. En 1685, l'édit de Nantes est révoqué ; l'exercice de la Médecine est interdit aux protestants, et le voilà, à quarante ans, sans fonctions, sans ressources, la misère à sa porte, et entouré d'une famille éplorée, à qui semblait naguère promis le sort le plus digne d'envie.

Hélas ! quelle religion pourrait s'applaudir de l'emploi de tels moyens de conviction ? Hélas ! que d'autres, s'ils le veulent, viennent l'accabler de dures paroles, quand on le voit, en 1686, réduit aux abois, embrasser le catholicisme, lui et les siens.

Dès lors, son existence redevint calme, et il reprit tous ses droits. Peu après, il publia sa *Pharmacopée universelle* et son *Traité universel des drogues simples*. En 1699, il entra à l'Académie. Son dernier ouvrage, le *Traité de l'antimoine*, traité que l'on consulte encore quand on veut s'occuper de ce métal, nous montre un observateur d'une habileté consommée. Ce n'est qu'une réunion de faits détachés, mais qui attestent un nombre prodigieux d'expériences faites par une main assurée, et dont la description, écrite dans le laboratoire, porte un cachet de réalité et de simplicité tout nouveau en Chimie.

Comparé à Le Fèvre, Lémery nous offre, conformément à la marche habituelle de l'esprit humain, l'homme positif succédant à l'homme d'imagination. Vous remarquerez, en effet, que toutes les fois que deux hommes très-distingués dans une science paraissent successivement sur le même théâtre, le second, par un penchant naturel et irrésistible, cherche à se présenter sous un point de vue différent de celui où le premier s'était placé. L'un avait-il brillé par son imagination, l'autre fonde sa gloire sur l'observation attentive et judicieuse des faits.

Ce qui caractérise le cours de Le Fèvre, c'est l'étendue des idées ; ce qu'on remarque dans le cours de Chimie de Lémery, c'est la clarté de ses descriptions. Les opérations sont simples, les détails exacts, les termes nets, sans obscurité ni détour. Sa Physique est mauvaise ; mais il y en a si peu ! Ses opinions théoriques sont à peu près celles de Le Fèvre ; mais il met beaucoup plus de réserve dans leur énoncé. L'esprit universel est toujours le premier principe des mixtes, mais il le trouve *un peu métaphysigue*. Comme ce principe ne tombe point sous les sens, il juge à propos d'en établir de sensibles : ce sont l'eau, l'esprit, l'huile, le sel et la terre, admis par Le Fèvre ; mais il a bien soin d'établir que le nom de principe ne doit pas être pris dans une signification exacte ; que ces principes ne le sont qu'à notre égard, et en tant que nous ne pouvons aller plus loin dans la division des corps.

Comme homme positif, Lémery a été éminemment utile, et tous les chimistes du temps et de l'Europe entière ont été formés à son école. Le nombre des procédés qu'il a mis en circulation est énorme, et cependant il s'en était réservé beaucoup pour son commerce. De là, pour lui, un moyen de se procurer une existence très-douce.

Il mourut en 1715, laissant un fils, qui, comme lui, s'est occupé de Chimie, mais avec bien moins d'originalité et de travail.

L'année de la mort de Nicolas Lémery, mourut aussi, et presque jour pour jour, Homberg, gentilhomme allemand, qui a donné son nom à diverses préparations, telles que son *sel sédatif*, qui n'est autre chose que l'acide borique, son phosphore, qui n'est que l'oxychlorure de calcium fondu, et son pyrophore, qu'on étudie encore dans tous les cours. On a seulement, il est vrai, un peu modifié sa préparation, qui consistait à calciner l'alun avec la matière fécale humaine, qu'on remplace par toute autre matière organique.

Homberg était l'un des chimistes les plus instruits de son époque et l'un des plus passionnés pour la science. Il était né en 1652, à Batavia, dans l'île de Java, et avait fait ses études à Leipzig. Doué d'un esprit lent, et privé de la faculté de s'exprimer avec facilité, il eût fait un très-mauvais professeur ; mais il a rempli le rôle dans lequel il pouvait être le plus utile. Inventant peu, il aimait à rassembler les travaux des autres. Aussi le voit-on passer une grande partie de sa vie à voyager, parcourant l'Italie, la France, la Hollande, la Prusse, la Suède, visitant tous les chimistes les plus renommés, tels que Kunckel, Baudoin et beaucoup d'autres, tachant de se procurer leurs recettes, achetant un secret par un autre, mettant ensuite au jour tous les procédés qu'il parvenait à connaître, et publiant une multitude de petits Mémoires détachés, pleins de ces faits que d'autres cherchaient à soustraire à la connaissance du public.

Vous le voyez, les temps étaient venus. Dans chaque chimiste de cette époque, se dévoile le même besoin de publicité, le même besoin de communication libre de la pensée. L'esprit vif de Lémery se trouve jeté dans cette voie par les nécessités de la discussion orale ; l'esprit plus lent de Homberg est poussé dans la même route par les nécessités de la discussion écrite. Les applaudissements de la foule arrachent à Lémery les vérités qu'il laisse tomber du haut de sa chaire. Les éloges de quelques esprits choisis suffisent pour déterminer Homberg a confier ses pensées les plus secrètes à la publicité des recueils académiques.

Laissons la France dotée de ces germes précieux, remontons un peu plus haut, et nous trouverons en Allemagne un auteur dont les ouvrages, bien dignes de fixer l'attention, autant que nous en pouvons juger par la partie qui nous en reste, ne furent cependant connus en France que cinquante ans après. C'est Becher, né à Spire en 1635, auteur de l'ouvrage intitulé : *Physica subterranea*, sur le frontispice duquel Stahl ne craignit pas d'écrire : *Opus sine pari*. Malheureusement, il ne nous en reste que la première Partie.

Ouvrez cet ouvrage sans pareil, et la singularité du début vous étonnera beaucoup. *De gustibus non disputandum esse* : ce proverbe, dit-il, est d'accord avec la raison et l'expérience. Aux uns, il faut des aliments sucrés ; à d'autres, des acides ; ceux-ci préfèrent l'amertume. Il est des gens qui se plaisent aux élans de la gaieté, d'autres recherchent les émotions de la tristesse. Ceux-ci sont passionnés pour la musique ; à ceux-là elle n'offre aucun attrait. Mais qui croirait qu'il existe un goût, auquel il faut sacrifier son honneur, sa santé, sa fortune, son temps, et même sa vie ? Ce sont donc des fous qui s'y livrent, direz-vous ? Non. Ce sont seulement des individus d'un genre excentrique, hétéroclite, hétérogène, anomal ; ce sont les chimistes :

Gens macérés dans l'eau de pluie,
Flairant de loin l'odeur de suie,
Flambés, roussis ou rissolés
Et par leur fumée aveugles ;

comme-il le dit en vers latins que je traduis librement.

D'où lui vient une humeur si noire ? Hélas ! nous le voyons d'abord premier médecin de l'électeur de Mayence, puis de celui de Bavière, et ensuite en butte à mille attaques près de l'empereur, poursuivi à outrance, et forcé de se réfugier d'abord en Hollande, puis en Angleterre. L'envie des courtisans, les persécutions que son insupportable vanité lui suscitait partout ont fait de Becher l'un des hommes les plus malheureux qui aient existé. Et pourtant c'était une noble intelligence ; c'était un de ces hommes rares chez qui toutes les facultés sont également développées, et qui s'occupent avec un égal succès de Théologie, de Politique, d'Histoire, de Philologie, de Mathématiques et de Chimie. Becher a écrit, en effet, sur toutes ces sciences, malgré sa vie errante, et, si je n'ajoutais que dès sa jeunesse il s'était façonné au travail le plus rude et le plus

DEUXIÈME LEÇON.

assidu, vous concevriez difficilement que sa courte et aventureuse existence lui eût laissé le loisir d'approfondir d'aussi graves sujets.

Parmi les ouvrages de Becher, celui qui nous frappe le plus aujourd'hui, c'est son *Tripus Hermeticus fatidicus pandens oracula chymica*. Vous trouvez là, en effet, ce qu'il appelle son laboratoire portatif, espèce de fourneau qui mérite bien ce nom, puisqu'il parvient, à l'aide de dispositions simples et ingénieuses, à le plier à tous les besoins de la Chimie. Les petites et excellentes forges mobiles qu'on a récemment remises en usage s'y trouvent déjà figurées.

Comme les chimistes de son temps, Becher n'est pas toujours intelligible pour nous ; mais, quand il l'est, ce qui arrive ordinairement, on aime son style net, franc, élégant, et ses pensées toujours vives et spirituelles frappent et intéressent.

Becher semble avoir établi le premier d'une manière précise l'existence de corps indécomposables, et celle des corps composés et surcomposés.

Si la dissidence de la Philosophie scolastique et de la Chimie avait pu, jusqu'à lui, sembler douteuse, sa Physique souterraine l'établirait dans les termes les plus précis : « *Bon péripatéticien, mauvais chimiste, et réciproquement*, dit-il, car la nature n'a rien de commun avec les imaginations dont la Philosophie péripatétisme se nourrit. »

Ailleurs, il porte à Aristote et à toute sa secte un défi formel, et il les invite à expliquer pourquoi l'argent est dissous par l'acide nitrique ; pourquoi il est précipité par le cuivre, le sel marin, etc.

Mais la réputation de Becher repose surtout sur la doctrine des trois éléments qu'il appelait les *trois terres*, savoir : la terre vitrifiable, ou l'élément terreux ; la terre inflammable, ou l'élément combustible ; la terre mercurielle, ou l'élément métallique. Chacune d'elles ne représente pas une matière unique et toujours identique ; elles peuvent affecter des modifications et revêtir des caractères extérieurs variés.

Quand on met de côté les prétentions géologiques de Becher, aussi bien que ses prétentions alchimiques, il reste dans sa *Physica subterranea* une véritable Philosophie chimique, telle que la comportait son époque. L'expérience y est placée au rang qu'elle doit occuper, en des études où les raisonnements *a priori* ont si peu de portée. Becher connaît bien les faits ; il en donne une appréciation vraie ; il les classe avec sagesse et méthode ; il s'élève enfin par moments aux idées les plus nettes sur la nature des réactions chimiques. Pour lui, les phénomènes chimiques se passent entre des principes matériels qu'une force propre réunit pour former des composés. Rien n'empêche de détruire ceux-ci et de faire reparaître les principes avec leurs qualités fondamentales.

Il est curieux de remarquer qu'après avoir tant insisté sur la nature matérielle des êtres qui produisent les phénomènes chimiques, Becher et son commentateur Stahl aient accordé si peu d'attention l'un et l'autre à l'une des qualités les plus sensibles de la matière, sa pesanteur.

Le célèbre inventeur de la théorie du phlogistique, Stahl, à qui nous devons la connaissance de la meilleure partie des ouvrages de Becher, parvenue jusqu'à nous, a certainement puisé le germe de ses idées dans les écrits de ce dernier. Il n'en parle qu'avec une sorte de fanatisme. Ainsi, il appelle son ouvrage *opus sine pari* ; ailleurs, *primum ac princeps* ; ailleurs encore, *liber undique et undique primus*. Loin de se parer des dépouilles de Becher, il cherche par tous les moyens à montrer l'estime profonde qu'il porte à son ouvrage. Il prétend y avoir puisé les premières notions de sa théorie ; mais on serait presque tenté de révoquer en doute le témoignage de Stahl, et de regarder cette assertion comme une exagération de sa modestie et de son admiration pour Becher. En tout cas, il est certain que, si Becher lui a fourni le premier germe du phlogistique, quand il a fallu féconder cette pensée mère, Stahl y a mis beaucoup du sien.

George-Ernest Stahl, né à Anspach, en 1660, était un médecin. Il devint même premier médecin du duc de Saxe-Weimar, et en 1716 premier médecin du roi de Prusse, titre qu'il conserva jusqu'à sa mort, arrivée en 1734. Tous ses ouvrages indiquent un génie vaste, un esprit pénétrant et riche de toutes sortes d'inconnaissances. Il s'attache aux vues élevées et profondes, aux idées étendues. Il s'y abandonne même sans réserve et poursuit leurs conséquences au travers des ténèbres de la Science naissante. À cette époque obscure, la pensée de Stahl produit l'effet d'un éclair au milieu de la nuit, qui fend la nue et brille tant que la vue peut le suivre, qui brille encore quand l'œil se fatigue et le perd au loin. Son style est dur, serré, embarrassé ; on n'en supporte que très-péniblement la lecture. Ajoutez que ses ouvrages, et particulièrement le dernier volume de ses principes de Chimie, présentent une bizarrerie dont je ne connais nul autre exemple. Le latin et l'allemand sont continuellement entremêlés dans tout le cours d'un gros in-4°. Ce n'est même pas une alternance de phrases homogènes écrites chacune dans l'une de ces langues ; mais dans la même phrase se succèdent sans ordre des mots allemands et latins, latins et allemands. Vous lisez une préposition allemande ; le nom qui la suit est latin, et se trouve au cas où l'eût régi la préposition latine ; le sujet du verbe appartient à une langue, le verbe appartient à une autre. C'est un mélange, une confusion, dont on ne peut se faire l'idée que quand on l'a sous les yeux, que quand on essaye de le traduire.

S'agit-il, par exemple, de vous décrire l'action de l'acide sulfurique sur le sel marin et les caractères du sulfate de soude qui en résulte, Stahl vous dit :

Ex hujus deinde remanentiâ, seu capite mortuo, woraus der spiritus salis getrieben worden, bleibt ein novum concretum salinum Zurücke, compositmuum ex alcali salis et acido vitrioli... id est sal mirabile Glauberi, welches eine brüchige, fragilem et friabilem mollem consistentiam hat, aquam abundantem, feucht, daher es im Feuer ebullirt wie Alaun.

Outre l'édition et le commentaire de la *Physica subterranea*, nous avons de Stahl plusieurs ouvrages, qui sont ses *Experimenta et observationes*, son *Traité du soufre*, ses *Fundamenta Chymiæ dogmaticæ et experimentalis*, son Traité des sels.

Comme Becher, trouvant les éléments d'Aristote inapplicables aux phénomènes de la Chimie, il les rejette, et cherche ailleurs des corps indécomposables, qu'il puisse regarder comme vrais principes de la Chimie. Il s'était livré à une étude approfondie de la deuxième terre de Becher, de sa terre combustible ; il connaissait bien les rapports qui lient les métaux à leurs oxydes. Il avait reconnu le rôle utile de l'élément combustible dans la conversion de ces oxydes en métaux, en un mot, dans leur réduction ; il en avait saisi toute la généralité.

S'il eût pris comme éléments les métaux, ou, si vous voulez, les diverses modifications de la terre mercurielle de Becher, et s'il eût considéré les oxydes comme des composés dérivés de ces corps simples, sa théorie eût été conforme aux idées que nous avons aujourd'hui, aux doctrines qu'a établies Lavoisier. Mais il fit et devait faire l'inverse ; il vit, dans les oxydes, des corps simples, et dans les métaux, des corps composés. Voilà son erreur fondamentale : de là dérivent toutes les autres. Dans cette circonstance, il a été influencé par les idées qui régnaient de son temps sur la nature des métaux, que l'on s'accordait à regarder comme composés. Il a bien su mettre de côté les éléments aristotéliques, ainsi que les prétentions des physiciens ou mathématiciens à l'explication des phénomènes chimiques ; mais il a tenu compte des opinions générales sur les métaux, qui s'étaient transmises d'âge en âge, sans que personne eût jamais songé à les mettre en doute.

D'après Stahl, les terres, les oxydes d'aujourd'hui, étaient indécomposables ; le phlogistique pouvait s'y unir, et les métaux naissaient de cette union. Les métaux, par conséquent, devaient renfermer du phlogistique. Le charbon en contenait bien d'avantage encore. Tous les combustibles, en général, étaient plus ou moins chargés de phlogistique. Toutes les fois qu'un corps brûlait, c'était parce qu'il se dégageait du phlogistique, et il s'en dégageait d'autant plus que le corps était plus inflammable. Si l'oxyde de plomb, chauffé avec du charbon, passait à l'état métallique, c'est que le charbon en brûlant abandonnait son phlogistique et que l'oxyde s'en emparait. Enfin, aux yeux de Stahl, une série d'oxydes produits par une oxydation plus ou moins avancée représentait un métal plus ou moins déphlogistiqué.

En un mot, la théorie de Stahl ne diffère de la nôtre que parce que son auteur avait vu une combinaison là où nous voyons une décomposition, et réciproquement. Il n'a manqué à Stahl pour rectifier ses idées que d'avoir égard aux indications de la balance ; car, si l'on en tient compte, une objection sans réplique se présente à l'instant. Le plomb qui s'oxyde, qui se déphlogistique dans la théorie de Stahl, augmente de poids ; la perte d'un de ses principes lui fait donc acquérir un poids plus grand. D'autre part, l'oxyde de plomb réduit par le charbon gagne du phlogistique ; il devrait donc peser plus qu'avant sa réduction, et pourtant il a diminué de poids.

DEUXIÈME LEÇON.

Ce qui étonne, c'est que Stahl savait parfaitement bien à quoi s'en tenir à ce sujet. On trouve le fait consigné dans ses ouvrages : « La litharge, le minium, les cendres de plomb, dit-il, pèsent plus que le plomb qui les fournit ; et non-seulement, par la réduction, on voit disparaître ce poids surnuméraire, mais encore même celui d'une portion du plomb. » Mais cela ne l'a point arrêté. Cette difficulté qui nous semble monstrueuse ne paraît pas l'avoir frappé.

Nous ne trouvons dans aucune partie de ses écrits qu'il ait cherché à s'en rendre compte. Il est vrai qu'il ne suffit pas de lire ses œuvres pour être en état d'apprécier dans tous ses détails la doctrine de Stahl : sa conversation, ses leçons valaient mieux que ses écrits ; et cela se conçoit d'un homme comme lui, tout de fougue et d'inspiration. Aussi avons-nous quelque peine à saisir l'idée précise qu'il se faisait du phlogistique, et quand on cherche à y parvenir il ne faut pas se contenter de la lecture de ses ouvrages, il faut consulter aussi ceux de ses élèves. Ses opinions y prennent une forme plus nette et plus arrêtée. Sous ce point de vue, il faut remarquer le Traité, fort bienfait d'ailleurs, de Juncker, publié en 1730 et intitulé : *Conspectus Chemiæ in formâ tabularum in quibus corporum principia, etc. È dogmatibus* BECHERI *et* STAHLI *potissimùm explicantur*. À une époque très-voisine de nous, Berthollet nous offrira l'occasion de renouveler cette remarque, car ses idées ne prennent une forme claire que dans les écrits de ses élèves.

La notion de poids n'entre donc pour rien dans l'esprit de Stahl, quand il s'agit de Chimie : la notion de forme est son seul guide. C'est là ce qui constitue la différence essentielle qu'il y a entre lui et Lavoisier. L'un n'a pris en considération, dans les explications qu'il a données, que le changement de forme et d'aspect des corps brûlés ; le second a eu égard à la fois au changement de forme et au changement de poids. Et quand on dit, à la gloire de la doctrine de Stahl, qu'elle a suffi pendant près d'un siècle aux besoins de la Science, il est indispensable d'ajouter qu'elle a suffi, tant que les chimistes n'ont tenu compte que des phénomènes sur lesquels Stahl l'avait établie. Elle s'est évanouie dès que l'observation a fait un pas de plus.

Cette doctrine à pénétré tard en France. Elle y a éprouvé bien des objections. Il répugnait à beaucoup de personnes, et particulièrement à Buffon, d'admettre cet être idéal et insaisissable, que Stahl appelait phlogistique ; car, en indiquant beaucoup de corps très-riches en phlogistique, il ne dit jamais l'avoir isolé. Il le trouve à la vérité presque pur dans le noir de fumée. Mais on voit, et par d'autres passages de ses écrits, et par les écrits de ses élèves, qu'il n'a pas considéré le noir de fumée comme du phlogistique à l'état de pureté absolue. Plus tard, Macquer et bien d'autres étaient portés à voir, dans le gaz inflammable, un phlogistique plus pur. Enfin, ils furent obligés d'admettre des idées plus vagues encore sur la nature de ce phlogistique : c'était la matière la plus pure du feu, c'était la lumière. Mais alors la théorie expirante succombait sous les efforts de Lavoisier.

Dès qu'il eut commencé à l'ébranler, on comprit toute la force de l'objection tirée des poids. Voici comment on essayait de la résoudre. En fait, le phlogistique ajouté aux corps leur ôtait une partie de leur poids, qu'ils retrouvaient quand il s'en séparait. Il fallait donc que le phlogistique, au lieu d'être attiré comme tout corps pesant vers le centre de la terre, eût au contraire une tendance à s'en éloigner : il fallait qu'il eût un *poids négatif*. À l'aide de cet expédiant, on expliquait comment la combinaison du phlogistique avec les autres corps les rendait plus légers : car leur poids véritable devait être diminué d'une quantité égale au poids négatif du phlogistique qui s'y trouvait uni.

Au reste, parmi les chimistes de cette époque, il s'en trouvait beaucoup, et Guyton-Morveau, par exemple, qui se contentaient à meilleur marché encore. En effet, ce dernier voyait dans le phlogistique une matière plus légère que l'air, qui, s'ajoutant aux corps, les rendait plus légers en apparence quand on les pesait dans l'air, tout comme ces vessies qui, ajoutées au corps du nageur, augmentent son poids absolu, mais diminuent sa densité de manière à le faire surnager sur l'eau. Guyton-Morveau n'avait pas compris la question, car, à ce compte, l'augmentation de poids eût été accompagnée d'une diminution de volume. C'est ainsi qu'un aéronaute qui, dans sa nacelle avec son ballon, s'élève dans les airs, parce que l'ensemble est plus léger que l'air, semble devenir plus lourd, quand il se sépare de son ballon pour descendre en parachute. En faisant abstraction du volume, on dirait donc que pour monter il ajoute à son poids celui de son ballon ; que pour descendre, au contraire, il soustrait ce même poids. Voilà l'image exacte de l'explication de Guyton-Morveau. Elle tombe d'elle-même quand on voit que l'aéronaute, s'il ajoute à son poids pour devenir plus léger que l'air, ajoute aussi beaucoup à son volume, tandis que l'oxyde de plomb perd à la fois en poids et en volume, quand il se réduit.

La nécessité d'avoir recours à de tels expédients pour prolonger la durée de la théorie du phlogistique fait voir qu'elle était bien malade dès les premières observations de Lavoisier, sur la calcination des métaux. Elle reçut bientôt le coup de la mort quand Lavoisier vint à discuter les phénomènes de la décomposition de l'oxyde de mercure, par l'action de la chaleur seule, et sans intervention du charbon ou de tout autre produit phlogistiquant. Macquer essaya de répondre en disant qu'à la vérité, dans cette opération, le mercure pouvait se passer du contact du charbon, mais que du moins il était nécessaire que la cornue où l'opération s'effectuait reçût la lumière du charbon embrasé, qu'elle vît les charbons ardents. Vains efforts ! C'en était fait de la doctrine du phlogistique.

La doctrine du phlogistique aura pourtant toujours de l'intérêt, car elle a terminé, on peut le dire, la lutte entre la Physique scolastique et la Chimie expérimentale. Vivement engagée dans les leçons de Paracelse, continuée dans les écrits de Becher, celle-ci n'a cessé qu'après la découverte et l'adoption de la théorie de Stahl.

Que serait-il arrivé si la doctrine des quatre éléments d'Aristote n'avait pas préoccupé tous ces esprits ? Quand on voit dans la tête de Nicolas Le Fèvre une notion si vraie du principe comburant sur lequel il fonde sa doctrine ; quand on voit dans celle de Stahl un sentiment si exact des propriétés du principe combustible, auquel il rapporte toutes ses théories, on est tenté de croire que la Chimie eût fait des progrès bien plus prompts.

Quoi qu'il en soit, de Paracelse à Stahl la Chimie a constamment fait effort pour se débarrasser des quatre éléments d'Aristote, et, si j'osais exprimer ici ma pensée tout entière, je dirais qu'à mes yeux le mérite de Stahl n'est peut-être pas dans le rôle qu'il a fait jouer au phlogistique, comme on le pense généralement.

Ce qui donnera toujours à Stahl une auréole de grandeur et de gloire, c'est que non-seulement il a compris qu'il fallait reconnaître en Chimie des corps indécomposables, tout différents des éléments d'Aristote, mais qu'il a consommé cette révolution dans les idées. Examinez la question et vous serez bien vite convaincus que l'esprit humain a fait un pas immense le jour où ce principe de Philosophie naturelle a été admis, et à partir de Stahl il a fallu l'admettre.

C'est par là que, dans sa Chimie nouvelle, il introduit une précision inconnue. Plus de vague ni d'incertitude, les faits et l'explication se tiennent, rien ne les sépare. Les terres sont des êtres simples. Quand le phlogistique s'y ajoute, elles se métallisent, et les métaux sont des composés. Ôtez-leur le phlogistique, les terres reparaissent.

Quel progrès, quand on se rappelle les éléments ou principes de ses prédécesseurs, sortes de qualités abstraites qui ne se révélaient sous forme saisissable qu'autant que leur pureté se trouvait souillée de je ne sais quelle substance terrestre, qui pouvait les déguiser en cent façons !

Quel progrès, quand à ces terres et à ce phlogistique, dont Stahl fait une application si heureuse et si prochaine à l'explication de tous les faits de la Chimie, on oppose les éléments de ses prédécesseurs, ces éléments un peu trop métaphysiques, comme disait Lémery, qui les décrit soigneusement à la première page, mais qui s'en débarrasse dès la seconde, comme d'un bagage pesant et inutile !

Stahl a fait descendre jusqu'aux faits les théories qui s'égaraient dans les nuages. Stahl a été le précurseur nécessaire de Lavoisier, et, s'il s'est borné à lui préparer les voies, il les a du moins préparées d'une manière large, qui n'appartient qu'au génie.

TROISIÈME LEÇON.
(30 avril 1836.)

Schéele. — Résumé de ses découvertes. — Son traité de l'air et du feu. — Priestley. — Résumé de ses découvertes. — Conclusion.

Vers l'an 1773 parurent sur la scène du monde trois hommes qui devaient changer la face des sciences.

Divers de pays, d'age et de position, comme ils diffèrent d'esprit et de génie, tous les trois travaillent à la même tâche, avec un égal

TROISIÈME LEÇON.

courage, pendant le même temps, mais non avec la même fortune.

L'un, homme du monde, riche, entouré de l'élite des savants et marchant à leur tête, s'élève au-dessus de toutes les gloires contemporaines. L'autre, ecclésiastique, théologien fougueux, homme politique par position, sans fortune, mais soutenu par quelques amis des sciences, jette un éclat passager, mais un éclat si vif que nous en sommes encore éblouis. Le dernier, élève en pharmacie, pauvre et modeste, ignoré de tous et se connaissant à peine, inférieur au premier, mais bien supérieur au second, maîtrisant la nature de son côté à force de patience et de génie, lui arrache ses secrets et s'assure une éternelle renommée.

Entre eux s'établit une lutte animée, et pourtant leurs efforts tendent au même but, sans qu'ils s'en aperçoivent toujours ; mais les idées qu'ils débattent sont si saisissantes, qu'ils ne s'en écartent jamais. Et quand, au bout de quelques années, leur tâche commune est accomplie, quand ils n'ont plus qu'à jouir de leur gloire, qu'à se reposer sur leurs nobles souvenirs, une destinée implacable vient s'appesantir sur eux, les brise comme trois instruments providentiels dont la mission est terminée ; et la nature qu'ils ont tant tourmentée semble en éprouver quelque repos.

Parlons d'abord de celui dont la destinée fut plus humble et dont les travaux sont moins connus, parlons de Schéele, l'un des plus grands chimistes de la Suède. Il naquit à Stralsund, dans la Poméranie suédoise, le 9 décembre 1742. Issu de parents peu aisés, il fut néanmoins envoyé au collége, et commença ses études de latinité. Il y fit, il faut le dire, très-peu de progrès. À consulter ce début, l'illustre Schéele n'était capable de rien. On ne chercha donc point à lui faire parcourir la carrière des lettres, et sa famille s'estima fort heureuse de le placer, comme apprenti, dans une pharmacie. Ainsi, dès l'enfance, Schéele manifeste son tour d'esprit : car il n'a presque rien appris des hommes ; la nature fut, pour ainsi dire, son seul maître. L'apothicaire qui voulut bien le recevoir, un ami de sa famille établi à Gothenbourg, le prit à 12 ou 13 ans, et le garda six ans comme apprenti et deux ans comme élève. Pendant ce temps Schéele montra de l'intelligence et déploya beaucoup de zèle et d'exactitude ; mais rien en lui ne décelait ce qu'il devait être un jour. Le hasard fit tomber entre ses mains l'ouvrage de Neumann, élève de Stahl et l'un de ses plus grands admirateurs. Il le lut et l'étudia avec soin ; voilà toutes ses études en Chimie.

Suivant sa destinée avec calme, Schéele parcourut ensuite la Suède comme élève, profitant de toutes les occasions de s'instruire, et méditant profondément sur les nouvelles connaissances qu'il pouvait se procurer. C'est au milieu des occupations les plus obscures que s'acheva son éducation dans une science où il était destiné paraître avec tant d'éclat. Il se rendit à Stockholm, à l'âge de 27 ans. Sa carrière était déjà tracée. Dans le silence et la retraite, il avait accompli ou préparé ses plus grands ouvrages.

Mais il semble que quelque mauvais génie ait poursuivi Schéele pendant presque toute sa vie. Déjà, une vive contrariété était venue le troubler dans les premiers essais dont il s'était occupé. Il prenait sur son sommeil le temps nécessaire à ses recherches ; et, dans un accès de malice étourdie, un de ses camarades s'avisa de mêler à ses produits une poudre détonante, de telle sorte que, revenant à ses expériences au milieu de la nuit, Schéele, dès la première expérience, détermina tout à coup une forte explosion, qui mit toute la maison en émoi et qui vint dévoiler ses travaux nocturnes. Depuis ce moment on devint plus sévère, et on lui laissa moins de facilité pour se livrer aux expériences qui préoccupaient si vivement sa jeune imagination.

Ses premiers rapports avec l'Académie des Sciences de Stockholm vinrent lui susciter un chagrin analogue, car il ne paraît pas que la portée de son esprit ait été convenablement appréciée par cette compagnie. Il s'était occupé de l'acide tartrique, qu'il avait extrait de la crème de tartre par un procédé à l'aide duquel il a obtenu bien d'autres acides organiques plus tard.

Il avait fait une analyse savante et complète du fluorure de calcium, qui l'avait conduit à la découverte de l'acide fluosilicique, ce gaz que l'eau pétrifie, dont les propriétés ont tant d'intérêt et avaient alors tant de nouveauté.

Schéele comptait sur ces résultats pour commencer sa carrière scientifique. Quelque malentendu, sans doute, vint froisser son amour-propre et porter dans son esprit un découragement momentané ; car, loin de continuer ses relations avec l'Académie, on le vit s'éloigner du commerce des savants.

Quoi qu'il en soit, Schéele quitta Stockholm et se rendit à Upsal, où Bergman professait alors la Chimie avec un si grand éclat. Cet homme célèbre remplissait alors l'Europe de son nom, et sa haute réputation était dignement méritée. Schéele avait-il l'intention de se mettre en rapport avec lui ? C'est possible ; mais, soit timidité, soit humeur inquiète, il passa quelque temps à Upsal sans tenter la moindre démarche, se montrant plus que jamais ami de la retraite et de la solitude. Ces deux hommes, si bien faits pour se connaître et s'apprécier, auraient donc pu rester longtemps séparés ; un hasard heureux les rapprocha : c'est peut-être le seul dont Schéele ait eu à se féliciter.

Il était employé par un pharmacien qui fournissait à Bergman les produits chimiques nécessaires à ses travaux. Celui-ci, ayant un jour besoin de salpêtre, en fait prendre chez ce pharmacien, l'emploie à l'usage auquel il le destinait et détermine la production d'abondantes vapeurs rouges, formées, comme on sait, par l'acide hypoazotique, mais qui dans son opinion n'auraient pas dû se dégager dans les circonstances où le sel avait été placé. Bergman étonné s'en prend à quelque impureté du salpêtre. Il renvoie ce sel par un de ses élèves, qui ne manque pas une occasion si belle de rudoyer un peu le pauvre garçon apothicaire qui l'avait livré. Mais Schéele s'informe de ce qui s'est passé, se fait expliquer les détails de l'expérience, et il en donne immédiatement l'explication. À peine celle-ci est-elle rapportée à Bergman, qu'il accourt auprès de Schéele, l'interroge, et découvre, à sa grande surprise, à sa grande joie, sous l'humble tablier de l'élève en pharmacie, un chimiste profond et consommé ; un chimiste de haute volée, à qui se sont déjà révélés nombre de faits inconnus ; un chimiste qui, loin de s'en tenir aux détails de la pratique, lui développe, sur la composition de l'air et sur la théorie de la chaleur, les idées qui ont servi de base à son *Traité de l'air et du feu*, dans lequel il a dépassé Priestley et où il s'est quelquefois approché de Lavoisier.

La connaissance fut bientôt faite, et l'amitié de ces deux grands hommes ne s'est jamais démentie. Bergman chercha les moyens d'être utile à son jeune ami et de le placer convenablement ; mais Schéele craint les distractions ; frappé de tous les événements qui à chaque instant viennent contrarier sa carrière, il veut se retirer dans un lieu tranquille, vivre seul et isolé du monde. On lui propose la direction de quelque manufacture de l'État, il refuse. Le roi de Prusse s'efforce de l'attirer à Berlin ; ses offres ne le tentent pas davantage.

Mais il apprend que dans une petite ville de Suède, à Koeping, il existe une pharmacie demeurée entre les mains d'une veuve ; qu'il y trouverait un emploi paisible ; que la veuve possède quelque bien, et qu'il pourrait aspirer à l'épouser. C'est l'avenir qu'il lui faut : retraite, calme et médiocrité. Il se transporte vite à Kœping, il accepte tous les arrangements et s'établit chez la veuve. Mais, par une de ces contrariétés si fréquentes dans sa vie, il se trouve, tout examiné, que la succession est obérée de dettes et que la pauvre veuve ne possède rien. Ainsi, au lieu d'un sort paisible, d'une existence douce et tranquille, c'est une vie pénible et de labeur qui se présente. Toutefois, Schéele ne recule pas et l'accepte sans hésiter, trouvant qu'on doit être prêt à donner quand on se croit digne de recevoir. Il se met donc à l'œuvre, et, partageant son temps entre ses recherches et les soins de la pharmacie, il emploie tous les bénéfices de la maison à en payer les dettes. Sur les 606 livres qu'il gagnait chaque année, il en réserve 100 pour ses besoins personnels et consacre le reste à la Chimie. Et cette somme si faible suffisait aux recherches qui ont porté si haut sa renommée !

Toutefois, dans cette situation obscure, les découvertes de Schéele auraient pu rester longtemps dans l'oubli, sans l'écho qu'elles trouvaient en Bergman. Mais le célèbre professeur se fait l'interprète de son ami. Dès que Schéele, du fond de sa retraite, lui annonce une découverte, il se hâte de la propager partout. Aussi, tandis que la Suède ignorait presque l'existence de Schéele, sa renommée, grâce aux correspondances de Bergman, remplissait le reste de l'Europe. Bientôt ses Mémoires, traduits en allemand et en français, portèrent sa gloire au loin, et firent, vers la fin de sa vie, l'admiration de l'Europe savante, tandis que, dans sa patrie, il n'en était pas beaucoup plus connu.

On raconte même que le roi de Suède, dans un voyage hors de ses États, entendant sans cesse parler de Schéele comme d'un homme des plus éminents, fut peiné de n'avoir rien fait pour lui. Il crut nécessaire à sa propre gloire de donner une marque d'estime à un homme qui illustrait ainsi son pays, et il s'empressa de le faire inscrire sur la liste des chevaliers de ses ordres. Le ministre chargé de lui conférer ce titre demeura stupéfait. Schéele ! Schéele ! c'est

TROISIÈME LEÇON.

singulier, dit-il. L'ordre était clair, positif, pressant, et Schéele fut fait chevalier. Mais, vous le devinez, ce ne fut pas Schéele, l'illustre chimiste, ce ne fut pas Schéele, l'honneur de la Suède, ce fut un autre Schéele qui se vit l'objet de cette faveur inattendue.

Voilà l'histoire de Schéele dans ses rapports avec le monde ; mais s'agit-il de ses rapports avec la nature, c'est tout autre chose.

Comme chimiste, tout lui réussit ; il résout les problèmes les plus obscurs, à l'aide des moyens les plus simples ; car il ne faut pas se figurer que Schéele ait travaillé avec les instruments que nous avons aujourd'hui, ni même avec ceux qui étaient entre les mains des chimistes de son temps. Non, en vérité : quelques cornues, creusets ou fioles, quelques verres à bière et quelques vessies, auxquels il faut ajouter les produits les plus indispensables, voilà tout son laboratoire. Il peut dédaigner tous les instruments compliqués, il sait s'en passer. Il n'avait pas de cloches : des verres à boire en faisaient l'office. Fallait-il recueillir des gaz, il attachait une vessie au col de la fiole, au bec de la cornue où s'effectuait leur dégagement. La vessie pleine, il en serrait le col d'une ficelle. Voulait-il employer le produit gazeux, il détachait le lien, comprimait la vessie et soumettait le gaz qui s'en échappait aux essais que lui suggérait son esprit curieux.

Son habileté suppléait à tout, et, sans autre appareil que ceux que je viens de vous indiquer, il a su faire les expériences les plus délicates, il a su isoler les corps les mieux cachés, produire les composés les plus inattendus et s'élever aux découvertes les plus importantes. La nature semblait vouloir le consoler des mésaventures que lui faisaient éprouver les hommes ; elle se plaisait à lui dévoiler ses secrets les plus beaux. Il ne touchait pas un corps sans faire une découverte ; et il est tel de ses Mémoires où vous trouvez trois ou quatre nouveaux corps simples reconnus en même temps. On peut citer comme exemple son Mémoire sur l'oxyde de manganèse, dont l'étude l'a conduit à découvrir le manganèse, le chlore, la baryte, et peut-être l'oxygène. Car on peut présumer, bien qu'il ne le dise pas, que c'est dans le cours des travaux qui font l'objet de ce Mémoire qu'il a découvert ce gaz ; mais il l'a réservé, en raison de son importance, pour le soumettre à une étude particulière dans son *Traité de l'air et du feu*.

On doit à Schéele la connaissance d'une multitude d'acides, tant organiques que minéraux. Je vous ai déjà cité l'acide tartrique et l'acide fluosilicique. Je pourrais en ajouter bien d'autres, et de fort importants. Les acides manganésique, arsénique, molybdique, lactique, mucique, tungstique, prussique, citrique et gallique rappellent en effet chacun une découverte de Schéele.

Les recherches qui l'ont conduit à découvrir l'acide prussique sont surtout bien dignes de la méditation des jeunes chimistes. Parcourez le Mémoire où il en établit l'existence, et vous resterez charmés de la simplicité des moyens, de l'enchaînement des expériences, de la précision des résultats et de la justesse des conclusions. Combien d'autres, dans les laboratoires les mieux fournis, se fussent épuisés en vaines tentatives sur un sujet hérissé de tant de difficultés, de tant de complications !

Parmi les corps simples, il en est plusieurs que Schéele a découverts et isolés, et plusieurs dont il a rendu l'existence probable, en étudiant leurs composés et les montrant aux chimistes comme des êtres distincts. C'est à lui qu'appartient la découverte du chlore. Il connut l'oxygène presque en même temps que Priestley. Son travail sur le fluorure de calcium et sur l'acide fluosilicique a conduit à admettre un radical particulier, le radical connu sous le nom de fluor. S'il ne découvrit pas le baryum, dont la séparation exigeait l'emploi des forces électriques, du moins fit-il connaître la baryte qui resta sur la liste des corps simples jusqu'à l'époque de l'extraction du potassium. Enfin il annonça le molybdène et le tungstène dans les acides molybdique et tungstique ; et depuis il a suffi, pour en extraire les métaux, de calciner ces acides avec du charbon.

Schéele a fait d'ailleurs un grand nombre d'observations détachées. Il a établi la nature de la plombagine ; il a découvert plusieurs combinaisons éthérées ; il a décrit, le premier, la préparation et les propriétés de la glycérine. Bref, si vous vouliez le suivre dans toutes ses recherches, il faudrait parcourir avec lui toutes les parties de la Chimie. Vous verriez alors toute la souplesse de son génie, la fécondité de sa méthode, la sûreté de sa main, et la singulière pénétration de son esprit, qui le fait toujours arriver au vrai et s'y arrêter. Examinez ses Mémoires, vous n'y trouverez pas une erreur dans tout ce qu'il dit des corps et de leurs propriétés. On ne saurait trop l'admirer, tant qu'il se renferme dans les faits qu'il a observés et dans les conséquences prochaines qui en découlent. Ses Mémoires sont sans modèle comme sans imitateurs. En un mot, toutes les fois qu'il ne s'agit que des faits, Schéele est infaillible.

Mais il n'en est plus de même quand il arrive à poser des théories générales ; alors on voit avec regret que son imagination l'emporte, qu'elle l'entraîne à des écarts que l'on était loin d'attendre d'un esprit si droit, et l'on ne peut méconnaître le secours que des études mathématiques préparatoires lui auraient fourni pour ses recherches de Philosophie naturelle. Ainsi, lorsqu'il a voulu s'élever à la théorie de l'air et du feu, il a créé un ouvrage que les contemporains plaçaient bien au-dessus de ses Mémoires, mais que la postérité juge autrement.

Il y établit, il est vrai, la véritable composition de l'air, qu'il présente comme formé de deux principes, dont l'un est absorbable par les sulfures alcalins et un certain nombre d'autres corps, tandis que le second, qu'il nomme *air corrompu*, reste intact ; son analyse de l'air est même assez exacte. D'un autre côté, ayant obtenu l'oxygène en décomposant par le feu le nitre, l'acide nitrique, le peroxyde de manganèse, l'oxyde de mercure, l'oxyde d'argent, il décrit très-bien toutes les propriétés de ce gaz, qu'il désigne sous le nom d'*air du feu*. Jusque-là tout est bien, il est encore dans le domaine des faits ; mais cherche-t-il à s'élever plus haut, il tombe dans des théories où l'on a peine à concevoir qu'un esprit si pénétrant ait pu se jeter. Pour lui, la chaleur et la lumière sont composées de phlogistique et d'air du feu ; il suppose pesants le phlogistique et l'air du feu, et, par une bizarrerie dont on ne saurait se rendre compte, il admet que, de leur combinaison, peut résulter un corps sans pesanteur ; il s'imagine que ce produit devient assez subtil pour traverser le verre et s'évanouir, d'abord sous forme de chaleur, puis à l'état de lumière. Enfin, pour expliquer la remarque qu'il avait faite, que l'azote, son *air corrompu*, était un peu plus léger que l'air, il le regarde comme un peu dilaté par la production énorme de chaleur qui s'est produite, pendant la combustion du corps qui s'est emparé de l'oxygène et dont il croit que cet air corrompu garde toujours quelque chose.

Ainsi Schéele, avec des expériences dont le nombre, la variété, l'exactitude, vous étonnent à chaque instant, arrive à des conclusions si erronées et si étranges, que Lavoisier les a dissipées d'un souffle.

C'est que Schéele, comme Becher, comme Stahl, attache la plus grande importance aux modifications de la forme des corps, et presque aucune aux modifications de leur poids. D'où résulte que Schéele demeure infaillible tant qu'il se borne à traiter les questions où les modifications de la matière se bornent à la forme, et qu'il erre à chaque pas dès qu'il aborde celles qui exigent la notion du poids, l'emploi de la balance.

Schéele montre tout ce qu'on peut, et juste ce qu'on peut, avec les moyens limités auxquels son éducation, son caractère, les circonstances et sa fortune l'ont borné, quand on possède la pénétration extrême de son esprit, la rectitude de son jugement, l'adresse exercée dont il fait constamment preuve, et, sur toutes choses, quand on est doué de cette persévérance infatigable qu'il a mise à suivre chaque œuvre jusqu'au bout, sans se laisser détourner par aucun obstacle et jusqu'à ce qu'il fût satisfait du résultat.

Schéele s'est élevé à toute la hauteur qu'il pouvait atteindre par le travail, l'expérience et la méditation, sans le secours d'aucune éducation scientifique. Qu'il eût pu s'élever plus haut, je l'ignore ; mais c'est quelque chose que d'avoir reconnu la composition de l'air et les bases de la théorie de la combustion ; et quand on entend répéter si souvent que, pour travailler au progrès des sciences, il faut vivre dans les grands centres universitaires et point dans le pesant atmosphère des provinces, on ne peut s'empêcher de se rappeler Schéele et Kœping.

Mais aussi quelle ardeur au travail ! Le président de Virly et d'Elhuyart allèrent le voir vers la fin de sa courte carrière. Eh bien ! ils trouvèrent cet homme, dont la réputation les attirait si loin et auquel ils venaient rendre un si touchant hommage, ils le trouvèrent dans sa boutique, en tablier ; et, dès qu'il connut l'objet de leur visite, il reprit son travail avec une admirable simplicité. Pendant quelques jours qu'ils passèrent à Kœping, il allait dîner avec eux ; mais, le dîner fini, il revenait à ses recherches, et les deux voyageurs ne manquaient pas de l'y suivre. Il n'est pas donné à tout le monde d'être Schéele, mais quand on est Schéele, on l'est partout.

Au moment où cet homme illustre, dont la destinée est empreinte de tant de mélancolie, semblait destiné à jouir paisiblement du fruit de ses travaux, la mort vint le frapper tout à coup. Il venait de faire paraître ses derniers écrits ; les dettes de son prédécesseur étaient payées ; sa réputation était immense. Il voulut s'établir d'une manière définitive, et il épousa la veuve qui l'avait accueilli et dont il avait si noblement partagé la destinée. Mais, le jour même de son mariage, il fut atteint d'une maladie que l'on a regardée comme une fièvre aiguë. Quatre jours après il n'était plus. Quelques-uns pensent qu'il succombé à une maladie dont il ressentait depuis longtemps les atteintes, et que, sentant sa fin approcher, il aurait voulu donner un témoignage d'attachement à la compagne de ses derniers jours, en la rendant, par son mariage, légataire de son nom et de sa petite fortune. Il mourut le 22 mai 1786, à l'âge de 44 ans.

Pendant que Schéele parcourait en Suède sa modeste et brillante carrière, un homme d'une sagacité rare se livrait en Angleterre à des travaux du même genre, et s'y livrait avec un grand succès. C'est Priestley, dont le nom rappelle la découverte des principaux gaz, et qui même devança Schéele dans celle du gaz oxygène. Mais, s'ils se réunissent en quelques points par les résultats de leurs études, peu d'hommes diffèrent autant que Schéele et Priestley par le caractère et la destinée.

Priestley était né à Fieldhead, près de Leeds, dans le Yorkshire, le 30 mars 1733. Son père, fabricant de draps, le destinait au commerce et voulait en faire son successeur ; mais l'exaltation religieuse du jeune homme l'entraîna bientôt sur une scène plus agitée.

Les personnes qui pensent que les fils ressemblent à leur mère et les filles à leur père trouveront dans Priestley un exemple qui vient à l'appui de leur opinion. Sa mère portait, en effet, à un haut degré cette exaltation dans les sentiments religieux qui fit le malheur de la vie de Priestley. Elle mourut pendant l'enfance de celui-ci, et son fils fut vivement frappé de l'entendre, aux approches de la mort, décrivant avec extase le paradis qui déjà se dévoilait à ses yeux, demandant avec instance qu'on la laissât s'envoler dans les cieux, et paraissant au comble de la joie quand elle rendit le dernier soupir.

Livré aux soins d'une tante et de son père, le jeune Priestley fut placé dans une pension libre où il apprit le latin, le grec et l'hébreu ; et dès lors il se fit remarquer par des succès qui prouvaient une étonnante facilité. Son père, qui le destinait toujours au commerce, le fit ensuite voyager. Nous le voyons alors employer ses moments de distraction à apprendre le français, l'allemand et l'italien. Mais bientôt ses idées religieuses l'emportent. Quoique élevé par sa famille dans les principes d'un calvinisme très-modéré, il tombe dans un état d'exaltation pénible. Il s'imagine que la grâce lui manque, s'abandonne au découragement et se livre à une profonde tristesse. Pour approfondir davantage l'Écriture sainte, il apprend le chaldéen, le syriaque, l'arabe. L'étude des langues ne lui coûtait rien, et ses efforts étaient suivis des progrès les plus rapides. Il s'occupa vers le même temps de son éducation mathématique.

Enfin il se voua à la carrière ecclésiastique, et voulut se faire recevoir prédicateur de sa congrégation ; mais, dès le premier pas, il fit naître lui-même un obstacle qu'il rendit bientôt insurmontable. Il fallait subir un examen, et, dans ses réponses, il souleva la question du péché d'Adam, et énonça ses opinions sur cette matière avec le ton d'un homme qui est peu disposé à les modifier. Des objections lui furent faites. Il demanda quelques jours de réflexion, après lesquels il vint annoncer au consistoire qu'en dépit de ses efforts il ne pouvait éprouver le moindre repentir du péché d'Adam ; qu'il avait eu beau s'exciter à la contrition, il lui était impossible d'y parvenir. En conséquence, il fut écarté, et dès lors il tendit à former un schisme.

À cette époque, il s'occupait de littérature. Il faisait beaucoup de vers et de mauvais vers ; ce qui, dit-il, lui a donné la faculté d'écrire plus agréablement en prose. Mais gardez-vous d'user de la recette : car, autant que je puis en juger, sa prose n'a rien qui la recommande.

Il cultiva soigneusement sa mémoire qui, du reste, était si heureuse, qu'il pouvait reproduire presque complètement et de souvenir les sermons qu'il avait entendus une fois.

Devenu ministre, il s'essaya comme prédicateur à Needham, avec 650 francs d'appointements. Les dames de l'endroit, à ce qu'il nous apprend lui-même, le trouvèrent ennuyeux, et d'un autre côté on le soupçonna d'arianisme et même de socinianisme. Au fait, il n'admettait pas la Trinité. Ainsi, dès l'âge de vingt-cinq ans, ses opinions religieuses, à peu près arrêtées, commençaient à lui susciter des ennemis. Il finit par échouer complètement dans ses prédications à Needham, abandonna cette ville, et passa à Sheefield

TROISIÈME LEÇON.

où il eut le même sort.

Cependant à Nantwich il obtint quelques succès ; il y fonda une petite école, et, à l'aide de ses économies, il se procura une machine électrique et une machine pneumatique, première base de cette éducation scientifique qui devait devenir si féconde.

Plus tard, en 1761, sa réputation s'étant étendue, il fut appelé dans une petite académie, à Waringthon, pour y professer les langues anciennes. C'est la qu'il se maria. Il épousa une demoiselle Wilkinson, fille d'un maître de forges.

C'est vers cette époque, c'est-à-dire à l'âge de 32 ans, qu'il débuta dans les sciences. Un hasard le mit en rapport avec Franklin, dans un voyage qu'il fit à Londres, et la conversation de ce grand homme lui inspira le désir d'étudier les phénomènes électriques. Il conçut ainsi la première pensée de son histoire de l'électricité. Aussitôt il acheta les livres nécessaires, revint chez lui et s'en occupa immédiatement. Bientôt le besoin de décider des questions douteuses le détermina à faire des expériences qui lui acquirent quelque réputation dans le monde savant, le firent recevoir docteur et membre de la Société royale.

En 1767, ayant été nommé pasteur de la chapelle de Mitt-Hill, à Leeds, le hasard, car, à l'en croire, le hasard joue un grand rôle dans son histoire, le hasard le logea près d'une brasserie. Ce voisinage l'invita à *s'amuser*, comme il le dit, à faire quelques expériences sur l'acide carbonique dégagé pendant la fermentation de la bière. Plus tard, ayant changé de logis, il se vit privé de cette source commode d'acide carbonique, hasard nouveau qui lui donne l'idée de produire lui-même ce gaz. Il imagine donc les dispositions convenables pour le recueillir, et se trouve conduit à l'invention des appareils qu'on lui doit pour produire, manier et étudier les gaz, source féconde en découvertes et base de la renommée qu'il s'est acquise.

Sur ces entrefaites, le capitaine Cook se disposait à partir pour son second voyage. Connaissant Priestley sous des rapports très-avantageux, il fut sur le point de l'emmener comme chapelain de son bâtiment, et notre chimiste eût fait partie de l'expédition si l'amirauté n'eût pas trouvé, fort heureusement pour lui et pour les sciences, qu'il n'était point assez orthodoxe. C'est la seule fois que ses opinions religieuses l'aient servi.

En 1773, lord Shelburne, marquis de Lansdown, l'attache à sa personne, comme homme de lettres et comme chapelain. Priestley trouva en lui un protecteur puissant qui encouragea ses travaux et lui fournit les moyens de les continuer sans obstacle. Non content de lui assurer une honorable existence, le marquis voulut subvenir aux frais de son laboratoire. Priestley l'accompagna en 1774 à Paris, ce qui lui donna l'occasion d'assister à quelques séances de notre Académie et d'y assister au moment où s'y livrait une discussion animée entre Cadet et Baume sur les propriétés de l'oxyde rouge de mercure. Cette discussion ne fut pas sans influence sur la découverte du gaz oxygène qu'il ne tarda pas à faire connaître.

Priestley conserva sa position chez le marquis de Lansdown jusqu'en 1780. Pendant ce temps, il publia tout ce qu'il a fait de plus remarquable dans les sciences, c'est-à-dire les quatre premiers volumes de ses *Expériences et observations sur les différentes espèces d'air*. Lorsqu'il quitta le marquis, il était même sur le point de faire paraître son dernier volume, le cinquième, qui, du reste, est inférieur aux précédents. Comment fut-il conduit à sortir de cette existence si douce et si philosophique pour se lancer de nouveau dans les embarras d'une vie précaire ? On ne saurait le dire positivement ; mais il n'est que trop évident que c'est à son exaltation religieuse qu'il faut s'en prendre.

Quand Priestley commença ses travaux, Schéele s'occupait des mêmes sujets, et Lavoisier, de son côté, se livrait à de semblables recherches. Le phlogistique était admis partout. Parmi les gaz, on n'en connaissait que deux : l'acide carbonique, que l'on appelait *air fixe*, et l'hydrogène, que l'on distinguait sous le nom d'*air inflammable*. Priestley commença par étudier ces deux corps, et fit sur leur compte une multitude d'observations utiles. Bientôt il reconnut l'existence de l'azote, puis celle du bioxyde d'azote. La découverte de ce dernier corps et de l'action qu'il exerce sur l'air qui n'a point été dépouillé d'oxygène fut pour lui l'occasion d'un vrai plaisir. Jusque-là, en effet, il n'avait eu, pour reconnaître à quel point un air était respirable, que la respiration elle-même ; pour réactif, il était obligé d'employer des souris, qu'il introduisait successivement dans l'air à essayer, jusqu'à ce qu'elles ne pussent plus y vivre. Ses expériences étaient donc l'occasion d'une assez grande consommation de ces petits animaux, qui désormais devinrent inutiles. En cherchant à s'assurer si le bioxyde d'azote, qui lui offrait un moyen d'analyse moins meurtrier et plus prompt, lui offrirait aussi un moyen plus exact, Priestley fut conduit à reconnaître les singulières propriétés antiseptiques de ce gaz. Ayant mis, en effet, quelques souris dans un vase où se trouvait un excès de bioxyde d'azote, et l'ayant oublié, il s'aperçut à quelques jours de là, avec étonnement, qu'aucune putréfaction ne s'était manifestée. Il fut amené par ce concours de circonstances à étudier et à caractériser ce gaz éminemment antiseptique sous un point de vue qui serait probablement resté longtemps ignoré, et dont tout l'intérêt n'est pas encore apprécié.

Peu de temps après, il découvrit le gaz chlorhydrique et ensuite le gaz ammoniac, connus déjà l'un et l'autre depuis longtemps à l'état de dissolution, le premier sous le nom d'*esprit de sel*, le second sous celui d'*esprit de sel ammoniac* ou d'*alcali volatil*, mais inconnus l'un et l'autre sous forme gazeuse. Après eux, le protoxyde d'azote prit naissance entre ses mains, puis l'acide sulfureux, puis l'oxygène.

Il retira ce gaz de l'oxyde de mercure le 1er août 1774 ; mais ce ne fut que dans le courant du mois de mars de l'année suivante qu'il lui reconnut la propriété d'entretenir la respiration, et qu'il constata son action sur le sang veineux. Enfin le gaz fluosilicique et beaucoup plus tard le gaz oxyde de carbone furent encore préparés de sa main pour la première fois.

Voilà donc neuf gaz dont Priestley fit connaître l'existence ; et, comme vous voyez, ce sont les plus importants. Ajoutez-en deux ou trois autres à cette série, tels que l'hydrogène sulfuré, le gaz oléfiant, l'hydrogène phosphoré, et vous aurez tous les principaux gaz, ceux dont on fait une étude spéciale dans les cours de Chimie, en raison de l'importance de leur rôle dans la Science ou l'industrie.

Cependant celui qui les a découverts, si on veut l'en croire, les a tous obtenus par hasard. Il met sa gloire à répéter qu'il n'est pas chimiste, qu'il ne sait pas la Chimie, que c'est cela même qui lui a rendu ses découvertes plus faciles.

Serait-il vrai que, dans les Sciences expérimentales, le hasard fût tout, et le génie une simple illusion de notre orgueil ? En face de tels résultats et de telles assertions, cette question vaut bien la peine qu'on la discute.

Priestley a-t-il reconnu le bioxyde d'azote par hasard ? Non : car il en a déduit l'existence des expériences de Hales. Est-ce par hasard qu'il a découvert l'acide chlorhydrique ? Non : car les expériences de Cavendish ont nécessairement dû l'y conduire. Est-ce par hasard qu'il a obtenu le protoxyde d'azote ? Oui, c'est possible. Et l'oxygène ? On peut l'admettre encore ; mais que d'efforts pour le caractériser ! C'est un gaz, puis de l'air, puis mieux que l'air, puis enfin c'est l'air déphlogistiqué.

Quant à l'ammoniaque, à l'acide sulfureux, à l'acide fluosilicique, c'est toujours le même raisonnement qui conduit à leur découverte. Priestley, possesseur des appareils qu'il avait inventés pour recueillir les gaz, n'avait plus qu'à essayer à leur aide celles des expériences de ses prédécesseurs qui donnaient lieu de supposer la production d'un corps gazeux. Cette direction une fois donnée à ses travaux, il devait inévitablement rencontrer un grand nombre de gaz nouveaux. On n'en connaissait que deux, et il en restait plus de trente à découvrir.

Si une réaction donnait lieu à une effervescence, il devait y chercher un gaz insoluble ou soluble, et tenter l'opération sur l'eau ou sur le mercure. Il savait que la distillation des corps produit souvent des gaz en même temps que des liquides : il lui était facile de les recueillir. Enfin, toutes les fois qu'un corps était modifié par une haute température, il pouvait se demander si cette altération n'était pas accompagnée d'un dégagement de gaz, et ses appareils lui fournissaient bientôt une réponse précise.

Ainsi l'effervescence annonce une production de gaz, la distillation en fournit souvent, une chaleur rouge en dégage d'une foule de corps : voilà les règles observées par Priestley. Il est donc aisé de retrouver le fil qui l'a continuellement guidé. Ce n'est donc pas un hasard aveugle qui le conduisait. Mais il a pu se faire illusion à cet égard : car ces idées, assez simples, pouvaient être conçues et appliquées par un homme étranger aux connaissances chimiques de son époque.

De même que ce raisonnement appliqué avec persévérance lui a fait trouver tant de gaz nouveaux, de même aussi quelques raisonnements très-simples suffisaient à le diriger dans les expériences nécessaires à la détermination de leurs propriétés les plus communes. Ainsi bornées, ses expériences excitaient encore une vive curiosité, car à cette époque les propriétés les plus communes des gaz qui nous entourent étaient ignorées. Il faut se le rappeler, pour comprendre tout l'intérêt des moindres épreuves auxquelles Priestley s'avisait de les soumettre. Sur des êtres si nouveaux pour la Science et la plupart si étranges, tous les essais avaient de l'intérêt et souvent même une haute valeur. Peu importait alors, en vérité, qu'ils fussent déterminés par une puissante logique, ou bien par le hasard ; ses travaux sur les gaz et sur l'air en particulier n'en jetaient pas moins une lumière inattendue sur les phénomènes les plus vulgaires. C'est lui qui, l'un des premiers en effet, est venu fournir au monde quelques notions expérimentales sur l'air, la respiration, la combustion, la calcination, c'est-à-dire sur ces grandes opérations qui sans cesse altèrent, modifient, renouvellent l'aspect du globe et sans lesquelles notre terre, avec sa surface éternellement aride et immuable, parcourrait l'espace comme un cadavre inutile.

Mais, pour coordonner les faits qu'il observait, pour imaginer la théorie générale à laquelle il préparait de si riches matériaux, il fallait cette logique puissante qui lui a manqué, il fallait un vrai génie. Or, si Priestley pouvait, sans connaissances chimiques, découvrir des gaz, les étudier, mettre à nu leurs propriétés et faire une foule d'observations détachées, toujours utiles et souvent même éclatantes, Priestley ne pouvait pas exécuter si aisément la réforme que ses propres découvertes rendaient imminente. Privé de connaissances chimiques, la théorie devait être son écueil, et d'autant plus qu'il en sentait moins l'importance.

Comme il fait ses expériences sans motif et sans plan arrêté, leurs résultats ne se groupent jamais dans son esprit ; aussi, à mesure qu'il trouve des corps nouveaux, il s'égare davantage. Plus ses découvertes se multiplient, moins il s'en rend compte ; plus la lumière qui doit jaillir de ses observations semble près de briller, et plus l'obscurité de ses idées se montre profonde.

Rien de curieux comme la lecture de ses ouvrages.

Toujours disposé à donner à quelque hasard le mérite de ses découvertes, Priestley affecte beaucoup d'humilité dans ses écrits, mais il y parle constamment de lui. Il fait bon marché de ses opinions ; mais il n'en abandonne aucune, et il attaque avec aigreur les opinions d'autrui. Pour lui, les faits sont tout ; il leur porte le plus grand respect et ne refuse jamais de s'y soumettrez, pourvu toutefois qu'il soit question des faits qu'il a observés. Quant aux faits d'autrui, ils lui semblent tous douteux ou même falsifiés ; lui seul est homme exact, véridique et bon raisonneur.

Priestley s'est rendu justice en avouant ce que le hasard a fait pour lui ; il a même beaucoup exagéré et ne s'est pas rendu compte de la part que son raisonnement avait eue dans les succès de ses travaux. Mais, quand il étend à toutes les découvertes humaines cette influence du hasard, il commet une erreur monstrueuse, que combattent, au lieu de l'appuyer, son histoire elle-même et ses écrits, tout imprégnés qu'ils soient de son orgueilleuse humilité.

Il m'est impossible d'analyser ses Mémoires, précisément à cause de ce luxe de détails dont il les surcharge, et qui semblent avoir pour objet de vous initier au travail intérieur de son esprit. Initiation curieuse et profitable, s'il s'agit du travail d'un esprit logique, mais dont l'utilité me semble très-contestable, quand elle se borne à nous donner une énumération d'accidents fortuits toujours plus forts que la pensée de l'auteur.

S'agit-il de la découverte de l'oxygène, de cette découverte qui devait renouveler la face des Sciences naturelles, il trouve que l'oxyde rouge du mercure lui fournit un gaz. Il confond ce gaz avec le protoxyde d'azote. Quelque temps après, il l'essaye avec le bioxyde d'azote, comme s'il s'agissait d'analyser l'air, et il est tout surpris de voir rougir le mélange ; alors il le confond avec l'air. Mais par hasard il plonge une bougie dans le résidu et, à sa grande surprise, elle y brûle. Pourquoi cette épreuve ? Il l'ignore. « Si, dit-il, je n'avais eu devant moi une chandelle allumée, je n'aurais pas fait cette épreuve, et toute la suite de mes expériences sur cette espèce d'air serait restée dans le néant. » Marchant ainsi de surprise en surprise, d'un hasard à l'autre, il en arrive à établir que ce gaz est un produit nouveau, homogène, la partie respirable et comburante de l'air, magnifique conclusion sans doute, mais qui, loin de prouver que le génie n'est qu'un mot, ou qu'on peut s'en passer, prouve seulement combien est grande la puissance de l'expérimentation ; car c'est bien à elle qu'appartient toute la gloire

TROISIÈME LEÇON.

de cette découverte.

Après avoir obtenu l'oxygène par une suite de hasards, il examine les phénomènes de la respiration, et, s'il faut l'en croire, c'est *sans y penser* qu'il a trouvé la solution de ce grand problème, qui aurait, dit-il, éludé toutes les recherches directes.

Après vous avoir montré le culte que Priestley rend au hasard, pour compléter l'exposition de sa Philosophie, il suffit de rappeler une de ses opinions favorites. « Plus un homme a d'esprit, plus il est fortement attaché à ses erreurs, son esprit ne servant qu'à le tromper, en lui donnant des moyens d'éluder la force de la vérité. » À ce compte, certes jamais homme n'eut autant d'esprit que Priestley, car jamais homme ne fut plus que lui attaché à ses erreurs.

En effet, après tant de brillantes découvertes, après l'observation d'une multitude de faits en opposition avec le phlogistique, il a mis un tel entêtement à soutenir cette théorie qu'il est mort dans l'impénitence finale. Il est mort phlogisticien et seul de son avis au monde, lui dont les opinions, quelques années avant, faisaient loi en Europe. Quel contraste !

En 1776, ses découvertes étaient l'objet de l'admiration de tous les savants et tenaient le monde en suspens. Ses observations sur l'oxygène, les propriétés extraordinaires de ce gaz avaient réveillé les espérances les plus téméraires, que lui-même d'ailleurs ne partageait pas. Sachant que ce corps était le seul principe respirable de l'air, le voyant ranimer avec tant de vigueur la combustion, dont on saisissait déjà les rapports avec la respiration, on attendait de ses recherches les moyens de ranimer la vieillesse, d'exalter les facultés vitales ; on se promettait presque l'immortalité.

En 1796, cet homme, dont l'autorité avait été si grande dans la Science, et que le vulgaire avait cru destiné à changer nos destinées, cet homme a disparu de la scène, et son souvenir même s'est évanoui. Relégué au fond d'une province de l'Amérique septentrionale, incertain s'il ne devra pas aller demander l'hospitalité aux *Peaux rouges*, il élève une dernière fois la voix en faveur du phlogistique ; il adresse aux chimistes français les plus illustres une humble supplique, pour les prier de vouloir bien répondre à ses objections contre la théorie de Lavoisier.

« Ne me traitez pas à la façon de Robespierre, leur dit-il en terminant. Supportez patiemment une petite Vendée chimique ! Répondez-moi, persuader-moi, et n'abusez pas de votre pouvoir. » Eh bien ! cette dernière consolation même lui fut refusée. L'envoyé du peuple français aux États-Unis, Adet, dont il reste quelques travaux en Chimie, Adet reçut sa brochure et se chargea de la réponse. Elle était suffisante, et les académiciens français n'eurent pas besoin d'intervenir.

Que s'était-il donc passé de 1776 à 1796, et comment cette voix, jadis si puissante, se trouvait-elle alors si dédaignée ? Ah ! c'est que le génie tant nié par Priestley, c'est que le génie dont il n'avait jamais compris le pouvoir immense était venu lui donner un éclatant démenti. Épurées et vivifiées par sa flamme vengeresse, les observations de Priestley, jadis en désordre, s'étaient coordonnées comme les parties de l'édifice le plus régulier ; et après avoir applaudi aux efforts de l'ouvrier heureux, qui savait tirer de la carrière des blocs du marbre le plus beau, le monde l'oubliait, pour s'incliner devant l'artiste inimitable qui avait su s'en servir pour élever un monument d'une perfection achevée.

Peut-être faut-il vous dire aussi comment Priestley en était venu à cet état d'exil lointain et d'abandon, si vous n'avez deviné que ses opinions religieuses doivent être accusées de ce changement de fortune.

En se séparant de lord Shelburne, il avait conservé une petite pension de ce seigneur. Il y joignit des ressources qui dans nos mœurs sembleraient fort étranges, mais qui, en Angleterre, sont admises : il vivait du produit d'une souscription de quelques amis des sciences, qui s'étaient réunis pour lui assurer un revenu modeste. Parmi eux on voit avec plaisir figurer un savant distingué, que son talent comme chimiste, que son bon goût dans les arts et son habileté administrative ont fait l'un des créateurs de l'industrie si développée des poteries anglaises : c'est Wedgwood, qui lui donnait en outre tous les ustensiles de laboratoire que ses fabriques pouvaient lui fournir.

Avec ces moyens d'existence, Priestley se retira près de Birmingham, dans un petit village, où il exerçait ses fonctions ecclésiastiques et où il reprit avec une vigueur nouvelle ses publications théologiques. Pour comprendre la passion qu'il y mettait, il faut lire les Mémoires qu'il a laissés sur sa vie. Il n'y est pas fait mention d'une seule personne, sans que ses opinions religieuses y soient pesées et cotées avec une précision surprenante. Ce n'est pas leur couleur générale, c'est leur nuance la plus subtile qu'il détermine.

Il faut l'entendre raconter ses rapports avec un de ses amis qui ne partageait ses opinions ni en Chimie, ni en Théologie. Ils se voyaient souvent, discutaient volontiers Chimie et n'avaient jamais songé à se quereller par écrit à ce sujet. Mais par une convention tacite, tout au contraire, ils ne parlaient jamais religion, et leur bile s'évaporait sur ce point en livres ou brochures qu'ils publiaient l'un contre l'autre.

Non-seulement il était chatouilleux à l'excès sur ces matières, mais il avait changé plusieurs fois d'avis a leur égard ; et j'oserais à peine vous donner quelques détails à ce sujet, s'il ne s'agissait de l'un des hommes les plus éminents que la Chimie ait produits.

Vers l'âge de vingt ans, il était arien, c'est-à-dire qu'il croyait que Dieu avait produit le Christ comme une espèce de ministre responsable, chargé de créer le monde. Mais, quelques années après, il adopta les doctrines des sociniens et ne voyait plus dans Jésus-Christ qu'un homme, mais un homme, il est vrai, supérieur à tous les autres et choisi pour être le sauveur du genre humain.

Or, s'il était entêté dans les Sciences, jugez de ce qu'il était en Théologie. Il fallait être tout juste d'accord avec lui, ou bien accepter le combat ; il fallait aller jusqu'où il allait lui-même et s'arrêter exactement au même point : il ne faisait pas grâce de la plus légère différence d'opinions. Aussi a-t-il consacré plus de quatre-vingts volumes à des discussions théologiques et a-t-il écrit tour à tour contre les juifs, les catholiques, les calvinistes et les anglicans, tout comme contre les déistes ou les athées. Les ariens, les quakers, les méthodistes l'ont successivement occupé. Il a écrit, en un mot, contre toutes les religions ou sectes européennes ; il n'a pas même dédaigné les swedenborgistes, que leur petit nombre aurait dû, ce semble, dérober à son attention. Sa connaissance des langues anciennes le rendait très-redoutable à ses adversaires.

Certes, en voyant le nombre de ses écrits théologiques, on serait excusable d'imaginer qu'il aurait existé un Priestley théologien et un Priestley chimiste, comme on a voulu l'établir pour Raymond Lulle.

Peu à peu, Priestley devint un homme politique ; car, au nom des unitaires, il réclamait la liberté de conscience pour toutes les religions, ce qui lui valut la colère de l'Église et même celle du ministère, peu disposé alors à favoriser les nouveautés.

D'ailleurs, la Révolution française venait de s'accomplir. En le voyant défendre la liberté des cultes avec tant d'indépendance, on se figura en France que Priestley devait être un ardent républicain. En conséquence, on lui décerna le titre de citoyen français, et un département, celui de l'Orne, le choisit pour son député à l'Assemblée constituante. Il eut le bon esprit de regarder sa qualité d'Anglais comme indélébile. Il refusa l'honneur qu'on lui faisait, mais il ne s'en trouva pas moins signalé en Angleterre comme novateur.

Bientôt, en effet, il devint la victime d'une de ces manœuvres odieuses que les partis politiques se croient permises pour imprimer une secousse à l'opinion. On s'efforça d'exciter le peuple contre Priestley ; on le désigna de cent façons à la haine publique. Tous les murs de Birmingham étaient couverts de ces mots menaçants écrits à la craie : *Damned Priestley*.

Le 14 juillet 1791, quelques habitants de Birmingham voulurent célébrer l'anniversaire de la prise de la Bastille. Dès la veille on répandit dans la ville une lettre séditieuse attribuée à Priestley, et la populace, ainsi excitée, s'ameuta. Ses amis politiques n'en persistèrent pas moins à donner leur dîner, mais au moment même du repas on se précipita dans la maison où il avait lieu. Elle fut pillée et incendiée. Bientôt l'église de ses coreligionnaires subit le même sort ; et l'émeute, s'animant par le succès, se dirigea grondant vers la maison de campagne qu'il habitait.

Priestley, dans une ignorance complète de ces événements, était fort paisible au sein de sa famille. Quelques amis arrivés à temps l'arrachèrent au péril. Caché dans une maison voisine, il eut la douleur de voir sa bibliothèque détruite, ses instruments brisés, sa maison en flammes. Il put voir voler au milieu de la foule acharnée ses manuscrits en lambeaux, où les mains de quelques misérables cherchaient la preuve de ses crimes politiques et où ils ne trouvaient que des notes relatives aux Sciences ou à la religion. Il eut le chagrin d'assister à cette horrible scène, et, il faut le dire à sa gloire, il eut la force d'y assister avec le calme d'une haute philosophie. Il ne fit pas entendre la moindre plainte et jamais il ne parla avec amertume de ce déplorable événement.

Cependant la rage populaire n'était pas assouvie, et tous ses amis durent partager son sort. Leurs maisons furent saccagées et livrées aux flammes et Birmingham conserve encore un souvenir douloureux de cette émeute, dont les dégâts s'élevèrent à près de deux millions.

On peut affirmer hardiment que Priestley était innocent de toute provocation, qu'il était cent fois innocent, car non-seulement il ne faisait pas même partie de la réunion qui devait avoir lieu ce jour-là, mais encore nous le voyons ensuite pendant trois ans habiter Londres avec la plus grande tranquillité. Non-seulement il y fait des cours, mais il continue toujours à prêcher, et certes il n'avait à attendre ni grâce ni faveur du ministère ou des agents subalternes du pouvoir.

Cependant, s'il ne fut l'objet d'aucune poursuite, il n'en fut pas moins en butte à mille tracasseries que ses continuelles imprudences semblaient vouloir justifier ou attirer sur sa tête. N'y tenant plus, il s'embarqua pour l'Amérique, en 1794. Une place de professeur à Philadelphie lui fut offerte. Il la refusa, pour aller s'établir à Northumberland, aux sources de Susqueannah, où il acheta une terre de 200 000 acres. Là, sous la protection du président Jefferson, il passa tranquillement le reste de ses jours, qui furent brusquement interrompus par un accident. Il fut empoisonné dans un repas avec toute sa famille, par une méprise dont on ne s'est jamais rendu compte. Personne ne succombe, mais lui, déjà vieux et affaibli, ne put résister longtemps à l'inflammation d'estomac qui en fut la suite.

Il mourut en 1804, conservant de singulières idées psychologiques. Il croyait l'âme matérielle, et regardait la mort comme un long sommeil, au bout duquel nous devons nous réveiller, tous à la fois, pour la vie éternelle.

J'aurais voulu supprimer ces détails, mais il est bon que vous sachiez pourquoi Priestley, malgré son talent, est demeuré au-dessous de sa tâche, pourquoi, malgré la pureté de son cœur, il a été si malheureux.

Priestley s'est perdu par l'orgueil. Dédaignant les opinions d'autrui, ne les étudiant que pour les combattre, il a voulu, en science comme en religion, imposer les siennes au public. Il en est donc de Priestley comme de la plupart des hommes célèbres à la fois par leurs talents et leurs infortunes, qui presque toujours auraient obtenu ou conservé la faveur publique, si leur caractère n'avait annulé tout ce qu'ils devaient à leur génie.

Vous voyez comment, avec une vie plus longue et un caractère d'une rare énergie, Priestley, de même que Schéele, ne trouva néanmoins guère plus de dix ans à consacrer à l'étude de la Chimie. Si la carrière de Schéele se vit brisée par la mort, celle de Priestley le fut aussi avant l'heure par ses propres passions et par les haines qu'elles suscitèrent contre lui.

Faut-il s'en prendre à ces circonstances étrangères, si Schéele, si Priestley n'ont pas résolu la grande question qui préoccupait leur siècle ? Non, cent fois non, et vous le verrez bien dans la Leçon qui va suivre.

Sans doute Priestley, avec son ignorance des détails de la Chimie, avec ses répugnances pour les théories générales, avec son obstination à conserver la doctrine du phlogistique, Priestley sans doute était mal préparé pour faire une révolution en Philosophie naturelle ; mais il y serait peut-être arrivé pourtant avec sa pénétration singulière, son art si heureux de tirer parti de toutes les observations fortuites, s'il avait su se donner un instrument de plus.

Avec une instruction bien plus bornée, Schéele de son côté l'emportait sur Priestley, par un sentiment exquis de la Chimie, qui n'a jamais été surpassé. Chez lui tous les détails sont vrais, mais la patience qu'il a fallu pour les observer n'exclut jamais l'ordonnance savante de l'ensemble. La part faite au travail, au travail lent et infatigable, l'imagination s'anime chez lui et le génie reprend tous ses droits. Comme observateur, Schéele pouvait donc maîtriser toutes les difficultés, saisir toutes les finesses du moindre phénomène ; comme inventeur : on peut l'assurer, il n'est pas de hauteur à laquelle sa belle intelligence ne pût s'élever. Si Schéele s'est arrêté en route, c'est que les faits lui manquaient, c'est qu'il n'avait pas su, par une inspiration sublime, se donner l'appareil au moyen duquel Lavoisier est venu changer la face des Sciences naturelles, service immense que la vie de Priestley, que la vie de Schéele pouvaient seules vous faire apprécier à sa juste valeur.

Il me resterait maintenant à vous parler de Lavoisier, de celui qui a jeté le plus grand éclat parmi les trois chimistes que j'ai mis tout à l'heure en parallèle.

Mais l'heure avancée ne nous permet pas de commencer l'histoire de ses travaux, tellement importants que leur examen mérite bien de nous occuper une séance tout entière.

Ce n'est pas sans dessein d'ailleurs que je n'ai pas voulu aujourd'hui parler des recherches de cet homme à jamais illustre. Nous n'avons pas seulement à nous occuper ici, en effet, des découvertes qui ont fait sa gloire, mais nous avons aussi à remplir envers lui un devoir pieux, un devoir de citoyen ; et quel jour pourrions-nous choisir qui fût plus convenable à ce dessein, si ce n'est samedi prochain, l'anniversaire, le douloureux anniversaire de la mort de Lavoisier ?

QUATRIÈME LEÇON.
(7 mai 1836.)

Premiers essais de Lavoisier. — Point de départ de sa théorie. — Résumé de ses travaux. — Sa discussion du phlogistique. — Son Traité de Chimie. — Ses expériences sur la chaleur. — Discussion de l'essai de J. Rey. — Réclamation de Lavoisier. — Sa mort. — Conclusion.

Messieurs,

En 1770, vous l'avez vu, Schéele ouvre la série si brillante des Mémoires nombreux et pleins de faits qui lui ont acquis une illustration dont j'ai essayé de vous expliquer les causes. Dès ses premiers travaux, il montre toute son habileté dans cet art de l'analyse qualitative, qui a toujours été sa méthode de prédilection. À mesure qu'il avance, elle se perfectionne entre ses mains ; et par l'examen des Mémoires successifs que nous devons à cet homme célèbre, il est facile de s'assurer que cette méthode y est toujours mise en œuvre, et qu'elle devient toujours pour lui d'un emploi plus commode et plus sûr. C'est en elle que l'on trouve vraiment le cachet de son génie ; car personne n'avait su, comme lui, reconnaître dans une réaction l'existence d'un corps nouveau, et, quand une réaction l'avait mis sur la voie d'un nouveau corps, personne, comme lui, n'avait su parvenir à l'isoler et à le mettre en évidence aux yeux de tous. On se ferait donc une juste idée de la nature de son talent, en disant que c'est l'un des créateurs de l'analyse qualitative et surtout de l'analyse par voie humide, genre de recherches dont le goût s'est perpétué chez les chimistes suédois qui lui ont succédé.

Ce n'est point à Priestley que nous devons la découverte d'une méthode propre à recueillir les gaz : d'autres, avant lui, avaient su le faire ; mais nul n'avait compris que leur formation fût si fréquente, que leur nature fût si variée, et lui seul a su les saisir partout où ils se produisaient. Priestley nous a dotés d'ailleurs d'un art tout nouveau, l'art de mettre un gaz en rapport avec toutes les autres substances, malgré son état de fluide élastique ; et cet art, Priestley l'a possédé à un tel degré, qu'aujourd'hui même presque toutes les méthodes que nous employons dans le maniement des gaz se trouvent décrites dans ses ouvrages.

Cette même année 1770 qui a vu paraître les premiers travaux de Schéele et de Priestley, à laquelle il faut remonter pour retrouver les premiers linéaments du génie propre de ces deux hommes, cette même année, dis-je, se trouve marquée par l'apparition du premier Mémoire chimique de Lavoisier. C'est d'une recherche fort simple au fond qu'il est question dans ce Mémoire ; mais, quand on examine avec attention la méthode de l'auteur, on reconnaît avec surprise que le jeune Lavoisier, de même que ses deux illustres compétiteurs, possède déjà, et qu'il possède seul la méthode et l'instrument dont l'emploi constant doit caractériser plus tard toutes ses recherches.

Lavoisier se propose dans ce Mémoire de résoudre une question de la plus haute importance : il s'agit de savoir si l'eau possède ou non la propriété de se convertir en terre. On sent très-bien que, partageant les idées de son temps et regardant l'eau comme un corps simple, la conversion de l'eau en terre est pour lui un phénomène du plus haut intérêt et propre à jeter la plus vive lumière sur la nature d'un des éléments admis alors. Aussi, quand il entreprend cette expérience, voyons-nous Lavoisier procéder comme il doit procéder dans toutes les recherches délicates qu'il entreprendra par la suite. Ce n'est point une expérience qu'il tente au hasard, en passant, à laquelle il veut consacrer quelques heures de loisir : c'est une expérience à laquelle il se prépare, tout au contraire, de longue main, comme à une chose sérieuse, entreprise avec réflexion, exécutée avec calme et persévérance dans un grand but. On voit qu'il ne veut jamais consulter la nature en vain, et qu'il prend ses dispositions, de manière que la vérité, quelle qu'elle puisse être, soit nécessairement mise au jour.

Il fait donc construire une balance d'une parfaite précision, instrument qui avant lui n'avait jamais été sérieusement employé dans les recherches chimiques. Il en étudie les allures, reconnaît la nécessité des doubles pesées et ne manque pas d'en adopter l'emploi.

Comme il avait besoin de faire bouillir pendant longtemps de l'eau dans un vase de verre, et qu'il devait vérifier son poids de temps à autre pour s'assurer qu'il ne laissait rien échapper, il pèse ce vase à des températures diverses, et s'assure que le vase, quoique bien fermé, perd un peu de son poids quand il est chaud. Il n'en voit pas la cause, qui tient, comme on le sait maintenant, à ce que le verre est hygrométrique, à ce qu'il attire l'humidité de l'air, et qu'il s'en revêt d'une couche mince qui disparaît à une température assez haute pour la mettre en vapeurs. Mais, si Lavoisier ne découvre pas la cause de ce fait, il n'en déduit pas moins la nécessité, trop souvent négligée depuis, de faire les pesées qu'on veut comparer aux mêmes températures. Pour le moment, c'est tout ce dont il avait besoin.

Le vase dont il se servait est un de ceux qu'on désignait sous le nom de *pélican*, espèce d'alambic dont la partie supérieure communiquait avec le ventre. La vapeur d'eau condensée au chapiteau redescendait à l'état liquide au bas de l'appareil, pour y être soumise à une nouvelle distillation, parcourant ainsi et sans cesse toutes les parties de l'appareil par une circulation non interrompue, pendant toute la durée de l'expérience.

Lavoisier prend une certaine quantité d'eau ; il la pèse et l'introduit dans son pélican, dont le poids lui est connu ; il pèse l'ensemble pour plus de sûreté, et ferme le vase avec soin. Alors, avec cette persévérance éclairée qui ne s'est jamais démentie et dont il a donné tant de preuves toutes les fois qu'il a eu quelque recherche sérieuse à accomplir, nous le voyons, pendant cent et un jours, distillant continuellement cette eau et la faisant circuler sans cesse dans l'intérieur du vase, jusqu'à ce que l'expérience lui semble assez avancée pour donner un résultat certain.

Il pèse alors à la fois le vase et ce qu'il contient, et trouve que l'ensemble n'a pas changé de poids. Il démonte l'appareil pour peser séparément le vase et la liqueur, et il trouve que le vase a perdu 17 grains de son poids, tandis que l'eau a augmenté de densité, est devenue trouble et s'est évidemment chargée de quelque produit fixe. En effet, soumise à l'évaporation, elle laisse un résidu dont le poids s'élève à 20 grains.

Elle renfermait donc 20 grains de substances étrangères ; et, comme le vase n'en avait perdu que 17, un esprit moins hardi que celui de Lavoisier se serait arrêté peut-être à cette circonstance et aurait dit : Le vase a perdu quelque chose de son poids, et cette perte est représentée par une portion de l'augmentation de l'eau ; mais, pour expliquer le reste de cette augmentation, il faut nécessairement qu'une partie de l'eau se soit convertie en terre. Lavoisier, au contraire, passe outre : pour lui, cette augmentation de 3 grains ne prouve rien ; c'est quelque accident de l'expérience, et, dans la hardiesse de ce jugement, on le trouve tel qu'il sera toujours, saisissant le fond des choses par un instinct merveilleux, et jamais ne s'arrêtant à ces détails accidentels dans lesquels un esprit médiocre ne manque pas de s'égarer.

Par un singulier hasard, Schéele, vers le même temps peut-être, s'occupa de cette grave question de son côté. Il arrive à la même conséquence ; mais les moyens qu'il emploie sont bien différents. Schéele, au lieu de peser, analyse. Lavoisier n'analyse pas, il pèse. L'un et l'autre, ils font usage de la méthode qu'ils doivent préférer en toute occasion par la suite. Schéele s'assure en effet que l'eau ne se change point en terre, en déterminant la nature de cette terre qu'il reconnaît pour de la silice et en voyant que l'eau devenue alcaline s'est chargée des éléments solubles du verre. Lavoisier, de son côté,

QUATRIÈME LEÇON.

prononce le même arrêt ; mais il se fonde sur ce que le poids de l'eau est demeuré le même, et sur ce que la terre qui semblait se produire correspond en poids à la perte que le verre a subie.

La balance est donc dès le premier essai, entre les mains de Lavoisier, un réactif, permettez-moi cette expression, et un réactif fidèle dont il a fait depuis un usage constant.

Mais aussi n'est-ce point à la légère qu'il a choisi cet instrument. S'il l'adopte, c'est qu'il est guidé par une pensée nouvelle et profonde. Pour lui tous les phénomènes de la Chimie sont dus à des déplacements de matière, à l'union ou à la séparation des corps. Rien ne se pend, rien ne se crée, voilà sa devise, voilà sa pensée ; et, dès la première application qu'il en fait, il efface une grande erreur.

Pour lui, dans toute réaction chimique désormais, les produits formés doivent peser autant et pas plus que les produits employés. Si cette condition d'égalité ne se manifeste pas, c'est que la Chimie n'a pas su tout recueillir, ou bien qu'elle a méconnu l'intervention de quelque corps occulte. La balance vous apprend donc à l'instant qu'il faut retrouver le produit perdu, ou reconnaître la nature du corps qui est venu compliquer l'expérience. Son application à l'étude des phénomènes naturels devait donc révolutionner la Chimie et pouvait seule la révolutionner ; aussi voyez-vous Lavoisier, peu de temps après, fonder les premières bases de sa théorie sur l'application de cet instrument.

C'est en 1772, le 1er novembre, date que lui-même a pris soin de nous conserver, avant la découverte de l'oxygène, avant la plupart de ces grands travaux dont j'ai essayé de vous retracer l'histoire dans la dernière séance, qu'il consigna, dans une Note déposée à l'Académie des Sciences, les faits qui lui ont évidemment servi de point de départ pour la formation de l'admirable théorie qui a rendu son nom si justement illustre entre les plus illustres. Dans cette Note il dit : « Depuis quelques jours j'ai découvert que le soufre en brûlant donne naissance à un acide en augmentant de poids ; il en est de même du phosphore. Cette augmentation de poids vient de la fixation d'une prodigieuse quantité d'air. Si les métaux calcinés augmentent également de poids, c'est qu'il y a également fixation d'air, et par une vérification certaine je puis démontrer qu'il en est ainsi. En effet, si je prends une chaux métallique, si je la calcine avec du charbon en vaisseaux clos, au moment où elle se réduit, au moment où la litharge se change en plomb métallique, par exemple, on voit reparaître l'air qui s'était fixé lors de la calcination, et l'on peut recueillir un produit gazeux dont le volume est au moins mille fois plus grand que celui de la litharge employée. »

Ainsi, dès 1772, à une époque où ses recherches avaient à peine été dirigées vers l'étude de la Chimie, il établit nettement que les corps en brûlant augmentent de poids, par suite d'une combinaison, d'une fixation d'air, et qu'on peut ensuite faire reparaître celui-ci sous sa forme première. « Cette découverte, dit Lavoisier, me paraît une des plus intéressantes qu'on ait faites depuis Stahl », jugement que la suite de ses travaux n'a fait que confirmer et auquel la postérité donne une ratification éclatante.

Permettez-moi d'insister, permettez-moi de vous faire remarquer encore que, dès 1772, Lavoisier possédait l'idée fondamentale sur laquelle tous ses travaux se sont appuyés, et qu'il y a été conduit par cet emploi de la balance que lui seul connaissait alors ; car, avant Lavoisier, les chimistes ignoraient l'art de peser. Dès cette époque, il sait donc que la combustion est due à une fixation l'air, que le corps en brûlant augmente de poids ; et sous ce rapport Lavoisier est tellement avancé, que les idées qu'il émettait ne pouvaient même pas être comprises.

Si j'insiste particulièrement sur cette remarque, c'est qu'elle jette le plus grand jour sur toutes les questions de priorité que le hasard a si souvent suscitées à cette époque entre Schéele, Priestley et Lavoisier. Elle permet d'affirmer, sans crainte, que Lavoisier, avant que Schéele ou Priestley eussent rien produit dans cette direction, avait déjà arrêté positivement le fond de ses idées : les découvertes postérieures faites par d'autres ou par lui-même n'en ont modifié que la forme. On lui a prêté des faits ; mais son point de vue primitif, demeuré pur, ne s'est altéré d'aucun emprunt.

Voulez-vous apprécier, du reste, toute la distance qui sépare Lavoisier de ses contemporains, lisez cette lettre de Macquer écrite, non en 1772, mais en 1778 ; non au moment où ses idées en germe pouvaient être confondues avec tant d'autres théories hasardées qu'un jour voit naître et mourir, mais six ans plus tard, et quand les idées de Lavoisier avaient déjà pour nous un sens complet et basé sur d'irréprochables expériences.

« M. Lavoisier, écrit Macquer, m'effrayait depuis longtemps d'une grande découverte qu'il réservait *in petto*, et qui n'allait à rien moins qu'à renverser toute la théorie du phlogistique. Où en aurions-nous été avec notre vieille Chimie s'il avait fallu rebâtir un édifice tout différent ? Pour moi, je vous avoue que j'aurais abandonné la partie. Heureusement, M. Lavoisier vient de mettre sa découverte au grand jour, dans un Mémoire lu à la dernière assemblée publique de l'Académie, et je vous assure que depuis ce temps j'ai un grand poids de moins sur l'estomac. »

Pauvre Macquer ! L'oxygène était connu, l'air analysé, le rôle de l'oxygène assigné dans l'oxydation et l'acidification, dans la respiration et la combustion ; dix Mémoires pleins de faits avaient éclairé toutes ces questions de la lumière la plus vive, et Macquer, et les autres chimistes de l'époque comme Macquer, n'y comprennent pas davantage ; tandis que Lavoisier, six années auparavant, alors que sa pensée commençait à peine à poindre, en mesure déjà la portée dans sa noble intelligence. « C'est la découverte la plus intéressante qu'on ait faite depuis Stahl ! « dit-il ; et ce cri de sa conscience nous prouve assez que le jeune Lavoisier avait dès lors le sentiment profond et juste de la révolution qu'il était appelé à accomplir dans les Sciences, pendant les années trop courtes de son âge mûr.

Un mot sur Lavoisier, que je vous présente au moment où, prononçant son *fiat lux*, il écarte d'une main hardie les voiles que l'ancienne Chimie s'était vainement efforcée de soulever au moment où, docile à sa voix puissante, l'aurore commence à percer les ténèbres qui doivent s'évanouir bientôt aux feux de son génie ; un mot, pour vous faire comprendre comment il s'était préparé à ses travaux, pour vous faire connaître la direction de son esprit, la tournure générale de ses idées.

Lavoisier, qui est pour moi l'homme le plus complet, le plus grand homme, peut-être, que la France ait produit dans les Sciences, Lavoisier est né à Paris, le 16 août 1743, six mois après la naissance de Schéele. Son père, qui possédait une fortune assez considérable, acquise dans le commerce, l'avait placé au collége Mazarin où il fit des études brillantes. Le voyant animé d'un zèle ardent pour l'étude des Sciences, il eut le bon esprit de lui abandonner la libre disposition de son temps, se confiant à bon droit en sa raison, jeune sans doute, mais éprouvée. Il le laisse donc libre de suivre ses dispositions naturelles, au lieu de lui assigner un état et de l'enfermer dans une existence routinière : il l'abandonne à ses propres inspirations, à l'âge où l'imagination pleine de séve possède des trésors de fécondité. Aussi le voyons-nous se livrer aux études scientifiques les plus variées, mais toujours d'une manière profonde, en homme que le besoin d'inventer pousse et maîtrise d'une manière impérieuse. Il étudie les Mathématiques, l'Astronomie auprès de l'abbé la Caille ; il reçoit des leçons de Botanique de notre illustre Jussieu ; enfin il veut apprendre la Chimie, et c'est à Rouelle, qui professait alors avec éclat, qu'est réservé l'honneur singulier de guider les premiers pas de Lavoisier dans l'étude de cette science.

Pendant quelque temps, Lavoisier fut indécis sur la route qu'il devait suivre ; il réussissait également dans ses études mathématiques et dans ses études relatives aux sciences naturelles. Un moment même on aurait pu le croire perdu pour la Chimie, entraîné qu'il était dans le tourbillon d'un homme ardent, auquel on doit les premiers essais d'une carte géologique de la France. Guettard veut l'associer à sa vaste entreprise, lui inspire le goût de la Géologie, et Lavoisier s'en occupe avec ardeur. Nous avons de lui, en effet, un Mémoire de Géologie, l'un de ses premiers écrits scientifiques, et qui, pour avoir été publié seulement dans les derniers instants de sa vie, n'en a pas moins été composé en 1767, au début de sa carrière.

À la sollicitation de l'administration, l'Académie avait proposé, un peu avant cette époque, un prix à décerner au meilleur Mémoire sur l'éclairage de la ville de Paris. Lavoisier voulut s'occuper de cette question, et ce fut pour lui l'occasion de se faire remarquer par une de ces actions où se décèle un caractère ferme et décidé qui ne recule devant aucune difficulté. Après quelques expériences, il s'aperçoit que sa vue manque de la délicatesse nécessaire pour apprécier les intensités relatives des diverses flammes qu'il voulait comparer. En conséquence, il fait tendre une chambre de noir,

QUATRIÈME LEÇON.

et s'y enferme pendant six semaines dans une obscurité parfaite. Au bout de ce temps, sa vue avait acquis une sensibilité extrême, et les moindres différences ne lui échappaient plus. Mais quel dévouement à la Science ne faut-il pas pour se condamner, à vingt-deux ans, à une réclusion aussi longue et aussi sévère ! Ce dévouement fut récompensé ; car l'Académie lui décerna une médaille d'or en 1776, à cette occasion.

Son esprit calme et ferme s'était déjà fait connaître dans une autre circonstance. La position honorable de sa famille l'obligeait à quelques devoirs sociaux ; mais le monde le distrait, le fatigue, et il cesse d'aller dans le monde. Bientôt cependant le défaut d'exercice, un travail trop soutenu, altèrent ses digestions ; peu à peu il réduit sa nourriture. Enfin, pendant plusieurs mois, il ne prend que du lait pour tout aliment, ne reculant, comme on voit, devant aucun sacrifice, pourvu que les recherches qui préoccupent sa pensée puissent suivre leur cours sans interruption.

Là, comme partout, Lavoisier se montre donc comme un homme qui prend froidement et avec maturité chacune de ses décisions, et qui les suit jusqu'au bout d'une manière ferme, sans qu'aucun obstacle puisse ébranler sa persévérance. Reportez-vous maintenant, car je viens de vous y ramener, au moment où il écrivait sa Note sur le rôle de l'air dans les combustions ou calcinations, et représentez-vous la conduite que devait suivre alors un jeune homme, que des problèmes bien moins sérieux, des occasions bien moins solennelles avaient trouvé si large dans la conception de ses plans de travail, si dévoué dans leur exécution.

Il ne s'agissait pas moins ici que de son existence tout entière, car il fallait refaire une science qui n'existait encore que de nom ; et cette science, c'était la Chimie, la plus embarrassée de toutes en détails qui semblaient inextricables alors. Lavoisier le comprit, et il n'hésita pas à sacrifier sa vie à ce grand but. Mais, pour l'atteindre, il lui fallait une vie arrêtée et calme, car il avait besoin de longues veilles, de veilles tranquilles ; il lui fallait une grande fortune, car il avait besoin d'aides, de produits coûteux et d'appareils de grand prix. Il s'occupe dès lors, en conséquence, à organiser son existence comme un général organise un plan de campagne ; il mesure de l'œil toute l'étendue de sa mission, et se prépare à l'accomplir avec cet esprit d'ordre et de méthode que vous lui connaissez déjà.

Aussi, en 1771, au moment même où il vient de se livrer à ses premières expériences sur l'emploi de la balance dans l'étude des phénomènes chimiques, le voyez-vous chercher tout à coup dans les finances une place de fermier général, qui doit lui procurer le revenu nécessaire. Il obtient en même temps la main de mademoiselle Paulze, fille elle-même d'un fermier général.

Sa fortune étant ainsi devenue considérable, il put consacrer à ses travaux une portion de son revenu qui paraîtra très-forte, car elle s'élevait de 6000 à 10000 francs, comme on a pu s'en assurer après sa mort dans ses comptes de laboratoire, qui étaient tenus avec autant de régularité que ses comptes de fermier général. Ses habitudes d'ordre se portaient sur les moindres détails.

Ses occupations nombreuses et en partie nouvelles pour lui eussent complètement absorbé son existence, si cet ordre parfait qui suppléait à tout, si cette rare présence d'esprit qui lui permettait de faire chaque chose au moment prévu ne lui eussent permis de partager son temps de façon à satisfaire à toutes les exigences de sa position et de ses goûts. Tous les matins, tous les soirs, il donnait quelques heures à la Chimie ; le milieu du jour, consacré aux affaires, il le passait à s'acquitter en homme de conscience des devoirs que sa charge lui imposait. Mais le dimanche, ce jour du repos, était pour lui un jour de bonheur complet ; il ne sortait pas de son laboratoire, et c'est là qu'avaient lieu ces réunions dont nos pères nous ont conservé le souvenir.

Le dimanche, il recevait avec une bienveillance sans pareille tous les jeunes gens qui, par leurs connaissances en Chimie, pouvaient profiter de sa conversation. Il attirait autour de lui tous les savants de son époque, français ou étrangers ; il y attirait tous les artistes dont le concours devenait chaque jour plus indispensable à l'accomplissement de ses expériences de précision. C'est dans ces conférences que les hommes les plus illustres sont venus tôt ou tard payer leur tribut d'admiration à Lavoisier. C'est là qu'après avoir écouté les discussions qui s'élevaient sur les points les plus délicats de la science avec une froideur qui pouvait sembler de l'indifférence, il les terminait presque toujours en émettant un avis auquel chacun venait se ranger. Mais aussi chez lequel de ses contemporains aurait-on trouvé comme en lui tant de qualités réunies : le calme de la pensée, l'esprit logique, l'imagination

QUATRIÈME LEÇON.

brillante et réglée, et, sur toutes choses, l'art d'expérimenter poussé à un degré qui n'a pas été surpassé depuis ?

Lavoisier était entré à l'Académie des Sciences en 1768, à l'âge de 25 ans ; il y succéda à Baron, chimiste peu connu. Vous concevrez sans peine (car un exemple du même genre s'est reproduit sous nos yeux) que Lavoisier ayant déjà quelque réputation dans les Sciences, appartenant déjà à l'Académie qui se l'était attaché plutôt sur des espérances que sur des faits accomplis, dut exciter beaucoup de murmures en acceptant une place de fermier général. « C'est un jeune homme plein d'avenir, disait-on ; mais, s'il se jette dans la finance, il est perdu pour la Chimie, il ne produira plus rien. » Et, lorsque Lavoisier venait entretenir l'Académie de quelques découvertes : « Ah ! disait-on encore, quel dommage qu'il soit fermier général ! il ferait bien davantage. »

Est-il besoin de le justifier de ces reproches, de prouver que Lavoisier, comme fermier général, a fait tout ce qu'il fallait faire pour se montrer supérieur à son emploi, et que Lavoisier, comme chimiste, n'a jamais eu à redouter les distractions causées par les devoirs du fermier général ? En tous cas, la tâche serait facile, comme elle le serait s'il fallait justifier Cuvier des mêmes accusations, aujourd'hui que les passions qui le poursuivaient sont venues, mais trop tard, hélas ! s'éteindre sur sa tombe.

À peine Lavoisier est-il entré dans la compagnie des fermiers généraux, que les savants le blâment comme un déserteur, et les fermiers généraux comme un intrus incapable de s'élever aux finesses de la profession. Ces derniers furent bientôt détrompés, et il sut s'attirer parmi eux une considération qui allait jusqu'au respect. Parmi eux, il a le premier proposé d'abaisser certains impôts, convaincu que le revenu, loin de diminuer, s'élèverait au contraire par cette mesure. C'est à lui que les Juifs de Metz durent l'abolition d'un impôt odieux, vieux reste des temps de barbarie.

Sous le ministère de Turgot, en 1776, il fut mis à la tête de la régie des salpêtres, et c'est à lui que l'on doit l'abolition de l'usage si vexatoire en vertu duquel les employés pouvaient pénétrer de force dans les caves, pour enlever les terres salpêtrifiées qui en forment le sol. Il fit voir qu'on pouvait se passer de cette ressource, et qu'en se bornant même aux plâtras il était facile de quadrupler la production. Ainsi Lavoisier fait cesser les fouilles forcées ; il publie une instruction sur la fabrication du salpêtre, qui a longtemps guidé tous nos salpêtriers ; il améliore la fabrication de la poudre ; et, dans toutes ces circonstances, ne le perdons pas de vue, c'est Lavoisier, fermier général, qui conseille ou qui agit, quoiqu'il ait *le malheur* de cumuler les lumières de l'homme d'affaires et celles du chimiste consommé.

En 1787, il fut nommé membre de l'Assemblée provinciale d'Orléans ; en 1788, il fut attaché à la Caisse des compte. Enfin, et pour terminer ce court résumé de sa vie publique, en 1790, il fut nommé membre de la célèbre Commission des poids et mesures.

Et certes, si sa vie n'eût été tranchée avant l'heure, qui pourrait douter que sa coopération n'eût été du plus grand secours pour toute la partie expérimentale des travaux de cette commission, lui si familier avec les recherches les plus délicates de la Physique ? Comment ne pas regretter les conseils de cet esprit si droit et si pratique, qui eût certainement trouvé quelque moyen propre à faire pénétrer promptement dans l'esprit des masses des nouveautés où l'on s'est un peu trop écarté peut-être des anciennes habitudes de la population ?

En 1791, Lavoisier mit au jour son *Traité sur la richesse territoriale de la France*, dont l'Assemblée constituante décréta l'impression aux frais de l'État.

Après ces détails, qu'il serait facile de développer, si c'était ici le lieu, n'avons-nous pas le droit de dire que Lavoisier, comme homme public, comme administrateur, a tenu noblement sa place, qu'il a bien mérité de son pays ? Et s'il n'a négligé aucun de ses devoirs comme fermier général, serait-ce donc au savant qu'on viendrait reprocher d'avoir manqué à sa mission ? Le résultat l'absout d'avance ; mais il est peut-être utile d'examiner avec quelque détail comment il l'a accomplie. Vous verrez à quel point le grand homme a su se multiplier, quand les circonstances l'ont exigé de lui. Prenez les volumes de l'Académie des Sciences de 1772 à 1786, et vous y trouverez au moins quarante Mémoires relatifs a l'établissement de sa doctrine.

En outre, vous voyez, pendant ce même temps, Lavoisier faire partie de toutes les Commissions, chargé de tous les Rapports

QUATRIÈME LEÇON.

difficiles ; vous le voyez se livrant tout entier, comme si rien n'eût préoccupé son esprit, aux recherches de Chimie que l'occasion commande, les plus aisées comme les plus arides, les plus agréables comme les plus dégoûtantes.

En même temps qu'il semble s'occuper avec tant d'ardeur des expériences nécessaires pour établir sa théorie, au moment où ses idées sur la chaleur le jettent dans une suite de recherches délicates, vous le voyez se livrer à un travail dont pas un chimiste ne voudrait peut-être se charger aujourd'hui. Il avait pour objet de reconnaître la nature des gaz produits par les matières fécales corrompues, des gaz qui se dégagent des fosses d'aisance, et devait conduire à découvrir quelque moyen de secours pour les malheureux ouvriers qui périssaient si souvent asphyxiés par ces gaz délétères ou brûlés par suite de leur explosion imprévue. Eh bien ! Lavoisier, fermier général et millionnaire, Lavoisier qui, dans chaque minute dérobée aux recherches qu'exigeait sa théorie, devait voir un vol fait à sa gloire, Lavoisier se livre sur ce sujet, avec son calme et sa persévérance accoutumés, à une longue suite d'expériences si nauséabondes que je n'aurais pas le courage d'en rappeler ici le moindre détail. Elles durent pendant plusieurs mois, et Lavoisier se dévoue à cette étude rebutante par de simples vues d'humanité : car il n'espérait rien de ses expériences, si ce n'est le moyen de sauver la vie à quelques malheureux. Ces essais terminés, il les raconte avec une simplicité parfaite, comme si cette charité sublime qui avait éveillé son attention lui eût épargné ou ennobli tous les dégoûts de ce long travail.

Vous le voyez, rien n'égale l'activité de Lavoisier comme savant. Pendant quatorze années, nos Mémoires académiques n'ont jamais manqué de s'enrichir de quelques-uns de ses écrits, inégalement distribués, il est vrai, car il est certaines années où ils sont très-nombreux et d'autres où il semble que Lavoisier se repose. Ainsi, l'année 1777 est remplie de ses Mémoires ; les années 1781, 1782 en sont encore remplies, à tel point que les volumes de l'Académie ne peuvent les contenir tous et qu'on est obligé de dire : « Cette année, M. Lavoisier a présenté tant de Mémoires qu'il a été impossible de les imprimer tous. »

Regardez-y de près néanmoins, et vous verrez que ces années d'abondance ne sont pas toujours celles qui ont coûté les plus grands travaux. Les Mémoires dans lesquels des recherches profondes et sévères se manifestent sont toujours précédés par quelque temps de repos et paraissent pour ainsi dire isolés. C'est ainsi que, lorsqu'on voit paraître le magnifique Mémoire sur les chaleurs spécifiques, où à tant d'exactes déterminations Laplace et lui ajoutent des observations d'un si haut intérêt sur la quantité de chaleur dégagée dans la combustion ou dans l'acte de la respiration, Lavoisier semblait se reposer depuis deux ans. C'est qu'il lui avait fallu le temps d'exécuter de nombreux essais préparatoires pour maîtriser l'emploi du calorimètre, outre le temps que les expériences précises avaient elles-mêmes exigé.

Ainsi, pendant quatorze ans, sa pensée toujours féconde et sa main toujours infatigable n'ont pas un seul instant connu le repos. Pendant quatorze ans, il a toujours payé sa dette à la Science avec la même régularité, suppléant au nombre des Mémoires par leur profondeur ou à leur profondeur par le nombre. Comme savant, que vouliez-vous donc qu'il fît de plus ? Non-seulement il a élevé un monument impérissable, mais il l'a élevé pierre à pierre, et il a soigneusement taillé, dressé, poli chacune d'elles. La collection de ses Mémoires ne fermerait pas moins de huit volumes ; nul Chimiste, jusqu'alors, n'avait autant travaillé que lui ; et s'il n'a pas travaillé davantage, hélas ! vous savez pourquoi.

Pour apprécier les services rendus aux Sciences par Lavoisier, il est indispensable d'établir une division entre ses travaux. Inséparables au fond, puisqu'ils tendent tous au même but, l'explication des phénomènes de la Chimie, leur nature oblige pourtant les distinguer en deux séries. Dans la première, nous placerons tous les Mémoires de Chimie qui ont trait à la théorie générale de la Science ; dans la seconde, nous mettrons tous les Mémoires de Physique relatifs à la chaleur et destinés à compléter la théorie de la combustion.

Considérez les Mémoires chimiques de Lavoisier, et vous éprouverez quelque étonnement à le voir allier à la plus grande hardiesse de pensée une extrême prudence, une excessive réserve dans le discours. Il commence par établir que les corps, en brûlant, augmentent de poids en absorbant de l'air, et s'il insinue que le phlogistique n'est pas nécessaire à l'explication des phénomènes, cette pensée arrive là comme en passant et sous la forme du doute.

QUATRIÈME LEÇON.

En parcourant la suite des Ouvrages de Lavoisier, on voit que ce phlogistique dont il a si peu parlé, il n'en est plus question : il ne l'admet ni ne le rejette ; il n'en parle plus. Pendant sept, huit, dix ans, il raisonne comme si jamais on n'avait parlé de phlogistique. On dirait (et il y a bien quelque chose de semblable) qu'il ne veut de querelle directe avec personne à ce sujet ; il veut que sa théorie s'établisse sur des faits et non sur les discussions d'une polémique, où il arrive si souvent que l'esprit l'emporte sur la raison, et où les deux adversaires laissent toujours quelque chose de cette paix du cœur dont rien ne dédommage, quand on l'a perdue.

Ainsi, en continuant à raisonner comme s'il n'y avait pas de phlogistique, il ramasse des faits observés avec un soin infini ; il prouve qu'ils peuvent s'expliquer sans l'intervention de cet agent. Ce ne sont pas des faits pris au hasard qu'il examine, mais les faits les plus importants de la science, ceux dont l'explication entraîne et comprend celle de tous les autres. Ce n'est qu'au bout de dix ans, quand tous ces faits sont analysés, lorsque ses idées sont sorties victorieuses de tant d'épreuves et de si rudes épreuves ; ce n'est qu'au bout de dix ans, lorsque les vues de son génie sont transformées en convictions inébranlables qu'il se résume, concentre ses forces, saisit au corps le phlogistique, le presse, l'accable d'arguments irrésistibles, et d'un seul coup le renverse foudroyé.

Après avoir commencé le feu en 1772, ce n'est qu'en 1783 qu'il livre la bataille ; jusque-là, aux yeux des esprits superficiels, il semble céder. C'est qu'il n'avait pas encore recueilli les faits nécessaires pour asseoir sa propre doctrine et pour en montrer toute la portée. Esprit essentiellement créateur, dominé du besoin d'inventer et non de celui de détruire, peu lui importe de tuer le phlogistique : il lui importe beaucoup de découvrir une explication plus conforme à la nature des choses.

Du reste, en parcourant les Mémoires de Lavoisier qui ont pour objet la Chimie générale et l'établissement de son système, il est impossible de méconnaître la nature de sa méthode. On voit, en effet, qu'il existe un tel enchaînement entre les écrits de ce grand homme, que le premier conduit au second ; que le second est indispensable au troisième, et qu'ainsi de suite tous ses travaux se commandent, les faits conduisant à de nouvelles idées, et les idées nouvelles conduisant à leur tour à étudier, avec cette attention qui fertilise tout, des faits négligés jusqu'alors, ou à découvrir des faits inconnus, Quand il expérimente, c'est avec cette rigueur dont les observations astronomiques pouvaient seules jusque-là donner une idée ; quand il raisonne, c'est avec cette logique serrée qu'il a puisée à l'école de Condillac. Comment être surpris, d'après cela, si, une fois que tous les faits qu'il a étudiés ont pris leur place dans sa théorie, ceux qu'on découvre à côté de lui, ceux qu'on a découverts après lui sont également venus s'y ranger ?

Tous les Mémoires de Lavoisier ont donc entre eux une filiation non interrompue ; pas le moindre défaut de continuité ne s'y laisse remarquer. L'histoire des Sciences n'offre peut-être pas d'autre exemple d'une lutte poursuivie avec tant de persévérance et avec une telle suite dans les idées. Vous éprouveriez même, par cela seul, un plaisir singulier à la lecture de ses Mémoires originaux, en y voyant comment une science se fait, se fonde à l'aide des expériences les plus simples, pourvu qu'elles soient accomplies avec précision et liées par un raisonnement sévère.

Lavoisier commence par établir que, si l'on chauffe de l'étain dans un vase fermé, une portion de l'air se fixe sur l'étain, qui passe par conséquent à l'état d'oxyde (permettez-moi d'emprunter ce mot à la nomenclature actuelle). Lorsqu'une certaine quantité d'étain est oxydée, on a beau calciner plus longtemps, le reste du métal demeure intact, quoique le vase renferme encore une grande quantité d'air ; mais celle-ci ne peut plus s'unir au métal. D'ailleurs la quantité d'oxyde formée est proportionnelle au volume des vases. Ainsi, une portion de l'air disparaît, tandis que le métal augmente de poids par sa calcination, et la fixation de cet air explique l'augmentation observée.

À cette époque, M. de Trudaine-Montigny avait donné à l'Académie une lentille de grande dimension, connue sous le nom de *lentille de Trudaine*, et Lavoisier avait été chargé par cette compagnie d'exécuter une série d'expériences, à l'aide de ce bel instrument. La lentille fut placée dans le jardin de l'infante, dépendance du Louvre du côté de la Seine ; car alors l'Académie tenait séance au Louvre. À son aide, Lavoisier fit beaucoup d'expériences qui ont maintenant peu d'intérêt pour nous ; mais il en fit aussi quelques-unes qui en avaient beaucoup pour lui : je veux parler de la réduction de l'oxyde de mercure par l'action de la chaleur seule.

QUATRIÈME LEÇON.

La calcination des métaux, celle du mercure par conséquent, exigeant le concours de l'air et n'ayant lieu que par l'absorption d'un gaz emprunté à l'air, on devait, par la réduction de la chaux de mercure exécutée sans intermède et par le seul effet de la chaleur, retrouver le gaz que l'air avait fourni. l'expérience consultée, Lavoisier obtient le gaz oxygène. Il convient, à la vérité, que cette découverte a été faite en même temps par Priestley. En général, on s'accorde même à attribuer la priorité sur ce point à ce dernier, et nous l'admettrons ici sans difficulté : la gloire de Lavoisier ne repose nullement sur des découvertes de ce genre ; elle en est tout à fait indépendante.

Comme Priestley, il voit que l'oxygène est un gaz propre à entretenir la combustion et à l'exciter, propre à entretenir la respiration ; mais il voit peu de temps après que c'est ce gaz qui engendre les acides. Il propose alors de l'appeler *oxygine*, générateur de l'aigreur, voulant ainsi rappeler le rôle qu'il lui attribue et qui est basé sur ses expériences relatives à la combustion du soufre et à celle du phosphore. Mais, après avoir adopté cette dénomination, voyant que les autres chimistes ne suivent pas son exemple, il l'abandonne lui-même, et pendant longtemps il se sert comme eux du terme d'*air vital*, sorte d'expression neutre, qui formait une transition nécessaire peut-être entre l'*air déphlogistiqué* de l'ancienne théorie et l'*oxygine* précurseur de la doctrine nouvelle. Mais, qu'on ne s'y trompe point, Lavoisier cédait sur le mot, sans céder sur le fond de ses idées ; il dédaignait les discussions inutiles ; il évitait les polémiques qu'il aurait pu soutenir avec tant de supériorité ; il se contentait d'observer des faits, de les raconter dans son style simple et grave, et il les laissait répondre pour lui.

Le rôle de l'oxygène comme acidificateur, déjà clairement indiqué dans la production des acides du soufre et du phosphore, ne fut pourtant bien établi par Lavoisier que par une discussion savante de la nature des composés nitreux. Ici il emploie un certain ensemble de faits, qui, comme il le remarque lui-même, ont tous été observés par Priestley ; mais, tandis que Priestley n'en avait tiré aucune théorie, Lavoisier en fait sortir une théorie parfaite.

Quand on met en contact l'acide nitrique et le mercure, il se dégage du gaz nitreux, et il se forme un sel qui, fortement chauffé, se convertit en mercure et en oxygène. Comme le mercure sort de cette expérience tel qu'il y était entré, on peut dire que c'est en perdant de l'oxygène que l'acide nitrique agit sur le mercure et se change en gaz nitreux. Lavoisier s'assure en effet que le gaz nitreux, à son tour, se transforme en vapeur rouge en s'unissant à l'oxygène, et que la vapeur rouge, unie à une nouvelle portion d'oxygène, représente l'acide nitrique ordinaire. Comme on voit, le rôle acidificateur de l'oxygène est établi ici indépendamment de la connaissance exacte du radical, car Lavoisier ignorait l'existence de l'azote dans l'acide nitrique.

C'est à peu près vers ce temps, en 1777, que, mettant à profit les expériences qui précèdent, il exécute son analyse de l'air, aujourd'hui si célèbre, et que tous les Traités élémentaires de Chimie conservent encore comme un monument de son génie. Profitant de la propriété que le mercure possédait seul alors de s'oxyder à une certaine température et de perdre son oxygène à une température plus haute, il parvient à son aide à enlever la plus grande partie de son oxygène à un volume déterminé d'air. Ayant ainsi isolé le gaz azote, il chauffe l'oxyde de mercure produit et recueille à part l'oxygène. En mêlant enfin les deux gaz, il reconstitue l'air atmosphérique doué de toutes ses propriétés et en volume égal à celui qu'il avait employé.

Cette analyse et cette synthèse, également remarquables par la finesse du point de vue et par la délicatesse des expériences, le conduisirent à s'occuper de la respiration des animaux. Non-seulement il reconnut la formation de l'acide carbonique, mais il s'assura que la quantité d'oxygène absorbée était plus grande que celle qui était nécessaire pour former l'acide carbonique obtenu. À cette époque, la nature de l'eau n'étant pas connue, il ne pouvait aller plus loin. Cette absorption inexpliquée d'oxygène le conduisit à quelques-uns de ces rapprochements hasardés qu'il se permettait si rarement. Quand on calcine un métal, il y a absorption d'oxygène, dit-il ; n'en serait-il pas de même du sang ? N'est-ce point en vertu de cette espèce de calcination que le sang devient rouge, tout comme on voit le mercure former un oxyde rouge ; le fer, le plomb, former des oxydes rouges, comme le mercure ?

Ce rapprochement est hasardé, je le répète, et pourtant nous ne pourrions pas affirmer, dans l'état actuel de la Science, que le changement qui fait passer le sang bleu à l'état de sang rouge ne

QUATRIÈME LEÇON.

tienne point à une oxydation, mais à une oxydation qu'il faudrait envisager tout autrement que ne le faisait Lavoisier.

À peine Lavoisier a-t-il reconnu ce qui se passe dans la respiration, qu'on le voit découvrir par une analyse également exacte ce qui se passe dans la combustion des corps gras, de la cire, du bois. Il trouve qu'il y a formation d'acide carbonique et disparition d'une certaine quantité d'oxygène, qui s'emploie d'une manière inconnue, circonstances analogues à celles qu'il avait observées dans la respiration.

Ainsi, vous voyez qu'à cette époque toutes les expériences de Lavoisier deviennent autant d'occasions de découvrir ou de développer sa théorie. Bientôt il essaya cette théorie sur une expérience si simple à nos yeux, grâce à l'heureux succès de ses efforts, que nous aurions même quelque peine à comprendre l'importance qu'il y attachait. Il s'agit de la théorie de la préparation de l'acide sulfureux. Priestley venait de découvrir cet acide, mais il expliquait si mal sa production que Lavoisier crut nécessaire de l'étudier la balance à la main ; il découvrit bientôt que l'acide sulfurique perd, en agissant sur le mercure pour se changer en acide sulfureux, une quantité d'oxygène précisément égale à celle que prend le mercure qui se convertit en sulfate.

Lavoisier cherche en même temps avec le plus grand soin à se rendre compte d'un phénomène d'une telle simplicité pour nous, qu'il semblerait qu'on n'ait jamais eu besoin de l'expliquer *ex professo* : je veux parler de l'action des pyrites, du sulfure de fer naturel, sur l'air humide. Cette action était alors doublement intéressante à étudier, car le changement de ce sulfure en sulfate sous l'influence de l'air offrait à la fois un point de théorie et une question de Chimie industrielle à approfondir. Il arrive à prouver que, dans cette action, les pyrites absorbent l'oxygène de l'air, et qu'en même temps elles augmentent le poids. Il montre qu'il en est de même dans la combustion du pyrophore de Homberg, phénomène dont il donne la théorie exacte.

Enfin, Messieurs, Lavoisier (et c'est là un de ses plus beaux travaux), comprenant toute l'importance d'une exacte connaissance de la composition de l'acide carbonique, qu'il voyait reparaître dans tant de phénomènes naturels, persuadé que cet acide est la base de l'édifice qu'il veut construire, se livre à un travail d'une admirable précision, dans le but de connaître la nature exacte de cet acide. Et nous voyons, avec une surprise sans égale, qu'à cette époque, où l'art de l'analyse naissait à peine, en combinant ensemble les divers procédés et les corrigeant l'un par l'autre, Lavoisier arrive à connaître si bien la composition de l'acide carbonique qu'on n'y a rien changé depuis. Quand la théorie atomique est venue plus tard critiquer ces résultats, une connaissance plus approfondie des combinaisons du carbone est venue consacrer les chiffres établis par Lavoisier. Ce Mémoire est certainement un des plus beaux qu'il ait laissés, un de ceux où l'on voit le mieux son exactitude extrême comme expérimentateur, et où l'on peut juger le mieux de sa singulière sagacité dans l'art de combiner les expériences.

À cette époque, on expliquait mal la dissolution des métaux dans les acides. C'est même avec un vif intérêt qu'on voit un géomètre illustre, Laplace, soupçonner le premier qu'en mettant un métal avec un acide et de l'eau, celle-ci se décompose, et fournit l'hydrogène qu'on recueille avec le zinc ou le fer. Il soupçonnait donc aussi que l'oxygène était un autre élément de l'eau, qu'il produisait la modification du métal et qu'il déterminait sa dissolution dans les acides. Voilà, Messieurs, *une idée* nécessaire à sa théorie, une idée importante que Lavoisier a certainement empruntée à un autre ; mais, s'il fallait dire la part qu'a prise dans l'invention de cette idée chacun de ces deux grands hommes qui se voyaient tous les jours, qui se faisaient part mutuellement de leurs connaissances, avec tant d'abandon, compensant ce qui manquait à l'un par ce que possédait l'autre, il serait difficile de le faire aujourd'hui, si Lavoisier lui-même n'avait pris le soin de rendre justice à Laplace.

Guidé par ce point de vue, Lavoisier analyse avec soin et la balance en main, selon son usage, les phénomènes de la dissolution du mercure dans l'acide azotique, ainsi que ceux de la dissolution du fer dans le même acide ou dans l'acide sulfurique. Il donne la théorie exacte de ces diverses réactions.

Tout en s'occupant de la dissolution des métaux dans les acides, il ne néglige point d'examiner ce qui se passe quand un métal en précipite un autre de ces dissolutions, et il y trouve un moyen de reconnaître la quantité d'oxygène qui se combine avec ce métal. À la vérité, les résultats qu'il donne à cet égard ne sont pas exacts, mais la Science n'était pas assez avancée pour un pareil travail.

Enfin, et toujours dans le même groupe de Mémoires, vous trouverez une table des affinités de *l'oxygène*, fondée sur ses propres expériences, et un travail très-approfondi sur l'oxydation du fer.

Fort de cette longue suite d'expériences, après tant d'épreuves décisives qui ont toutes confirmé ses idées, Lavoisier demeure convaincu que dans toutes les réactions la quantité de matière employée se retrouve toujours dans les produits, sous une autre forme sans doute, mais avec le même poids. Il conçoit alors la possibilité d'établir une équation. dans laquelle, en mettant d'un côté toutes les matières employées, de l'autre côté toutes les matières produites, on aura toujours l'égalité dans les poids. Et non-seulement il conçoit cette vue nouvelle, mais il en tire immédiatement tout le parti qu'on peut en obtenir. « En effet, dit-il, je puis considérer les matières mises en présence et le résultat obtenu comme une équation algébrique ; *et, en supposant successivement chacun des éléments de cette équation inconnu, j'en puis tirer une valeur et rectifier ainsi l'expérience par le calcul et le calcul par l'expérience.* J'ai souvent profité de cette méthode pour corriger les premiers résultats de mes expériences et pour me guider dans les précautions à prendre pour les recommencer. »

Tel est le premier essai de ces équations atomiques que nous écrivons si souvent aujourd'hui ; seulement, par suite des progrès de la Chimie, nous avons introduit des atomes là où Lavoisier parlait d'un poids quelconque ; mais c'est toujours la même idée, le même point de vue.

La pensée première de Lavoisier reparaît donc toujours dominante et agissante : rien ne se perd, rien ne se crée ; la matière reste toujours la même ; il peut y avoir des transformations dans sa forme, mais il n'y a jamais d'altération dans son poids. J'emploie ces termes à dessein, ce sont ceux qu'il employait lui-même. Personne encore n'a présenté Lavoisier comme ayant introduit ce point de vue dans l'étude de la Chimie ; cependant je crois pouvoir vous assurer que c'était chose à laquelle il attachait une haute importance. Mais, s'il est clair que les idées de Lavoisier sur la permanence de la pesanteur des corps qui se combinent ou qui se séparent, s'il est clair, dis-je, que ces idées sont générales et justes, ses vues sur l'oxygène et sur le rôle qu'il joue dans la nature ne le sont pas moins, et elles ont eu l'avantage de se traduire en expériences éclatantes, qui, décrites en un langage nouveau et d'une clarté sans égale, ont eu le privilège d'absorber longtemps l'attention publique.

La formation de l'eau est si fréquente, sa décomposition se présente si souvent dans nos phénomènes, qu'il est difficile de comprendre que Lavoisier ait pu, pendant bien des années, travailler au développement de sa théorie sans connaître la nature de l'eau. À cette époque critique de sa vie, ses travaux sont vraiment curieux à étudier ; car on voit à chaque instant des décompositions ou formations d'eau troubler les phénomènes qu'il observe, sans que jamais sa raison fléchisse. Il explique ce qu'il comprend, ce qui échappe à sa pénétration, il l'enregistre, confiant dans l'avenir.

On voit paraître enfin le Mémoire qui couronne l'édifice, celui où il établit la composition de l'eau. Il expose comment il a été amené à reconnaître cette composition ; il y rappelle comment Laplace a été conduit à penser que les métaux devaient décomposer l'eau, quand ils donnent naissance à des sels en dégageant du gaz inflammable. C'est ainsi qu'il est conduit lui-même à tenter une expérience fort simple ; il met sur le mercure, dans une cloche, de l'eau et de la limaille de fer, qui au bout d'un certain temps s'est convertie en oxyde noir de fer. L'eau s'est décomposée, et son hydrogène s'est dégagé ; c'est là le premier fait relatif à la décomposition de l'eau. Mais cette expérience est beaucoup trop lente, et comme, dès cette époque, on savait que la chaleur est un moyen d'augmenter l'activité des actions chimiques, il en conclut qu'en faisant passer la vapeur d'eau dans un tube de fer rougi la décomposition marcherait beaucoup plus vite. De là, l'expérience célèbre dans laquelle il exécuta, conjointement avec Meusnier, une analyse de l'eau qui levait tous les doutes que sa synthèse laissait encore à quelques esprits.

Des lors, Lavoisier put approfondir tous ces phénomènes compliqués dont il avait d'abord ébauché l'étude. Il put se rendre compte de ce qui se passe dans la respiration, dans la combustion, partout enfin où il y a formation d'eau. Une lumière soudaine vient éclairer tout ce qu'il a fait ; les anomalies qui l'ont arrêté autrefois ne l'arrêtent plus ; il en voit la cause, il en voit la nature. Il s'était perdu tant de gaz, il s'était fait tant d'eau, il avait eu tort de n'y point faire

QUATRIÈME LEÇON.

attention, de ne pas suivre ce fil qui l'eût dirigé. Mais ce qu'il faut admirer, c'est que toutes ses expériences anciennes qui semblaient inexactes et imparfaites deviennent par là tout à fait précises, sans qu'il y ait rien à modifier dans le jugement général qu'il en avait porté.

C'est ainsi qu'il est amené à reconnaître la nature des corps organiques, à établir qu'ils contiennent de l'hydrogène, de l'oxygène et du carbone, éléments auxquels plus tard Berthollet ajoute l'azote en ce qui concerne les matières de nature animale. C'est ainsi que Lavoisier se trouve conduit à imaginer sa méthode d'analyse pour des substances organiques, qui consiste, comme on sait, à les convertir en acide carbonique et en eau, en les brûlant avec une quantité déterminée d'oxygène, méthode si féconde qui est encore la nôtre, quoique les moyens d'exécution aient changé.

Sa théorie était complète alors, et rien n'eût expliqué un plus long silence à l'égard de la doctrine du phlogistique.

Enfin, en 1783, Lavoisier se livre à une discussion approfondie et décisive de la théorie de Stahl, et, dès son début, il caractérise les découvertes du chimiste allemand avec une noble impartialité.

« De ce que quelques corps brûlaient et s'enflammaient, dit-il, Stahl en a conclu qu'il existait en eux un principe inflammable. S'il s'était borné à cette simple observation, son système ne lui aurait pas mérité, sans doute, la gloire de devenir un des patriarches de la Chimie et de faire une sorte de révolution dans cette science. Rien n'était plus naturel, en effet, que de dire que les corps combustibles s'enflamment, parce qu'ils contiennent un principe inflammable ; mais on doit à Stahl deux découvertes importantes, indépendantes de tout système, de toute hypothèse, qui seront des vérités éternelles.

» La première, c'est que les *métaux* sont des corps combustibles, que la *calcination* est une véritable combustion et qu'elle en présente tous les phénomènes.

» La seconde, c'est que la propriété de brûler, d'être inflammable, peut se *transmettre* d'un corps à l'autre. Si l'on mêle, par exemple, du charbon qui est combustible avec de l'acide vitriolique qui ne l'est pas, l'acide vitriolique se convertit en soufre, il acquiert la propriété de brûler, tandis que le charbon la perd. Il en est de même des substances métalliques ; elles perdent par la calcination leur qualité combustible ; mais, si on les met en contact avec du charbon et en général avec des corps qui aient la propriété de brûler, elles se revivifient, c'est-à-dire qu'elles reprennent aux dépens de ces substances la propriété d'être combustibles. »

Il est aisé de voir que Lavoisier et Stahl, en les supposant contemporains, n'auraient pas tardé à se deviner et à s'entendre.

Mais à cette époque Macquer, Baumé et bien d'autres chimistes s'étaient façonnés chacun un *phlogistique* à leur taille, pour répondre aux exigences nouvelles de la Science. Ce n'était donc plus au phlogistique de Stahl que Lavoisier avait affaire, mais bien à une foule d'êtres de ce nom, qui n'avaient aucune qualité commune, si ce n'est qu'ils étaient tous insaisissables, par aucun moyen connu.

Eh bien ! dans ce Mémoire qu'on lit encore avec un vif d'intérêt, Lavoisier trouve l'art d'exposer les théories de ses adversaires modernes avec une netteté et une précision telles, qu'on peut croire que leurs inventeurs en comprirent pour la première fois le véritable sens. Ce n'est qu'après les avoir ainsi épurées et rehaussées, comme pour les rendre dignes de sa colère, qu'il les discute et les renverse à jamais.

Chacune de ces définitions modernes du phlogistique, qu'on pourrait appeler la monnaie avilie de l'antique pièce d'or de Stahl, chacune de ces définitions est évoquée à son tour et vient tomber sous les coups de Lavoisier, qui s'écrie enfin :

« Toutes ces réflexions confirment ce que j'ai avancé, ce que j'avais pour objet de prouver, ce que je vais répéter encore, que les chimistes ont fait du phlogistique un principe vague, qui n'est point rigoureusement défini, et qui, en conséquence, s'adapte à toutes les explications dans lesquelles on veut le faire entrer : tantôt ce principe est pesant, et tantôt il ne l'est pas ; tantôt il est le feu libre et tantôt il est le feu combiné avec l'élément terreux ; tantôt il perce à travers les pores des vaisseaux et tantôt ils sont impénétrables pour lui. Il explique à la fois la causticité et la non-causticité, la diaphanéité et l'opacité, les couleurs et l'absence des couleurs. C'est un véritable Protée qui change de forme à chaque instant. »

Prenez la Note de 1772 où il établit l'augmentation du poids des corps qui brûlent, et le Mémoire de 1783 où sont ramassées en

QUATRIÈME LEÇON.

faisceau toutes les conséquences des expériences qui l'ont occupé dix années, et vous aurez les deux termes extrêmes de cette admirable série de Mémoires. Le dernier est un résumé plein de vie de ce vaste ensemble, et il offre un parfait modèle d'impartialité et de bon goût. Il est impossible de triompher avec plus de modestie et de simplicité, et pourtant le triomphe avait coûté de bien grands efforts de génie, et promettait à la Science un avenir dont l'imagination de Lavoisier, mieux qu'aucune autre, pouvait se former un tableau aussi magnifique qu'exact.

Mais, si la tâche de Lavoisier était accomplie, la nôtre ne l'est point encore. Il est d'autres aspects sous lesquels il faut l'envisager, pour vous donner une idée juste de ses travaux. Après s'être montré avec tant d'éclat comme expérimentateur, il va reparaître d'une manière non moins remarquable comme écrivain, dans la rédaction de son Traité de Chimie, ouvrage éternel, dans lequel en deux petits volumes il établit, sans négliger aucun détail, les bases de sa chimie nouvelle ; dans lequel ses idées se formulent à l'aide d'un style si pur, si transparent, qu'il efface tous les ouvrages qui l'ont précédé et qu'il les efface même d'une manière qu'on a le droit d'appeler nuisible.

En effet, pendant la période qui a suivi Lavoisier, vous voyez tous les ouvrages qui lui sont antérieurs tomber dans un inexprimable abandon. La Science pour la génération qui s'élève ne date que de Lavoisier ; ce n'est que dans Lavoisier qu'on étudie la Chimie. Cependant avant lui-bien des faits avaient été observés ; mais ces observations se trouvaient tellement rabaissées par la grandeur de ses découvertes, que la lecture des ouvrages antérieurs était devenue intolérable à ceux qui avaient étudié le sien. Parmi les faits observés par les anciens, tous ceux que sa théorie expliquait n'avaient plus d'intérêt, et ceux qu'elle n'expliquait pas répugnaient à l'esprit d'une jeunesse, formée à l'étude de cette Chimie, qui ne voulait désormais laisser passer aucun fait, aucun détail sans explication, et qui procédait en tout avec une rigueur géométrique. Dans ce Traité de Chimie, comme je le disais tout à l'heure, Lavoisier nous apparaît comme un écrivain d'un style très-remarquable ; c'est ce style noble, ce style simple et clair qui convient à la Science. On reconnaît partout cet élève de Condillac qui honore son maître, ce logicien parfait qui n'emploie jamais un mot sans le bien définir, qui n'énonce aucune idée qui ne soit en harmonie avec celle qui précède et avec celle qui doit suivre.

C'est le même style, le même ordre, les mêmes vues élevées et philosophiques qu'on rencontre dans l'exposition de la nomenclature chimique, ouvrage que vous trouvez maintenant sur les quais, chez tous les bouquinistes, et dont le sort semble bien au-dessous de son mérite. C'est qu'aujourd'hui la nomenclature est passée dans le langage. Cet ouvrage est une grammaire dont personne n'a besoin. Ouvrez ce livre cependant, et vous y trouverez un discours plein d'intérêt, où Lavoisier examine le caractère et la formation des langues, et leur liaison avec la nature des choses qu'elles expriment : ce morceau est un de ceux qui font le plus d'honneur à la plume de Lavoisier, considéré comme écrivain ou comme philosophe.

Si maintenant nous laissons de côté les travaux chimiques de Lavoisier, nous aurons encore à le présenter sous un point de vue qui n'a pas moins d'importance : je veux parler de Lavoisier physicien. Ne vous attendez pas que, sortant de mon objet, j'aille vous entretenir ici de ses recherches concernant la Physique pure ; s'il ne s'était occupé que de travaux de ce genre, je laisserais aux physiciens le soin d'en faire connaître le mérite ; mais il s'est occupé de la chaleur d'une manière tellement importante, tellement nécessaire à l'établissement de son système, qu'il est indispensable de faire connaître les idées sur lesquelles il s'est appuyé.

Lavoisier commence par établir que la chaleur accumulée dans les corps n'en altère nullement le poids. Elle doit donc être considérée comme un fluide impondérable. Ce fluide se présente sous deux formes ; tantôt il est libre, et alors il est dans un état de mouvement continuel, il tend à se mettre en équilibre dans les corps qui avoisinent celui qui le renferme ; tantôt il est combiné et en repos.

Quand il est libre, sa présence se révèle par son action sur le thermomètre ; mais, quand il est combiné, le thermomètre devient insensible son action.

Partant de là, il fait voir que, quand un corps se transforme en vapeur, il absorbe toujours beaucoup de chaleur ; que l'eau, l'alcool, l'éther en exigent une grande quantité. Il fait voir que cette absorption est d'autant plus remarquable que l'évaporation du corps est plus rapide.

Ainsi des vapeurs sont les corps liquides ou solides transformés en gaz ou fluides élastiques, par l'absorption d'une grande quantité de chaleur. Il veut le faire voir d'une manière tout à fait décisive, il veut prouver que les vapeurs sont absolument de la même nature que les gaz, conclusion qu'à la rigueur on n'eût pu tirer des expériences dont nous venons de rendre compte, puisque les vapeurs ne se voyaient point, et qu'elles ne devenaient sensibles qu'aux yeux du physicien, par la pression qu'elles exerçaient sur le mercure du baromètre. Il imagine, pour démontrer cette identité, des procédés ingénieux. Il fait voir, par exemple, qu'au moyen d'une cuve remplie d'eau il peut obtenir l'éther sous forme de gaz, et qu'il suffit pour cela que cette eau soit maintenue à une température de 40 degrés ; par conséquent, si l'éther n'est point gazeux, à Paris, par exemple, c'est que la température est un peu trop basse et la pression un peu trop forte. Mais l'éther devient un véritable gaz sur les plateaux élevés de l'Amérique du Sud.

Il prouve le même fait pour l'alcool et pour la vapeur d'eau, au moyen d'un bain d'eau mère de nitre chauffé à 110 degrés, à l'aide duquel il peut développer ces vapeurs dans un appareil semblable à celui dont M. Gay-Lussac a fait usage plus tard pour prendre leur densité.

Qu'arriverait-il donc aux différentes substances qui composent notre globe, si la température en était brusquement changée, se demande alors Lavoisier ? « Que la terre soit transportée tout à coup dans une région beaucoup plus chaude du système solaire, dit-il, et bientôt l'eau, les fluides analogues et le mercure lui-même entreront en expansion ; ils se transformeront en fluides aériformes ou gaz qui deviendront parties de l'atmosphère. Ces nouvelles espèces d'air se mêlant avec celles déjà existantes, il en résultera des décompositions, des combinaisons nouvelles, jusqu'à ce que, les nouvelles affinités étant satisfaites, les principes de ces différents gaz arrivent à un état d'équilibre ou de repos. »

Ainsi, pour lui les vapeurs sont des gaz ou quelque chose d'analogue, et, en pressant les conséquences, il est conduit à conclure que les gaz ne sont eux-mêmes autre chose que des corps primitivement liquides ou solides, réduits en vapeurs, des corps qui, par leur combinaison avec le calorique, ont pris l'état gazeux.

Ainsi, quand il prend du gaz oxygène, qu'il le combine avec un corps quelconque qui le solidifie, le gaz oxygène perd la chaleur qui, combinée d'abord avec lui, le maintenait à l'état de gaz ; et cette chaleur qui se perd et se dissipe rend compte à Lavoisier des phénomènes de la combustion.

Les corps solides sont donc des gaz dépouillés d'une partie de leur chaleur, et Lavoisier ne manque pas d'en tirer une conséquence qu'il oppose à celle qui précède :

« Si la terre se trouvait tout à coup placée dans une région très-froide, dit-il en effet, l'eau qui forme nos fleuves et nos mers, et le plus grand nombre des fluides que nous connaissons se transformeraient en montagnes solides, en rochers très-durs, d'abord diaphanes, homogènes et blancs, comme le cristal de roche, mais qui, avec le temps, se mêlant avec des substances de différente nature, deviendraient des pierres opaques diversement colorées.

» L'air, dans cette supposition, ou au moins une partie des gaz qui le composent, perdant son état élastique, reviendrait à l'état de liquidité, produisant ainsi de nouveaux liquides dont nous n'avons aucune idée. »

Or vous savez comment cette belle conclusion a été vérifiée par M. Faraday et par M. Thilorier dans ces dernières années.

En général, et l'on ne peut manquer d'en être frappé, tout ce que Lavoisier a écrit sur la chaleur, soit dans le recueil de ses Mémoires, soit dans sa Chimie, est rempli de verve et de vérité. S'agit-il de faits, ils sont observés, mesurés avec une délicatesse infinie ; s'agit-il d'opinions, elles sont pesées et mûries avec un soin tel, qu'elles sont presque toutes admises aujourd'hui comme des vérités reconnues.

En général, Lavoisier ne laisse rien d'important en arrière dans l'étude d'un phénomène, à moins que l'expérience ne soit impossible. C'est ainsi qu'il arrive à sentir la nécessité d'étudier les phénomènes relatifs à la chaleur combinée, et qu'il invente avec Laplace le calorimètre qui porte leur nom, et à l'aide duquel ils ont mesuré la chaleur spécifique des principaux corps. Ce sont eux qui ont cherché les premiers à se rendre compte de la quantité exacte de

QUATRIÈME LEÇON.

chaleur dégagée par la combustion des corps, et la Science possède à peine d'autres données que les leurs sur cet important sujet. C'est à l'aide du même appareil qu'ils ont expliqué (car c'est à eux que cette découverte est due) les phénomènes de la respiration et de la chaleur animale, en faisant voir que non-seulement l'oxygène est absorbé dans la respiration, mais encore que la chaleur animale est représentée, en grande partie, par la chaleur mise en liberté pendant la combustion du charbon brûlé dans le poumon.

En Physique comme en Chimie, Lavoisier se montre toujours le même. C'est toujours cet esprit mesuré et logique dont la marche mérite d'être étudiée et méditée, car on est sûr d'y découvrir comment procède l'esprit d'invention appliqué aux plus nobles conceptions de notre intelligence.

Dans tous les cas, Lavoisier débute par une idée juste et profonde, mais par une idée incomplète, qui commence à poindre, qu'il présente avec hésitation et dont l'intérêt ne saurait frapper que les connaisseurs. Les premières conséquences en sont immédiatement soumises à l'épreuve de l'expérience ; il en découle d'autres vues qui mènent à de nouveaux essais que Lavoisier poursuit sans relâche, tant que son œil peut découvrir quelque circonstance obscure ou inexpliquée dans l'ensemble des faits qu'il veut approfondir.

C'est ainsi que son idée première, qui apparaît d'abord voilée et confuse, peu à peu s'illumine et s'élargit, sans cesser d'être elle-même. C'est ainsi que, tout en conservant son caractère originel, elle devient successivement remarquable, importante, sublime. C'est ainsi que, fécondée par le génie, elle sort de ses langes pour se convertir en une de ces conceptions éblouissantes de clarté qui honorent l'esprit humain et qui illustrent à jamais un siècle et un pays.

Chez lui l'expression suit la même progression. Simple et sans ornement dans ses premiers essais, elle devient plus travaillée à mesure que le sujet grandit ; elle se colore, quelque poésie vient même se mêler à sa grave pensée, et l'on peut dire que, dès qu'elle est sûre du terrain, son imagination ne craint pas de s'y engager et de se permettre quelques images, toujours justes et du meilleur goût.

Ce qu'il est dans chaque partie de ses recherches, Lavoisier l'est aussi pour leur ensemble.

Ainsi, quand, parvenu au terme de ses recherches, il croit pouvoir les réunir en un ouvrage élémentaire destiné à les populariser, celui-ci présente une description claire, nette et logique de toute la Chimie philosophique qui lui est due. Cependant, pris à part, chaque chapitre ne brille que par sa clarté, mais leur ensemble offre l'enchaînement le plus parfait et le plus logique.

Mais, quand cet ouvrage est terminé et qu'il veut en résumer les principes, sûr alors de ses détails, car ce qu'il veut avant tout, c'est une base composée de faits certains, de faits vrais, incontestables, il écrit son discours préliminaire, modèle de raison élevée, de philosophie et de logique, tout comme il est un modèle de langage noble qui convient aux sciences. C'est ainsi que pour lui les faits ne sont qu'un moyen de s'élever à de hautes pensées.

Avec Lavoisier tout tend sans cesse à la perfection, à la vérité, à la simplicité. À mesure qu'il avance dans sa carrière scientifique, ses expériences deviennent plus précises et plus délicates, ses opinions plus arrêtées et plus étendues, son langage plus net et plus translucide.

Tel est le caractère du génie toujours plus fort que son sujet. Telle est la marche de celui qui sait enchaîner la nature, et qui, l'œil toujours fixé sur la vérité, ne se laisse jamais éblouir par de fausses lueurs.

Écoutez Priestley, au contraire, et il vous dira : Messieurs, plus j'avance et moins je comprends ; plus je découvre et moins je sais ; plus j'examine et plus je doute ; et si vous voulez l'en croire, il ajoutera que c'est là une des nécessités des sciences expérimentales, que c'est là une preuve de l'excellence de sa méthode et de la justesse de ses idées. Or, sa méthode, elle se réduit à dire que les faits sont tout, et les idées générales un vain fantôme, bon tout au plus à faire découvrir quelques faits nouveaux.

Mais, tandis que l'horizon s'obscurcit de plus en plus autour de lui, pour Lavoisier chaque jour apporte une nouvelle lumière. Plus il découvre de faits, mieux il les comprend. Chacune de ses découvertes sert à aplanir quelque difficulté qui restait encore. Tous les faits qu'on observe autour de lui servent à compléter quelque raisonnement demeuré imparfait. C'est, en effet, le propre d'une théorie générale vraie ; non-seulement elle permet d'expliquer ce qu'on sait déjà, mais encore ce que l'on apprend ensuite, et même ce qu'on laisse à découvrir à la postérité.

Du reste rien de plus commun que ce contraste. Bien des gens qui raisonnent comme Priestley se trouvent encore dans la Science, et ceux qui raisonnent comme Lavoisier sont rares. Aujourd'hui comme alors, demain comme aujourd'hui, vous trouverez des hommes qui diront : Plus je découvre de faits, moins je les comprends ; et d'autres plus rares qui ont acquis le droit de dire : Plus je découvre de faits, plus ils raffermissant mes opinions.

Mais vous me demanderez sans doute si la théorie de Lavoisier, cette théorie qu'on lui attribue aujourd'hui d'un consentement unanime, vous me demanderez si elle n'a suscité aucune de ces réclamations si communes dans les sciences. Vous aurez raison, car la beauté des résultats de Lavoisier, la précision inconnue de ses expériences, en fixant sur lui des regards jaloux, lui attirèrent le sort qui menace tous les inventeurs de haut parage. Tant que ses idées demeurèrent obscures, on ne dit rien ; mais, vers l'époque où sa théorie commençait à devenir une puissance, on déterra un ouvrage où cette théorie se trouvait présentée dans ce qu'elle avait d'essentiel. C'est là une chose dont nous sommes journellement témoins. Quand on annonce une idée nouvelle, il se trouve certains esprits qui disent aussitôt qu'elle n'est pas vraie ; quand on leur a prouvé qu'elle est vraie, ils se consolent en disant qu'elle n'est pas nouvelle, et ils le prouvent facilement, car il est toujours possible, en consultant les anciens documents, d'y trouver une pensée quelconque qui se rapproche plus ou moins des opinions qu'on attaque. C'est ce qui est arrivé pour Lavoisier.

En 1630, époque où Salomon de Caus publiait ses expériences sur la vapeur d'eau, Jean Rey, médecin périgourdin, écrivait quelques essais sur la cause de l'augmentation de poids des métaux qu'on calciné. Cette augmentation de poids était connue dès la naissance de la Chimie. Au VIIIe siècle, Geber en parle d'une manière parfaitement claire, en ce qui concerne le plomb et l'étain ; mais personne n'en avait pu donner d'explication satisfaisante. Jean Rey l'explique en prouvant par le raisonnement et l'expérience que les métaux qu'on calcine augmentent de poids, *par le meslange de l'air espessi* ; c'est-à-dire parce qu'ils s'emparent d'une certaine quantité d'air. Il serait trop long de le suivre dans la manière dont il établit cette opinion ; mais il est certain que son ouvrage démontre qu'il entendait parfaitement la nature de ce phénomène. Ses raisonnements deviennent surtout remarquables, quand on compare son explication avec celles qui étaient présentées par ses contemporains et dont l'absurdité nous révolte aujourd'hui.

Ainsi, consultez l'un des beaux esprits du temps, Scaliger, il trouvera cette augmentation toute simple ; il vous dira qu'elle tient à la perte des parties aériennes du métal, que les métaux augmentent de poids par la calcination de la même manière que les tuiles par la cuisson, confondant ainsi, par une lourde bévue, le poids absolu et la densité.

Consultez Cardan, il vous dira que le plomb calciné devient plus lourd, parce qu'il perd sa vie métallique, que l'oxyde n'est plus qu'un cadavre, et il ne manquera pas d'ajouter qu'un cadavre pèse toujours plus que l'animal en vie. Ces détails vous expliquent pourquoi l'excellent ouvrage de Jean Rey n'a pas été compris et comment on a droit de dire qu'il ne pouvait pas l'être des hommes de son temps.

Mais Jean Rey était inconnu à Lavoisier. Comment voulez-vous qu'il en fût autrement ? Il n'existait de cet ouvrage que deux exemplaires, dont un seul était complet et fut retrouvé dans une bibliothèque publique, la grande bibliothèque du roi. Cependant il fut réimprimé en 1777 et répandu avec quelque profusion. On eût laissé croire volontiers alors que Lavoisier avait emprunté à cet ouvrage le fond de ses idées ; mais il n'en est rien, soyez-en convaincus. Si Lavoisier n'avait pas découvert l'augmentation de poids des métaux pendant leur calcination ; il en avait certainement découvert la cause. Sa Note de 1772 respire la candeur et la bonne foi. Et de plus il avait découvert, et c'est là le point sur lequel il insiste surtout, que, dans toutes les opérations de la Chimie, on devait retrouver ce qu'on y avait mis.

C'est là sa découverte fondamentale, celle d'où découlent toutes les autres ; et, s'il arrive à expliquer comment se passent tous les phénomènes de la Chimie, c'est que, la balance à la main, il a étudié tous ces phénomènes, qu'il en a examiné les divers produits, qu'il a pesé tout ce qu'il employait et tout ce qu'il formait, méthode dont

QUATRIÈME LEÇON.

la Chimie est fière et qu'elle n'abandonnera certainement jamais.

Ce n'est pas tout, Messieurs, mais rappelez-vous que cette théorie est née en 1772, que depuis lors elle avait gagné chaque année une nouvelle certitude, et qu'en 1783, époque où elle était complète, où elle n'avait plus rien a acquérir, Lavoisier était encore seul de son opinion. Seul, je me trompe, Laplace la partageait, mais parmi les chimistes aucun ne s'était prononcé en sa faveur. Vous serez surpris et vous comprendrez peut-être les souffrances auxquelles est condamné le génie, en voyant, à l'époque dont je parle, quand ses idées étaient développées avec une clarté qui ne laissait rien à désirer, en voyant, dis-je, qu'à cette époque Lavoisier était en France sans aucun appui parmi les chimistes, et qu'à l'étranger personne ne partageait ses doctrines. Bergmann, qui vivait encore, lui faisait des objections telles qu'en vérité on a peine à les comprendre. En Angleterre, personne n'était de son avis.

Enfin le jour de la justice arrive pour lui, mais bien tard, car ce n'est qu'en 1787 que Fourcroy professe concurremment les deux théories et qu'il consent à les mettre en parallèle dans ses cours. Berthollet adopte celle de Lavoisier en 1787. Guyton Morveau mettait en avant vers la même époque une nouvelle nomenclature, mais il l'appliquait à la théorie du phlogistique. Lavoisier, après quelques discussions, finit par entraîner tous les suffrages, et obtint que la nomenclature nouvelle serait l'expression de ses doctrines. Ce fut un vrai triomphe pour lui ; car bientôt cette théorie si belle, exposée dans un langage si clair et si logique, obtint la faveur populaire et réunit tous les suffrages.

Après vous avoir montré ce que Lavoisier était devenu homme savant, quels services immenses il avait rendus au monde, il me reste à remplir une tâche bien douloureuse : il me reste à vous exposer comment cette vie si belle, si pure, fut brusquement tranchée. Vous ne pouvez vous faire une idée de l'émotion qu'on éprouve quand on a parcouru, comme je viens de le faire, ses Mémoires, l'honneur de la France, quand on a suivi, pas à pas, cette existence si pleine, si dévouée aux sciences et au bien public, vous ne pouvez, dis-je, vous faire une idée de l'émotion qui saisit au cœur, quand on ouvre l'ouvrage dont il s'occupait au moment de sa mort. Sa théorie était complète alors, mais il avait besoin de la résumer, d'en présenter les bases fondamentales à la postérité. Ce besoin était devenu plus impérieux que jamais, car à cette époque, par un de ces retours dont vous avez vu plus d'un exemple, la théorie de Lavoisier n'était plus celle de Lavoisier, c'était celle des *chimistes français*. On confondait l'établissement de la nomenclature avec la découverte des faits et l'invention des idées qu'elle représente. Ainsi Lavoisier, après avoir vu sa doctrine contestée sous le rapport de l'invention, la voyait encore s'échapper de ses mains par un partage auquel tous les chimistes de son temps étaient appelés.

Ce nouveau coup lui fut très-pénible. « Cette théorie n'est pas, comme je l'entends dire, celle des *chimistes français*, elle est la MIENNE, s'écrie-t-il, dans une réclamation écrite presque au pied de l'échafaud. C'est une propriété que je réclame auprès de mes contemporains et de la postérité. »

À cet égard tout nuage a disparu et ses mânes doivent être apaisées.

Alors il conçut la pensée de former un recueil de tous ses Mémoires, afin de donner au public les moyens d'apprécier si cette doctrine lui appartenait ou non. Si cet ouvrage était complet, nous pourrions parcourir d'un seul coup d'œil la série de ses recherches, et ma tâche eût été plus facile ; mais, au moment même où il s'occupait de sa publication, la mort, une mort affreuse, vint le frapper, et ce recueil incomplet demeure comme le monument le plus touchant que l'on puisse rencontrer dans l'histoire des sciences. Rien n'est douloureux à voir comme cet ouvrage dont le second volume seul est entier, et dont le premier et le troisième en train de s'imprimer semblent tranchés par la même hache qui frappait leur auteur !... La phrase est coupée là où se trouvait sa plume au moment où le bourreau vint le saisir. Je le répète, il n'est point d'émotion comparable à celle-là ; il n'est rien de plus dramatique an monde que la vue de ces funèbres pages, de ces pages inachevées, dont un voile de sang nous dérobe la suite.

Comment cet événement est-il arrivé ? Comment Lavoisier, après une vie si honorable et si pure, a-t-il été conduit sur l'échafaud par les fureurs de la Révolution ? Hélas ! c'est une chose toute simple !

Lavoisier était fermier général et comme tel il fut compris dans la prescription qui les atteignit tous. Il connut son péril, mais, dans le moment même où la mort planait sur sa tête, il continuait encore

QUATRIÈME LEÇON.

ses travaux ; il poursuivait, il hâtait l'impression de ses œuvres avec un calme, une sérénité dignes des temps antiques. Peut-être pensa-t-il qu'il était au-dessus du péril, et que sa réputation, sa gloire, exigeraient quelque prétexte raisonnable à son accusation. Confiance funeste ! Le prétexte ne manqua pas : on se contentait si aisément alors.

En 1794, le 2 mai, un membre de la Convention, nommé Dupin, ancien commis de son beau-père, vint porter à cette Assemblée un acte d'accusation contre tous les fermiers généraux ; Lavoisier s'y trouva compris. Peu de jours après, le rapport est lu et changé par Fouquier-Thinville en un acte d'accusation près le tribunal révolutionnaire.

Lavoisier était de garde, il apprend le danger qui menace sa tête, on le prévient qu'il va être arrêté. Moment cruel ! Que devenir ? Que faire ? Représentez-vous le grand homme proscrit, isolé tout à coup, déjà retranché de la société par ce décret funeste, n'osant plus rentrer chez lui, errant dans ce Paris où il n'est plus d'asile qu'il puisse réclamer, qu'il ose accepter, car il porte la mort avec lui.

Le hasard lui fait rencontrer un homme que vous avez connu, un homme de cœur, notre vieux Lucas de l'Académie et du Jardin des Plantes. Lucas prend Lavoisier, l'emmène avec lui et le cache au Louvre dans le cabinet le plus retiré du secrétariat de l'Académie des Sciences qui était déjà détruite elle-même. Circonstance touchante, comme si cette Académie que Lavoisier avait tant illustrée, où il avait jeté tant d'éclat, se ranimant tout à coup au péril qui menace sa tête, ouvrait son sein, pour y cacher son bienaimé ou pour recueillir au moins les pensées solennelles de ses dernières heures !

Lavoisier passe un jour ou deux tout au plus dans cette retraite ; il apprend que ses collègues sont arrêtés, que son beau-père est arrêté. Il n'hésite plus, il s'arrache à l'asile qu'on lui avait ouvert et va se constituer prisonnier. Le 6 mai, il est condamné à mort, et le 8 mai, jour de funeste mémoire, il monte à l'échafaud.

Le tribunal, s'il est permis de profaner ainsi ce nom, le tribunal n'hésite pas un instant : pour lui Lavoisier n'est qu'un chiffre. Ce n'est point Lavoisier qu'on a condamné, c'est le fermier-général numéro 5, sans plus d'attention ; et c'est peut-être cette indifférence imprévue pour lui qui a causé sa perte. D'autres ont échappé au même péril à la faveur des démarches les plus actives ; mais lui et les siens n'ont pu s'imaginer que cette gloire, dont ils sentaient tout le poids, n'aurait aucune espèce d'influence sur ses juges ; ils se sont trompés.

Il fut condamné, comme tous ses collègues, sous le prétexte le plus puéril, mais il n'en fallait pas d'autre à cette époque… L'arrêt porte :

« Condamné à mort, comme convaincu d'être auteur ou complice d'un complot qui a existé contre le peuple français, tendant à favoriser le succès des ennemis de la France ; notamment en exerçant toute espèce d'exactions et de concussions sur le peuple français, en mêlant au tabac de l'eau et des ingrédients nuisibles à la santé des citoyens qui en faisaient usage. » Vous n'ignorez point que, dans la fermentation du tabac, il est nécessaire d'ajouter une certaine quantité d'eau ; c'est, parce qu'un ancien commis vint assurer, et sans preuve aucune, qu'on en avait mis trop, que les fermiers généraux furent condamnés à mort.

On dit que Lavoisier, condamnée mort, aurait demandé un sursis, sous prétexte de terminer quelques expériences importantes et que ce sursis lui fut refusé ; cela paraît douteux. Lavoisier est mort, comme on mourait alors, avec calme et résignation, en même temps que ses collègues, avec le même sentiment qui l'avait porté à venir partager leur captivité.

On dit aussi qu'une députation du Lycée des Arts vint lui offrir une couronne, la veille de sa mort, dans sa prison. C'eût été là, Messieurs, une pauvre jonglerie, peu digne d'une circonstance aussi douloureuse ; mais je crois pouvoir assurer que le fait n'est point vrai, car, parmi les personnes qui auraient figuré dans cette scène théâtrale, se trouve désigné Cuvier qui, à cette époque, n'était pas encore à Paris.

Un fait bien digne d'être remarqué et qui, défiguré, a pu servir de base à cette anecdote, c'est la démarche d'un homme qui ne s'occupait point de Chimie, du docteur Hallé, dont les amis savent tous la bonté, le courage. Hallé apprend avec horreur que Lavoisier est arrêté ; d'une main tremblante, il rédige un rapport sur ses travaux où il essaye de retracer les services qu'il a rendus à

QUATRIÈME LEÇON.

la société ; il lit ce rapport au Lycée des Arts, il distribue cet écrit ; mais rien n'arrête le terrible tribunal.

Parmi les chimistes du temps, un seul osa se permettre des démarches actives et pressantes : c'est Loysel, l'auteur d'un ouvrage estimable sur l'art du verrier ; mais ses démarches furent vaines et peut-être, pour l'honneur de l'humanité, convient-il d'ensevelir dans l'oubli la réponse froide et sardonique qui les accueillit.

Quelques personnes vous diront : Oui la mort de Lavoisier fut un crime abominable, un malheur publie ; mais du moins la Philosophie n'y a-t-elle rien perdu ; son système était complet, achevé ; il se fût reposé désormais.

Hélas ! Messieurs, cette consolation, tant faible soit-elle, cette consolation même nous manque !

Sans doute, le cercle tracé par Lavoisier se trouvait fermé, sans doute l'esprit humain s'y débattra longtemps encore avant d'en sortir ; mais, loin d'être épuisé, son génie semblait se ranimer d'un nouveau feu, et ces chaînes qu'il nous a forgées, sa main les eût soulevées en se jouant.

Lisez ses œuvres et vous verrez qu'ici Lavoisier se promet de terminer bientôt ses expériences sur la chaleur produite par la combinaison des corps ; que là il annonce qu'il va s'occuper d'une étude attentive de l'affinité, d'après des vues qui lui sont propres ; qu'ailleurs il parle d'un grand travail sur la fermentation, travail terminé, dont nous ne connaissons qu'une faible partie.

Lisez ses œuvres, Messieurs, et votre douleur repoussera toute consolation, car vous y lirez :

« Ce n'est point ici le lieu d'entrer dans aucun détail sur les corps organisés ; c'est à dessein que j'ai évité de m'en occuper dans cet ouvrage, et c'est ce qui m'a empêché de parler des phénomènes de la respiration, de la sanctification et de la chaleur animale.

» JE REVIENDRAI UN JOUR SUR CES OBJETS. »

Ces lignes s'imprimaient en 1793 ; une année après il n'était plus !

Maintenant, Messieurs, vous connaissez la vie de Lavoisier tout entière, car nous avons cédé, vous et moi, à une impulsion irrésistible. Votre émotion m'a maîtrisé ; tous les sentiments qui remplissaient mon cœur se sont fait jour, et l'on m'accusera peut-être d'avoir tenté l'éloge de Lavoisier ! Hélas, Messieurs, cette témérité était loin de ma pensée, et cependant je ne voudrais rappeler aucune des paroles échappées de mes lèvres. Vous me comprendrez, car il ne me reste plus qu'une réflexion a ajouter, et cette réflexion est triste, elle est pénible à faire. Après une vie si honorable, après une mort si cruelle, qu'avons-nous fait pour Lavoisier ? Qu'a fait la France pour Lavoisier ? Où trouver un monument qui rappelle sa mémoire, un simple buste qui lui soit consacré ? La France, hélas ! semble l'avoir oublié. Nous ne possédons qu'un portrait de Lavoisier : c'est tout ce qui nous reste de lui, un portrait de famille peint par David.

Mais si les monuments se taisent, l'univers nous redit sans cesse son nom. L'air, l'eau, la terre, les métaux, c'est lui qui nous en a fait connaître la nature. La combustion des corps, la respiration des animaux, la fermentation des matières organiques, c'est lui qui nous a révélé les lois et dévoilé les mystères.

Les hommes ne lui ont élevé aucun monument de bronze ou de marbre, mais il s'en est érigé lui-même un moins périssable : c'est la Chimie tout entière. Comme il domine, comme il maîtrise encore cette science ! Ne voyez-vous pas son ombre planer sur elle ? Ne la voyez-vous pas grandir, s'élever sans cesse, comme si chacun de nos efforts, chacune de nos découvertes, continuant son œuvre, devait tourner encore au profit de sa gloire ?

On vous a dit souvent : La théorie de Lavoisier est modifiée ; elle est renversée !

Erreur, Messieurs, erreur ! non, cela n'est pas vrai ! Lavoisier est intact, impénétrable, son armure d'acier n'est pas entamée.

Lavoisier a composé la monographie de l'oxygène. Plus tard, on a calqué sur elle la monographie du chlore, celle du soufre et successivement celle de tous les corps analogues. Et ces travaux, qu'on a quelquefois opposés aux siens, n'ont paru le combattre qu'alors qu'ils étaient mal compris.

Qu'il me serait facile de le prouver et quel bonheur je mettrais à le faire, si l'occasion s'en présentait, si la nécessité s'en faisait sentir !

Aussi, Messieurs, si l'on vous demande quel est le monument que la cendre de Lavoisier réclame, répondez sans crainte : c'est une édition complète de ses œuvres. C'est là ce dont il s'occupait quand la mort est venue le frapper ; c'est là le dernier vœu de son agonie. Il serait facile d'établir l'ordre qu'il avait le désir de suivre lui-même, car les portions qu'il avait déjà imprimées serviraient de guide dans ce classement.

Permettez-moi d'ajouter, et ce n'est pas là une vaine promesse arrachée à l'émotion dont je suis accablé, permettez-moi d'ajouter que je publierai cette édition des œuvres de Lavoisier ; que je doterai les chimistes de leur évangile.

Puisse cette publication, cet hommage, faible expression des sentiments de vénération qui remplissent mon âme, puisse cette tentative isolée, réveiller les souvenirs, exciter le zèle de personnes plus haut placées. Mieux que moi, elles élèveront à Lavoisier un monument digne de la France, un monument qui puisse exprimer à la postérité notre profonde admiration pour son génie et notre douleur éternelle pour sa mort-prématurée.

CINQUIÈME LEÇON.

Résumé de la théorie de Lavoisier. — Réflexions sur les sels. — Rouelle. — Wenzel. — Richter et sa loi. — Proust. — Dalton et sa théorie des multiples. — Équivalents chimiques.

MESSIEURS,

Rien ne peut aujourd'hui nous donner une idée de l'enthousiasme avec lequel l'Europe savante accueillit les opinions de Lavoisier, une fois que leur adoption par les principaux membres de l'Académie des Sciences les eut sanctionnées. Les esprits les plus timides, ceux qui répugnaient le plus à se jeter dans une direction nouvelle, rassurés par cette haute approbation, se laissèrent séduire, et essayèrent de se mettre au courant des doctrines qu'on préconisait maintenant avec tant d'ardeur. Et, dès que le premier effort pour s'approprier ces idées, ce langage, était accompli, les partisans les plus rebelles de l'ancienne Chimie, reconnaissant bientôt toute la supériorité des nouvelles opinions, s'empressaient de les adopter à leur tour et en devenaient souvent les prôneurs les plus enthousiastes.

Comment n'être point dominé, en effet, quand, à la place de cette Chimie conventionnelle, de ses explications contradictoires, de sa nature confuse, Lavoisier vous offrait une Chimie vraie, dont les théories nettes et logiques, perçant à jour, du même coup, tous les phénomènes naturels, expliquaient non-seulement tout ce que l'observation avait appris aux hommes, mais même tout ce que l'imagination la plus active pouvait inventer.

Comment n'être point séduit quand, à l'époque même où Schéele, Priestley bégayaient leurs essais de théories, Lavoisier se levait en France et prononçait ces paroles si simples, mais si solennelles :

Le phlogistique n'existe pas ;

L'air du feu, l'air déphlogistiqué est un corps simple ;

C'est lui qui se combine avec les métaux que vous calciné ;

C'est lui qui transforme le soufre, le phosphore, le charbon en acides ;

C'est lui qui constitue la partie active de l'air : il alimente la flamme qui nous éclaire, le foyer qui nous alimente ;

C'est lui qui, dans la respiration des animaux change leur sang veineux en sang altériel, en même temps qu'il développe la chaleur qui leur est propre ;

Il forme partie essentielle de la croûte du globe tout entière, de l'eau, des plantes et des animaux ;

Présent dans tous les phénomènes naturels, sans cesse en mouvement, il revêt mille formes ; mais je ne le perds jamais de vue et puis toujours le faire reparaître à mon gré, quelque caché qu'il soit ;

Dans cet être éternel, impérissable, qui peut changer de place, mais qui ne peut rien gagner ni rien perdre, que ma balance poursuit et retrouve toujours le même, il faut voir l'image de la matière en général ;

Car toutes les espèces de matière partagent avec lui ces propriétés fondamentales et sont comme lui éternelles, impérissables ; elles peuvent comme lui changer de place, mais non de poids, et la balance les suit sans peine à travers toutes leurs modifications les plus surprenantes.

Réfléchissez un instant, Messieurs, et vous verrez qu'en quelques

CINQUIÈME LEÇON.

phrases Lavoisier venait d'anéantir toutes les imaginations dont la vanité des écoles philosophiques se berçait depuis deux mille années, tout comme il venait d'anéantir les doctrines fausses qu'une expérience incomplète avait suggérées à Stahl.

Méditez-les ces phrases, et vous verrez que Lavoisier vous dévoile toutes les harmonies de la nature tangible, comme Newton avait révélé celles de tous les mondes visibles. Vous verrez qu'il vous explique tous les phénomènes qui se passent à la portée de votre main, ou du moins qu'il vous dote d'un instrument qui vous permet d'en trouver vous-mêmes l'explication sans difficulté.

Vous verrez, et nul chimiste ne l'ignore aujourd'hui, que, pour trouver une théorie vraie, il suffit de l'analyse rigoureuse des matières employées et produites dans les phénomènes dont on cherche l'explication ; que toute la Chimie repose sur ces analyses pondérales, et que c'est la balance qui fait ou défait toutes nos théories. Vous demeurerez convaincus que Lavoisier a non-seulement découvert l'explication vraie des phénomènes chimiques, mais qu'il a doté les chimistes d'une *méthode d'observation* qui leur manquait et dont ils peuvent tous faire un égal profit.

Vous comprendrez alors cette séduction, cette fascination que notre grand Lavoisier a exercée sur son siècle. Vous la comprendrez mieux encore si j'ajoute qu'en s'attachant avec une persévérance singulière à l'étude de l'air, de l'eau, de l'acide carbonique et du charbon, Lavoisier avait fait choix de quatre corps discernés entre beaucoup d'autres avec une merveilleuse sagacité, puisque c'est par eux que s'accomplissent tous les phénomènes de la vie des animaux et des plantes.

Non-seulement ces corps jouent un grand rôle dans les corps bruts, dans la formation ou l'altération des produits qui constituent la croûte du globe ; mais, on peut le dire hardiment, sans leur présence, sans leurs admirables rapports, la vie n'aurait jamais paru à la surface de la terre ; elle n'y eût pas rencontré la matière obéissante qu'elle façonne avec tant d'art et de facilité.

Ce sont ces quatre corps, en effet, qui, s'animant aux feux du soleil, le véritable flambeau de Prométhée, se montrent, sur la terre, les agents éternels de l'organisation du sentiment, du mouvement et de la pensée. Ce sont ces quatre corps, qui, par leurs réactions, leurs combinaisons et leurs décompositions sans cesse renouvelées, demeurent, à la surface de notre globe, les agents éternels de la vie, de l'activité intellectuelle et du bonheur moral.

Spectacle sublime, qui, dès le début de la doctrine nouvelle, en révélait au monde les hautes destinées !

Et pourtant ce n'était point la que devaient se borner les découvertes de la Chimie moderne. Il existe des lois que Lavoisier n'a point connues et qu'il aurait pu découvrir néanmoins si les grands phénomènes à l'étude desquels il avait consacré sa vie n'eussent absorbé toute son attention, ou peut-être si sa vie se fût assez prolongée pour lui laisser le loisir de les aborder.

Je veux parler de ces belles théories qui sont maintenant familières à tous ceux qui cultivent les sciences, de cette théorie des équivalents chimiques, de cette théorie des atomes, nées, comme la doctrine de Lavoisier, d'un emploi soutenu de la balance, et qui tôt ou tard se fussent offertes à son esprit attentif ou seraient sorties de ses expériences si minutieusement exactes.

Non-seulement ce n'est point à lui que fut réservé l'honneur de découvrir ces belles lois de la nature, mais elles ne se sont pas révélées au monde par une étude des composés qui ont le plus particulièrement attiré son attention. On peut même assurer aujourd'hui que, tant qu'on se serait occupé exclusivement de l'examen des corps que Lavoisier et ses contemporains étudiaient avec tant d'ardeur et de persévérance, la théorie des équivalents devait demeurer inaperçue.

En vous exposant les faits observés par Schéele et Priestley, en mettant sous vos yeux les lois découvertes par Lavoisier, je vous ai montré, en effet, comment de l'étude des composés binaires oxygénés, acides ou basiques, sont sorties toutes les lois que je vous ai rappelées. Les composés plus compliqués, les sels attirent l'attention des chimistes de l'école de Lavoisier, et, leur nature une fois expliquée, on ne s'en occupe plus.

Cependant les sels peuvent être envisagés aussi comme de véritables composés binaires, c'est-à-dire comme résultant de l'union d'un acide avec une base, sans s'inquiéter de la nature de ceux-ci. Qui empêchait de prendre les acides et les bases, de les mettre en présence et d'examiner les résultats de leur action

CINQUIÈME LEÇON.

réciproque ? Pourquoi se borner à l'examen des combinaisons par lesquelles l'action chimique commence, qui s'effectuent entre des éléments, et où les affinités demeurent toujours imparfaitement satisfaites ? Pourquoi négliger l'étude des combinaisons par lesquelles l'action chimique finit, qui s'effectuent entre des corps déjà composés eux-mêmes, et où les affinités mieux balancées se mettent dans un équilibre presque parfait ? N'avait-on pas l'organe du goût, n'avait-on pas même des réactifs plus sensibles pour reconnaître cet équilibre, pour fixer d'une manière certaine les proportions d'où résultent les composés que leur neutralité rend comparables ? C'est un avantage dont on est dépourvu dans l'étude des composés binaires qui ont occupé Lavoisier, et dans l'étude desquels il a cherché la théorie générale de la Science.

Je le répète encore, les sels peuvent se présenter sous la forme de véritables binaires. Ainsi l'acide borique et la potasse, qui tous deux étaient inconnus dans leur nature réelle, pouvaient très-bien être étudiés dans leur action réciproque, et rien n'empêchait de constater les phénomènes qui accompagnent ordinairement la formation du borate de potasse. Aujourd'hui même, les alcalis végétaux ne nous offrent-ils pas l'exemple de composés dont l'essence est ignorée, et qui comme bases sont néanmoins parfaitement connus ? Que pouvez-vous dire sur leur nature intime ? Bien, ou tout au plus de vagues suppositions. N'en est-il pas de même de la plupart des acides organiques ? Leur nature intime ne demeure-t-elle pas inconnue jusqu'ici ? Oui sans doute, et pourtant on sait fort bien définir la nature des combinaisons salines formées par les alcalis végétaux, aussi bien que celles qui sont produites par les acides organiques, et l'on peut y appliquer les règles générales qui permettent de prévoir les réactions des sels, avec tout autant de certitude que s'il s'agissait des bases ou des acides minéraux les mieux connus dans leur composition intime.

Pourquoi donc, sans s'embarrasser de la nature même des corps basiques ou acides, n'a-t-on pas cherché autrefois dans l'étude de leurs combinaisons la clef de la nature de l'action chimique et de ses effets ? C'est qu'en général l'action chimique qui se passe entre les acides et les bases est une action obscure et faible ; c'est qu'elle ne se produit pour ainsi dire jamais d'elle-même à la surface du globe, et qu'il faut l'exciter ; c'est, en un mot, qu'elle ne se rattache à l'explication d'aucun des phénomènes naturels dont l'éclat fixait depuis longtemps l'attention des philosophes.

On pouvait penser, il y a soixante ans, qu'il n'y avait rien de commun entre l'action réciproque d'un acide et d'une base et l'action qui s'opère dans la combustion ou la respiration. On pouvait craindre que, cette réaction une fois expliquée, le rôle de l'air ou celui de l'eau dans les réactions qui, sans cesse renouvelées sous nos yeux, donnent une idée si haute de la puissance des forces chimiques, n'en fût pas mieux compris.

On se trompait pourtant, et tandis que, séduits par l'éclat des grands phénomènes de la nature, on s'obstinait à leur demander les lois de l'action chimique, une heureuse inspiration conduisait à les découvrir dans l'étude de ces actions obscures et dédaignées qui ont lieu dans la production ou la décomposition des sels.

Étudiez du reste avec soin la marche des sciences, et vous verrez qu'il est bien rare qu'on parvienne à saisir les lois d'une classe de phénomènes en étudiant ceux où l'action se présente avec sa plus haute intensité. C'est ordinairement le contraire que l'on observe, et c'est presque toujours par l'analyse patiente d'un phénomène faible ou lent qu'on parvient à trouver les lois de ceux qui échappaient d'abord à cette analyse, en raison même de leur énergie ou de leur rapidité. N'oublions pas que c'est en cherchant la cause de la chute d'une pomme que Newton découvrit les lois qui régissent l'univers, ces lois magnifiques qu'une étude approfondie du mouvement des astres n'avait pas su lui dévoiler. Ainsi l'on peut prédire, par exemple, que, si nous avons quelque jour des idées nettes sur la nature de l'affinité chimique, nous les devrons bien plutôt à l'étude des actions chimiques les plus faibles qu'à celle des actions chimiques énergiques.

Toutefois, outre que ces sortes de choses ne se voient guère *a priori*, il y avait un motif qui pouvait écarter les chimistes de l'étude des sels.

Il faut se rappeler que les anciens chimistes entendaient par sels toute autre chose que ce qu'on appelle ainsi maintenant : c'était tout ce qu'il y a de plus confus.

D'abord les vrais sels ne leur étaient connus qu'en très-petit nombre ; ensuite ils les confondaient avec une multitude d'autres corps. Vous en jugerez quand je vous dirai que l'acide sulfurique ordinaire était, à leurs yeux, le vrai type des sels, et surtout quand je vous aurai déduit leurs motifs ; car vous pourriez croire, à ce simple énoncé, qu'ils avaient compris qu'on pouvait l'envisager comme un sulfate d'eau. Du tout : ils regardaient les sels comme formés d'eau et de terre, et comme devant par conséquent offrir des propriétés intermédiaires entre celles de ces deux sortes de corps. Or ils trouvaient dans l'acide sulfurique une densité plus grande que celle de l'eau et moindre que celle des terres. L'élévation de son point d'ébullition leur faisait penser que, tout en devant à l'eau qu'il contenait la propriété de se réduire en vapeur, l'influence de la terre nuisait à sa volatilité et rendait nécessaire l'emploi d'une bien plus haute température. Si dans certaines circonstances, que nous savons être aujourd'hui un état convenable d'hydratation, l'acide sulfurique peut cristalliser à une température supérieure à celle de la glace fondante, c'était, suivant eux, un effet de la terre qui tendait à se solidifier. Enfin, d'un autre côté, ils remarquaient, comme autant de preuves de sa ressemblance avec l'eau, que cet acide était limpide et incolore comme elle, que comme elle il se présentait ordinairement à l'état liquide, etc.

On distinguait alors les sels en trois classes : les sels acides, les sels alcalins et les sels moyens. Parmi les sels acides se trouvaient l'acide sulfurique, l'acide benzoïque et beaucoup d'autres ; les sels alcalins comprenaient les bases, et la classe des sels moyens renfermait les sels proprement dits.

Mais, direz-vous, ce sont là sans doute de vieilles idées chimiques ? Non ; je vous donne là même le résultat d'une Chimie vraiment moderne, car cette classification des sels est tout à fait contemporaine de Lavoisier.

Si nous cherchons comment nous sont venues nos connaissances positives sur les sels, et cette recherche n'est pas sans importance, nous voyons d'abord que les sels connus par les anciens étaient restreints aux suivants : les trois vitriols, le sel marin, le nitre, le natron, la potasse.

Jusqu'à Glauber, on n'avait connu pour ainsi dire que des sels naturels ; c'est lui qui, le premier, a mis en évidence l'existence de produits salins artificiels. En faisant connaître son *sel admirable*, notre sulfate de soude, et son *sel secret* ; qui n'est autre chose que du sulfate d'ammoniaque, il a donné l'éveil sur la possibilité d'en produire un grand nombre d'autres par les procédés de la Chimie.

Mais, pour trouver les premières vues saines sur la nature des sels, il ne faut pas remonter si haut. Rouelle me paraît le premier chimiste qui ait eu des idées justes à leur égard. À cette époque, on confondait sous le nom de *sel* à peu près tout ce qui pouvait cristalliser et se dissoudre dans l'eau. D'après cela, l'acide benzoïque figurait naturellement parmi les sels et faisait partie de ce que l'on appelait *sels simples*. Rouelle s'est appliqué à étudier ceux que l'on nommait *sels composés*. Embrassant dans l'idée générale de sel tout ce que l'on y comprenait de son temps et voulant préciser ceux qu'il avait en vue d'une manière spéciale, il désigne ceux-ci sous la dénomination de *sels neutres*, puis il les divise en trois classes : les sels neutres avec excès d'acide, les sels neutres avec excès de base et les sels neutres parfaits. Pour lui, un sel neutre est un acide combiné avec une substance quelconque qui lui donne une forme concrète ou solide. Voilà comment il est conduit à adopter les noms de *sels neutres acides* et de *sels neutres alcalins* ou *basiques*, qui maintenant vous étonnent et vous semblent tout à fait étranges. Ses sels neutres sont nos sels proprement dits ; ses sels neutres acides sont nos sels acides ; ses sels neutres basiques, nos sous-sels ; et ses sels neutres parfaits, nos véritables sels neutres. À l'appui de cette distinction, il établit d'une manière très-nette l'existence du sulfate acide de potasse et du sous-sulfate de mercure.

Rouelle trouva dans Baumé un adversaire opiniâtre, qui s'élève avec force et tout à fait à tort contre ses opinions et qui le contredit sur tous les points. Baumé prétendait que, des trois classes de sels neutres distingués par Rouelle, une seule était fondée, celle des sels neutres parfaits ; il n'admettait point de combinaisons particulières qui continssent un excès d'acide ou un excès de base. Toutes celles que l'on citait comme exemples ne provenaient, suivant lui, que d'un simple mélange d'un sel neutre parfait avec de l'acide libre ou une base libre ; de sorte qu'il aurait suffi d'enlever, soit par des lavages, soit par tout autre moyen analogue, cet acide libre ou cette base libre dont le sel était imprégné, pour que le résidu revint à l'état de neutralité parfaite. Rouelle le combattit vivement, mais il eut beaucoup de peine à faire admettre ses idées.

CINQUIÈME LEÇON.

Rouelle, qui d'ailleurs a laissé comme professeur de grands souvenirs, avait un esprit très-ardent. Il était né aux environs de Caen, d'une bonne famille, et avait fait ses premiers essais chimiques au feu de la forge, chez un maréchal son voisin. Étant venu à Paris, il y étudia les sciences, établit une pharmacie, fonda des cours particuliers et obtint les plus grands succès. En 1742, il fut nommé démonstrateur de Chimie au Jardin des Plantes, et deux ans après il entra à l'Académie. Il avait une manière de professer très-particulière. Il arrivait à son amphithéâtre en bel habit, perruque en tête et chapeau sous le bras. Il commençait posément ; bientôt il s'animait un peu et jetait son chapeau ; puis il s'échauffait davantage et jetait sa perruque, puis son habit, puis sa veste, puis sa cravate. Ah ! c'est alors que vous aviez le vrai Rouelle, l'homme du laboratoire, amoureux des belles expériences, sachant les faire réussir et exposant ses démonstrations avec une véhémence entraînante.

Il ne faut pas confondre Guillaume-François Rouelle, le chimiste dont je viens de vous entretenir, avec son frère Hilaire-Marin Rouelle, appelé Rouelle le jeune, qui lui succéda en 1770. Ce dernier est connu par quelques travaux de Chimie organique.

Ce qui manqua à Rouelle l'aîné, pour tirer de l'examen des sels tout le parti que ce genre de travail aurait pu lui offrir, ce fut de les étudier la balance à la main. S'il avait employé la balance pour en approfondir la nature, il aurait été conduit à des résultats du plus haut intérêt en raison de leur généralité ; mais il se borna à classer nettement les sels qu'il connaissait, d'après des rapports qualitatifs exacts. La balance ne fut appliquée à cette classe de corps que du temps de Lavoisier, et non par Lavoisier lui-même, mais par un chimiste allemand, par Wenzel, qui, malgré des travaux fort importants, est demeuré presque inconnu.

Ce fut en 1740, vers le temps qui vit naître Schéele et Lavoisier, que naquit à Dresde Charles-Frédéric Wenzel. Son père, qui était relieur, l'occupa d'abord aux travaux de sa profession ; mais, à quinze ans, le jeune Wenzel s'échappa de la maison paternelle et s'abandonna aux chances d'une vie aventureuse. Il arriva en Hollande, apprit à Amsterdam la Pharmacie et la Chirurgie, fit un voyage en Groënland et obtint le titre de chirurgien de la narine hollandaise. Revenu en Saxe, il étudia les sciences à Leipzig, en

1766, et fut couronné par la Société de Copenhague, pour un Mémoire sur la réverbération des métaux. En 1780, il fut appelé à diriger les mines de Freyberg et occupa cet emploi jusqu'à sa mort, arrivée treize ans après. Quelque temps auparavant il avait publié l'ouvrage qui fait la base de sa réputation.

Cet ouvrage, intitulé : *Leçons sur l'affinité* (*Lehre von dem Verwandschaften der Korper*), parut en 1777. Il y expose le résultat de ses observations sur la double décomposition des sels et donne une explication nette et exacte de la permanence de la neutralité qui s'observe après la décomposition mutuelle de deux sels neutres. À l'aide d'analyses d'une admirable précision, il prouve que cet effet provient de ce que les quantités de bases qui saturent un même poids d'un acide quelconque saturent aussi des poids égaux de tout autre acide.

Ainsi voilà du sulfate de soude en dissolution et, d'autre part, de l'azotate de baryte. Les deux liqueurs sont parfaitement neutres ; elles n'ont aucune action sur le papier bleu de tournesol et sur le papier rougi. Je les mêle : aussitôt il y a décomposition et formation d'un précipité abondant. C'est du sulfate de baryte qui se dépose, tandis que de l'azotate de soude reste en dissolution. Que j'y plonge les papiers colorés, ils n'éprouveront aucune altération dans leur teinte, tout comme avant la réaction. Pourquoi les deux bases après l'échange de leur acide, pourquoi les deux acides après l'échange de leur base, se trouvent-ils encore exactement neutralisés ? C'est que la quantité de soude, qui formait un sel neutre avec l'acide sulfurique saisi par la baryte, sature précisément la quantité d'acide azotique abandonnée par cette base ; c'est que les quantités de soude et de baryte, qui neutralisent la même quantité d'acide sulfurique, exigent aussi pour se neutraliser la même quantité d'acide azotique.

Telle est, en effet, la conséquence que Wenzel a été conduit à établir d'une manière générale. Ses expériences se font surtout remarquer par l'exactitude des résultats numériques. Sous ce rapport, ses analyses sont comparables à celles que l'on fait de nos jours. Cependant, que de moyens pour ce genre de recherches nous possédons aujourd'hui et dont il était dépourvu ! Que de ressources sont maintenant entre nos mains et dont il ignorait l'existence ! Comparé aux chimistes de son temps, on voit que

CINQUIÈME LEÇON.

non-seulement il leur a donné l'exemple d'une précision inconnue, mais qu'il n'a été égalé par aucun d'eux ; ceux-là mêmes qui vinrent s'occuper ensuite de recherches semblables, bien loin d'atteindre son exactitude, en sont restés à une grande distance.

Wenzel nous offre un exemple frappant du grand avantage que donnent les théories préconçues, quand elles sont justes et qu'elles sont appliquées par un esprit vraiment dévoué au culte de la vérité. En effet, aussitôt qu'il eut conçu la loi qu'il a cherché à prouver par ses analyses multipliées, il s'en servit comme guide et comme moyen de vérification pour toutes ses opérations. Il fut obligé de perfectionner les méthodes analytiques qu'il avait employées d'abord : il apprit à distinguer les bons procédés, à écarter les mauvais ; car, pour lui, chaque analyse n'était plus un fait isolé, et, pour vérifier ses opinions sur la double décomposition de deux sels, il fallait exécuter une analyse vraiment parfaite des quatre sels que leurs bases et leurs acides peuvent former. Le moindre écart de l'expérience était tout de suite indiqué par la théorie, et l'observateur averti remontait facilement à la cause d'erreur qui avait d'abord échappé à son attention.

Wenzel partait donc de ce principe, que les éléments des deux sels employés devaient se retrouver dans les deux sels produits ; rien ne devait se perdre, rien ne devait se créer dans la réaction. Ce principe fécond, origine de toutes les découvertes de Lavoisier, conduisit donc aussi Wenzel à reconnaître les premières lois de la Statique chimique. En Allemagne, comme en France, il mit la balance en honneur parmi les chimistes, qui, malgré soixante ans de travail assidu, sont loin d'en avoir tiré toutes les vérités qu'elle peut nous apprendre.

Quand on met en parallèle la beauté du résultat de Wenzel et l'exactitude de ses recherches avec le peu de succès que son ouvrage a obtenu, on a lieu d'en être surpris. Son livre ne fit aucun bruit dans la Science ; il tomba bientôt dans l'oubli, et le nom de Wenzel resta même longtemps inconnu en France. C'est que les brillantes découvertes de Lavoisier, qui occupaient alors tous les esprits, éclipsèrent complètement celles du chimiste saxon, qui reposaient sur une base plus modeste, quoique non moins importante.

Wenzel doit conserver la gloire entière et pure d'avoir établi que, dans les réactions des sels, rien ne se perd, rien ne se crée, soit comme matière, soit comme *force chimique*. C'est là une des plus belles applications de la balance. D'ailleurs il a ouvert la route aux analyses de précision par la voie humide, en même temps qu'il s'est montré dans ce genre de recherches l'un des modèles les plus accomplis.

Très-peu après, et pour ainsi dire en même temps, nous trouvons, toujours en Allemagne (car en France Lavoisier absorbait tous les esprits), un chimiste qui marcha dans la même direction que Wenzel, mais non avec la même rectitude et la même précision.

C'est Richter, chimiste de Berlin, qui, mêlant à des faits exacts de nombreuses erreurs théoriques, jeta beaucoup d'obscurité sur les questions que Wenzel avait commencé à éclairer.

Après avoir examiné et étendu la loi de Wenzel, il chercha à déterminer les rapports suivant lesquels toutes les bases et tous les acides se combinent pour former des sels neutres, et fit connaître les résultats de ses nombreuses expériences dans un ouvrage périodique curieux qu'il publia, en 1792, sous le nom de *Abhandlung über die neuere Gegenstand von der Chemie*, ou *Considérations sur les nouveaux objets de la Chimie*. Richter a compris toute l'importance des nombres que nous appelons *équivalents* ou *proportionnels* ; il a créé ce qu'en Allemagne on appelle la *stœchiométrie*. On peut toutefois résumer en peu de mots le résultat principal de ses expériences. C'est d'ailleurs le même auquel Wenzel était parvenu.

En effet, soient A et B deux acides pris en quantités convenables pour saturer une quantité de base a, on aura deux sels neutres Aa, Ba. Soit maintenant une nouvelle base b, capable de saturer A et de faire un sel neutre Ab ; Wenzel et Richter nous ont appris à prévoir qu'elle saturerait aussi B et produirait un sel neutre Bb.

Richter a mis une grande attention à déterminer les quantités équivalentes des bases et des acides, il y a consacré dix ou douze années de travail ; mais, cherchant à tout prix des lois mathématiques pour la Chimie, il crut découvrir que les nombres équivalents des bases faisaient partie d'une progression arithmétique, tandis que les équivalents des acides appartenaient à une progression géométrique. Il ne formait pas avec les nombres qu'il avait obtenus une série continue, ni pour les acides, ni pour les bases ; il admettait seulement que ces nombres appartenaient à des progressions dans lesquelles manquaient beaucoup de termes intermédiaires. Ainsi il ne s'apercevait pas que, par cela seul que c'étaient des nombres différents, il était possible, quels qu'ils fussent d'ailleurs, de trouver une progression, soit arithmétique, soit géométrique, dont la raison fût convenablement choisie pour qu'ils s'y trouvassent tous renfermés. Pour faire rentrer les résultats numériques que l'expérience lui donnait dans les deux séries qu'il avait adoptées, il n'hésitait pas d'ailleurs à les corriger. Ajoutez à cela qu'il était loin d'avoir l'habileté de Wenzel et de s'être créé des procédés aussi exacts, et vous ne serez plus surpris des singulières conséquences qu'il a déduites de ses recherches. Vous pouvez du reste juger de leur degré de précision par le tableau placé sous vos yeux.

	Richter.	Nombre vrai.
Acide fluorisée	213	275
» carbonique	288	276
» muriatique	306	242
» oxalique	377	451
» phosphorique	488	446
» formique	494	463
» sulfurique	500	501
» succinique	604	627
» nitrique	702	677
» acétique	740	641
» citrique	841	727
» tartrique	847	834
Magnésie	307	256
Ammoniaque	336	214
Chaux	396	356
Soude	429	390
Strontiane	664	647
Potasse	802	589

Baryte	1111	956
Alumine	262	214

Toutefois le nom de Richter se trouve lié pour toujours à l'histoire des sels, par une découverte remarquable dont il a donné l'explication véritable, quoique en termes confus. Il s'agit de la précipitation des métaux les uns par les autres, de leurs dissolutions salines. Richter s'est assuré que la neutralité ne change pas pendant l'accomplissement de ce phénomène, ce qui fournit une nouvelle base à la doctrine des équivalents chimiques.

Si, comme on l'a fait ici, on met une dissolution d'azotate d'argent en contact avec une lame de cuivre, l'argent se précipite peu à peu, tandis que la liqueur se colore en bleu et renferme bientôt de l'azotate de cuivre pur ; si le sel d'argent était neutre, celui-ci l'est également. Prenez maintenant cet azotate de cuivre et ajoutez-y une lame de zinc, le cuivre se déposera à son tour, et il se formera un azotate de zinc qui conservera la neutralité du sel de cuivre. Substituez à l'azotate de cuivre de l'azotate de plomb ou du chlorure d'étain et plongez-y de même une lame de zinc, un effet semblable se produira encore ; et dans tous les cas, quel que soit l'acide, la précipitation du métal et son remplacement par un autre laisseront la dissolution à l'état de saturation où elle était avant l'expérience. C'est que les quantités de ces différents métaux, qui se remplacent vis-à-vis de l'oxygène, donnent ainsi naissance à des quantités d'oxydes qui peuvent aussi se remplacer elles-mêmes vis-à-vis des acides, sans que le degré de saturation s'en trouve modifié ; de sorte que, si dans l'azotate d'argent neutre on remplace 1350 de ce métal par 396 de cuivre, ou 339 de fer, ou 403 de zinc, ou 1294 de plomb, non-seulement le nouveau métal se trouvera en quantité précisément convenable pour former un oxyde avec l'oxygène qui d'abord était combiné avec l'argent, mais, de plus, le nouvel oxyde ainsi produit se trouvera aussi en quantité exactement convenable pour neutraliser l'acide azotique qui était auparavant uni à l'oxyde d'argent.

Ainsi l'on a, dans tout genre de sels, deux nombres constants, ceux qui représentent l'acide et l'oxygène de la base, et un nombre variable, celui qui exprime le poids du métal. Dans le cas dont il s'agit, on trouverait, pour la composition des azotates cités :

Acide azotique.	Oxygène de la base.	Métal.	
677	100	1350	argent.
677	100	396	cuivre.
677	100	330	fer.
677	100	403	zinc.
677	100	1294	plomb, etc.

Richter a donc bien connu qu'entre l'oxygène de la base et le poids de l'acide il existe un rapport constant pour tous les sels du même genre et au même état de saturation. Mais Richter voulait conserver le langage de la théorie du phlogistique, tout en admettant les doctrines de Lavoisier, et l'on peut croire que l'obscurité de son langage jointe à l'obscurité de ses vues eût longtemps empêché celles-ci de se faire jour, si M. Berzélius ne se fût chargé de lui rendre justice.

Les observations de Wenzel et celles de Richter sur la constance des rapports suivant lesquels se remplacent les bases dans leurs combinaisons avec les acides, et les acides dans leurs combinaisons avec les bases, et sur la substance des rapports suivant lesquels les métaux se constituent les uns aux autres, étaient du plus haut intérêt. On pourrait donc croire que ces résultats frappèrent immédiatement tous les chimistes ; mais il n'en fut rien, et plusieurs causes y contribuèrent. D'abord, à cette époque, comme je l'ai déjà dit, le système de Lavoisier était presque le seul objet des méditations et des discussions des chimistes. De plus, les erreurs qui accompagnaient les découvertes positives de Richter durent exciter de la défiance. Croiriez-vous, par exemple, qu'en établissant ses doctrines, il prend presque toujours comme point de départ le carbonate d'alumine ? Et tout le monde sait que, quand on essaye de préparer ce sel, l'alumine se précipite seule, et l'acide carbonique se dégage en entier. Enfin la confusion qui régnait dans les esprits entre l'affinité et la capacité de saturation a encore exercé une influence des plus fâcheuses.

En effet, elle fit croire à Berthollet que les mêmes causes qui faisaient varier l'action chimique des corps pouvaient en faire varier la composition. Il reprit donc les expériences de Baumé et s'exagéra l'importance des variations de composition qui se manifestent dans les cas où s'exerce une action chimique faible et obscure. En examinant surtout quelques composés qui se détruisent peu à peu par les lavages, il eut l'occasion de se convaincre de la possibilité d'obtenir des produits qui renferment leurs composants dans tous les rapports possibles, à partir d'une certaine limite. Il fut amené par là à généraliser ce résultat et à établir que les combinaisons de la Chimie se font dans toutes les proportions, quand la cristallisation ou toute autre cause physique ou mécanique ne vient pas limiter le pouvoir de l'affinité.

Cependant un chimiste également très-distingué, un élève de Rouelle ; qui avait puisé dans les leçons de son maître des convictions arrêtées sur la réalité et la nécessité des combinaisons définies, se trouva naturellement porté à le combattre. Je veux parler de Proust ; manipulateur habile, raisonneur exact, plein de verve et de feu dans l'expression, il n'avait même pas attendu pour se prononcer que Berthollet eût avancé ses opinions.

Proust a vu le premier qu'il existe une constance dans l'oxydation des métaux, qu'on était loin de soupçonner. Malgré la difficulté que présentait, dans l'étude des sulfures, la propriété qu'a le soufre de se dissoudre par la fusion dans certains d'entre eux, presque en toutes proportions, il reconnut également que la sulfuration donnait naissance à des combinaisons définies. Enfin, tout à l'opposé de Berthollet, il admit que partout en Chimie les composés distincts étaient invariables dans leurs proportions, et que dans les combinaisons tout se faisait par sauts brusques.

En général, il n'admettait guère que deux oxydes pour chaque métal, et les deux sulfures correspondant à ces deux oxydes. On lui objecta, il est vrai, le minium. Le minium, répondit-il, en bien ! c'est un composé de protoxyde de plomb et de peroxyde. Cette manière heureuse de se représenter les oxydes intermédiaires et irréguliers comme étant de véritables combinaisons salines nous vient donc de Proust, et l'observation de leurs propriétés justifie tous les jours davantage cette vue vraiment philosophique. Il appliqua à l'oxyde-noir de fer et à plusieurs autres cette explication, qui maintenant est généralement adoptée.

CINQUIÈME LEÇON.

Doué à la fois d'un jugement très-droit et d'un esprit très-prompt, il établissait ses raisonnements sur des bases positives et savait en déduire desconséquences ingénieuses. L'expérience est constamment son guide, ses observations sont toujours exactes, ses résultats sont en général nets et précis.

Quelques chimistes de son temps, persuadés que les corps éprouvaient dans leur composition des variations continuelles, n'examinaient jamais une série de composés sans découvrir une multitude de variétés. Étudiaient-ils un métal, ils lui trouvaient cinq ou six oxydes et quelquefois davantage ; s'occupaient-ils d'un sel, ils se croyaient bientôt en droit de distinguer autant de sous-sels ou de sels acides. Négligeant les analyses et accordant une importance exagérée à des caractères physiques souvent insignifiants, ils établissaient des variétés nouvelles, dès que l'aspect des deux produits était différent, que leur couleur n'était pas la même ou que l'addition de quelques matières étrangères, dont ils ne soupçonnaient pas l'existence, venait en modifier certaines propriétés.

Proust, la balance à la main, ramenait à l'ordre tous ces résultats compliqués. Il prouvait l'identité des produits dans lesquels des accidents de préparation avaient déterminé des différences de propriétés physiques. Il démontrait que les dissemblances remarquées puisaient leur source dans la présence de matières étrangères qui avaient échappé aux observateurs qu'il critiquait.

Voilà comment il fut conduit à découvrir les hydrates, et il ne se borna pas à remarquer le premier cette classe importante de composés : il établit non-seulement l'existence des oxydes hydratés, mais encore leur composition, et il y fit voir un nouvel exemple de la constance des combinaisons. Une fois les hydrates découverts, il lui devint facile d'écarter nombre d'oxydes mal établis, basés sur de simples variations de couleurs, et qui n'étaient autre chose que des hydrates plus ou moins purs.

C'est ordinairement sous un titre très-modeste qu'il publiait ses recherches. La plupart de ses Mémoires sont intitulés : *Faits sur tel métal*. Rien de plus remarquable que ce qu'il a publié sous les simples titres de *Faits sur l'or, Faits sur l'argent, Faits sur l'étain, Faits sur le nickel, Faits sur l'antimoine*, etc. Ces Mémoires sont effectivement remplis de faits nouveaux ou mieux observés, et de plus ils abondent en idées justes et profondes. On y sent la place de chaque métal dans l'ordre naturel ; elle y est nettement dessinée par les observations rapportées sur son compte : on y trouve une appréciation juste de ses relations avec les autres corps.

Placés à des points de vue si opposés, Proust et Berthollet ne pouvaient demeurer longtemps en présence sans discussion ; aussi s'engage-t-il bientôt entre ces deux grands antagonistes, si dignes de se mesurer ensemble, une longue et savante querelle, autant remarquable par le talent que par l'urbanité et le bon goût. Pour la forme comme pour le fond, c'est un des plus beaux modèles de discussion scientifique.

Chacun des adversaires apporte de puissants motifs en sa faveur ; chacun raisonne serré ; chacun expérimente. D'abord les armes sont égales, et les deux adversaires s'en servent avec un égal avantage : l'issue du débat demeure tout à fait incertaine ; mais Berthollet, parti dans cette circonstance d'une idée fausse, se trouve engagé dans une mauvaise route : il devient de plus en plus obscur, embarrassé, confus. À mesure que la discussion s'avance, on le voit s'épuiser en efforts inutiles, et son génie demeure impuissant.

Proust, au contraire, dont le point de vue est juste, marche avec lui, s'élève et grandit sa pensée. Plus le débat se prolonge, plus les faits qu'il découvre parlent haut en sa faveur, jusqu'à ce qu'il demeure complètement maître du terrain : « Oui, s'écrie-t-il enfin, tous les corps de la nature ont été faits à la balance d'une sagesse éternelle. Tout ce que nous pouvons faire, c'est de les imiter en retombant dans ce *pondus naturæ*, dans ces rapports qu'elle a fixés à jamais. Nous pouvons créer des combinaisons, sans doute, mais des combinaisons prévues dans l'ordre général de la nature, et non pas des combinaisons infinies et variables au gré de nos désirs. Quand vous croyez combiner les corps en proportions arbitraires, pauvres myopes, ce ne sont que des mélanges que vous faites et dont vous ne savez pas distinguer les parties ; ce sont des monstres que vous créez, et que vous ne savez pas disséquer. »

En un mot, Proust a dit, répété et mis hors de doute que les combinaisons procèdent par sauts brusques ; que les oxydes et les sulfures sont peu nombreux et constants ; que les sels le sont également ; que le même principe s'applique pareillement aux hydrates. C'est aussi lui qui a prouvé que les sulfures ne renferment pas d'oxygène. Enfin, dans une foule de circonstances, en étudiant les faits qui présentaient de la bizarrerie, il a été conduit à proposer, pour les caractériser, les vues que nous admettons aujourd'hui, et souvent des vues très-fines et très-inattendues.

Bien que la plupart de ses travaux aient été faits en Espagne, Proust était Français. Il était né à Angers, en 1755. Son père était pharmacien ; il embrassa la même profession et obtint au concours la place de pharmacien de la Salpêtrière.

Rempli d'ardeur pour les découvertes scientifiques, on le voit figurer parmi les personnes qui firent les premiers essais de la navigation aérienne. Il fit en effet, en 1774, une ascension avec Pilâtre dans un ballon à air chaud.

Les avantages que lui proposa le roi d'Espagne le décidèrent à passer dans ce pays, où il fut d'abord professeur à l'École d'artillerie de Ségovie.

Appelé peu après comme professeur à Madrid, il reçut du roi en propriété un laboratoire magnifique, monté avec un luxe rare. Tous les ustensiles étaient en platine. Proust devint bientôt d'ailleurs, grâce à sa position, l'heureux possesseur d'une foule d'objets précieux en tous genres, d'échantillons les plus curieux en minéraux, en produits organiques et autres, provenant de l'Espagne elle-même ou du nouveau monde.

Entre les mains de Proust se trouvait donc réuni tout ce que peut ambitionner un chimiste. Il sut se montrer digne d'une si belle position. C'est pendant qu'il était à Madrid qu'il a exécuté ses recherches les plus remarquables, et qu'il a publié ses meilleurs Mémoires.

Mais ces jours de bonheur eurent une trop courte durée ; car Proust fut aussi atteint par une de ces catastrophes qui n'ont pas épargné, vous le savez, les savants les plus illustres. Des affaires de famille l'avaient rappelé en France. Pendant ce temps, de grands événements ébranlaient l'Europe. Une armée française entra en Espagne, et bien des gens pensèrent alors qu'ils devaient agir comme ce chien de la fable qui mange le dîner de son maître. C'est ainsi que le laboratoire de Proust, où il avait réuni des collections du plus grand prix, où il avait placé, avec trop d'imprévoyance peut-être, toutes ses économies, c'est ainsi que son laboratoire, à la fois théâtre de ses plus beaux travaux et dépositaire de l'avenir de ses vieux jours, fut pillé et détruit. L'ancien professeur de Madrid, que la munificence royale avait placé dans une position si indépendante, est réduit tout à coup à la misère. Il est contraint, pour vivre, de chercher une dernière ressource dans la vente de quelques minéraux précieux qu'il avait emportés avec lui et qu'il destinait à des recherches ou à des cadeaux. « Je fus obligé, dit-il, et c'est la seule plainte que sa triste situation lui ait arrachée, je fus obligé de porter chez des marchands les minéraux que je destinais à l'analyse, et de leur dire : *Fac ut lapides isti panem fiant*, faites que ces pierres, se changent en pain. »

Le sort de ce chimiste distingué excitait un vif intérêt. À son insu, Berthollet, son rival, appela sur lui l'attention de Napoléon. Le haut mérite de Proust, l'éclat de ses travaux scientifiques, lui méritaient la bienveillance du grand homme ; mais Proust y avait un droit plus particulier, il avait découvert le sucre de raisin. L'empereur lui accorda 100000 francs, à la condition qu'il exploiterait sa découverte, et qu'il établirait une fabrique de sucre de raisin. Proust refusa obstinément, et il eut raison. Chimiste excellent, il pouvait être médiocre ou mauvais manufacturier. Étranger à l'industrie, il est resté fidèle à sa mission, en vouant sa vie au culte de la Science. Il fallait récompenser sa découverte sans condition ; il fallait lui fournir les moyens de travailler suivant ses goûts à la recherche des vérités philosophiques.

L'existence de Proust fut très-pénible jusqu'en 1816, époque à laquelle il fut nommé Membre de l'Académie des Sciences, ce qui lui permit de passer tranquillement ses dernières années, d'autant plus qu'aux honoraires d'académicien Louis XVIII joignit une pension de 1000 francs. Sa nomination à l'Académie ne put se faire que par une honorable et rare exception, car il ne résidait pas à Paris, et les statuts exigent la résidence ; mais, grâce à la généreuse abnégation de son honorable concurrent, M. Chevreul, l'Académie put se permettre une de ces fraudes pieuses qui ne méritent que des éloges. Proust mourut en 1826.

Si vous désirez lire les Mémoires de Proust, vous les trouverez presque tous dans le *Journal de Physique*, et particulièrement

CINQUIÈME LEÇON.

depuis 1798 jusqu'en 1809. Leur lecture vous fera toujours éprouver un plaisir singulier. Son style rappelle le ton de la conversation. Ses écrits sont pleins de faits et d'idées, mais leur allure est brusque et saccadée ; sa phrase est mordante, sa pensée souvent caustique et tranchante. Il se complaisait dans la critique, et il suffit de rappeler une série d'articles qu'il a publiés sur l'Ouvrage de Fourcroy, pour montrer qu'il saisissait toutes les occasions de l'exercer. À peine l'Ouvrage de M. Thenard venait-il de paraître qu'il essaya d'en faire également une critique raisonnée ; mais il fit bientôt voir que les rapports reconnus dans les composés par la Chimie moderne lui étaient demeurés étrangers, et qu'il s'était arrêté en route, après avoir ouvert la carrière à des chimistes plus habiles, en leur démontrant la permanence des combinaisons.

Si Proust était un peu querelleur, il avait du moins un cœur franc et droit ; il était doué d'une sincérité parfaite. Il avait hérité de Rouelle d'une profonde horreur pour les plagiaires ; il la manifestait souvent, et son respect pour les droits des premiers inventeurs était poussé si loin, que peu d'hommes seraient capables d'un désintéressement aussi rare que celui dont il a fait preuve dans son travail sur le protochlorure de cuivre.

Pelletier avait découvert le protochlorure d'étain et décrit toutes ses propriétés. Quelque temps après, Proust, qui s'était occupé du même sujet, publia un Mémoire où il confirmait les résultats de Pelletier en y ajoutant quelques faits nouveaux. Il faisait connaître en particulier l'existence du protochlorure de cuivre, obtenu par l'action du protochlorure d'étain sur les sels cuivreux ; mais il n'hésite pas. À proclamer Pelletier comme l'inventeur de ce nouveau corps, et cela par une raison qui va vous sembler bien étrange, car il se fonde sur ce que ce chimiste n'en a point parlé. « En effet, dit-il, Pelletier a décrit l'action du protochlorure d'étain sur les dissolutions salines de tous les métaux, les sels de cuivre seuls exceptés. Puisqu'il a examiné la manière d'agir de tous les autres sels, il est impossible qu'il ait omis d'essayer aussi ces derniers ; nécessairement il les a essayés. S'il n'en a pas parlé, c'est qu'ils lui ont offert un fait qui lui a paru digne d'une attention spéciale, et qu'il a réservé pour en faire une étude ultérieure. Il a donc reconnu la formation du nouveau corps, du protochlorure de cuivre, et c'est lui qui en est l'inventeur. »

Ainsi Proust s'efforce d'établir en faveur de Pelletier la priorité d'une découverte qu'il était le premier à faire connaître et qui lui était propre, et, bien différent de tant d'autres qui contestent les paroles les plus claires, il va chercher ses preuves dans le silence même de son rival.

En examinant les travaux de Proust, on voit avec surprise qu'il a eu entre les mains assez de documents pour former la loi des nombres proportionnels, et que néanmoins il n'a point conduit à la découvrir. C'est qu'au lieu d'établir ses résultats analytiques, en prenant pour terme constant le poids de la matière employée, il fallait choisir pour terme constant le poids de l'un ou de l'autre des composants. S'il en eût agi de la sorte, il est clair que les rapports déduits de ses analyses n'auraient pas manqué de faire impression sur son esprit et de le conduire à reconnaître la loi des *équivalents* et celle des *proportions multiples*. Il ne suffit donc pas de faire des expériences exactes : il faut encore savoir les confronter entre elles, de telle façon que les rapports naturels des nombres ne soient pas déguisés, comme il arrive toujours quand on prend une unité artificielle.

Si, par exemple, au lieu d'exprimer la composition des oxydes d'étain, en disant que 100 parties du deutoxyde contenaient 78 parties d'étain et 22 parties d'oxygène, et que 100 de protoxyde renfermaient 87 d'étain et 13 d'oxygène, il avait compté la quantité d'oxygène combinée avec 100 parties du métal dans les deux cas, il eût trouvé 28 pour le bioxyde et 14 pour le protoxyde : certainement il aurait remarqué que le premier nombre était double du second. D'autres analyses calculées de la même manière lui auraient donné lieu de faire des observations semblables. Avec son opinion si bien arrêtée sur les limites des combinaisons, sur leur constance, sur leur simplicité, il n'eût pas manqué de généraliser ces remarques.

Mais ces idées, qui auraient dû s'offrir d'elles mêmes à son esprit, en étaient si éloignées que, s'arrêtant à la notion de la fixité des combinaisons, il a toujours ignoré ou méconnu la loi de Wenzel, comme celles de Richter et de Dalton. Son nom cependant sera toujours mêlé à la découverte des proportions chimiques ; car celles-ci sont en définitive une traduction plus nette de ses idées, mais une traduction singulièrement agrandie.

CINQUIÈME LEÇON.

C'est à M. Dalton, le Nestor de la Chimie, que l'on doit d'avoir jeté les premières bases d'un système complet d'équivalents ou proportions chimiques, en même temps qu'il a donné naissance à la théorie atomique. Ses premières publications à ce sujet remontent à 1807, époque où il publia le premier volume de son *Nouveau système de Philosophie chimique*, livre bien digne de ce nom.

Il établit, en effet, nettement dans cet Ouvrage la loi des *proportions multiples*, qui, comme vous savez, consiste à dire que, si deux corps se combinent en plusieurs proportions, l'un d'eux étant pris pour unité, les quantités de l'autre seront entre elles en rapport très-simple dans les divers composés. D'après cette loi, en représentant le poids de l'un des corps par A et par B le poids du second, qui s'unit à la quantité A pour former un composé A + B, les autres composés des deux mêmes corps pourront être exprimés par A + 2B, A+ 3B,… ou par 2A + B, 3A + B,…

Les idées de Dalton furent, peu de temps après, appuyées par les résultats de Wollaston sur les oxalates de potasse. En effet, ce savant dont l'exactitude bien connue inspirait toute confiance, fit voir que, dans les trois sels formés par l'acide oxalique et la potasse, les quantités d'acide qui se combinent avec la même quantité d'alcali sont rigoureusement entre elles comme les nombres 1, 2, 4, ce qui conduisit à admettre définitivement la loi des proportions multiples.

Les observations de Wenzel sur la double décomposition des sels, celles de Richter sur les précipitations métalliques et celles de Dalton sur les proportions multiples qui en sont le complément indispensable servent de base pour la formation des Tables d'équivalents chimiques.

En effet, reprenons le point de départ de Wenzel et nous trouverons par l'analyse du sulfate de potasse par exemple, que 590 parties de potasse équivalent à 501 parties d'acide sulfurique, à 677 parties d'acide azotique ou à 276 parties d'acide carbonique, c'est-à-dire que ces acides en sont saturés. Or on trouve, par une analyse de ces corps eux-mêmes, que :

| 590 potasse | = | 490 | potassium et | 100 oxygène ; |

501 acide sulfurique	=	201	soufre et	300 oxygène ;
677 acide azotique	=	177	azote et	500 oxygène ;
276 acide carbonique	=	76	carbone et	200 oxygène.

Il est évident que les trois acides que nous venons de comparer renferment des quantités d'oxygène variées, quoique exprimées par des nombres très-simples.

Il n'en est plus ainsi quand, au lieu d'envisager des acides, on s'attache à comparer des bases entre elles.

En effet, on a besoin de prendre pour saturer, par exemple, 501 parties d'acide sulfurique, les quantités de bases suivantes :

501	acide sulfurique	=	201	soufre	et 300	oxygène ;
590	potasse	=	490	potassium	et 100	»
390	soude	=	290	sodium	et 100	»
956	baryte	=	856	baryum	et 100	»
1394	massicot	=	1294	plomb	et 100	»
1450	oxyde d'argent	=	1350	argent	et 100	» etc.

Ainsi, quand il s'agit des bases, on voit au contraire que la quantité d'une base quelconque, nécessaire pour saturer 501 d'acide sulfurique, devra toujours contenir 100 d'oxygène ; c'est-à-dire que les équivalents des bases sont des quantités renfermant la même proportion d'oxygène, quel que soit le métal, conformément à la loi de Richter.

D'après cela, il paraît tout naturel de prendre les bases pour point de départ dans la formation d'une Table d'équivalents et de considérer l'équivalent de chaque base comme étant représenté par la quantité de cette base qui renferme 100 parties d'oxygène.

Tel est aussi le point de départ des chimistes qui ont fait l'usage le plus judicieux de la théorie des équivalents.

Ainsi l'équivalent de l'oxygène sera représenté par 100, celui du

CINQUIÈME LEÇON.

potassium le sera par 490 et celui de la potasse par 590.

Pour avoir l'équivalent d'un acide, il faudra prendre la quantité de cet acide qui, avec 590 de potasse, formerait un sel neutre, et par exemple :

677	pour	l'acide azotique ;
501	»	acide sulfurique ;
276	»	acide carbonique, etc.

Pour avoir l'équivalent des bases, il faudra prendre la quantité de chacune d'elles qui serait capable de remplacer 390 de potasse, ce qui revient à dire qu'il faudrait prendre une quantité de bases contenant 100 d'oxygène, comme les 590 de potasse.

Les équivalents des sels seront formés en ajoutant les équivalents des bases à ceux des acides, et rien de plus facile alors que de suivre jusqu'au moindre détail les lois découvertes par Wenzel et Richter.

Jusque-là point de difficulté : mais vient-on à chercher les équivalents des corps simples, on en rencontre bientôt d'assez graves, quoiqu'en certains cas il n'y en ait aucune.

Ainsi, quand un corps simple forme un hydracide, l'équivalent de celui-ci est fixé par les règles précédentes ; et, quand on voit que l'acide chlorhydrique en agissant sur la potasse forme de l'eau et du chlorure de potassium, il demeure évident que l'équivalent du chlore est représenté par la quantité de ce corps qui remplace l'oxygène de la potasse. Mais prendre par un moyen analogue les équivalents du carbone, du phosphore, de l'azote, ce serait détruire d'autres analogies ; les prendre autrement, c'est remplacer les règles par des procédés arbitraires.

Mais c'est surtout en ce qui concerne les équivalents des métaux que l'on éprouve une difficulté grave, car il est des métaux qui produisent plusieurs bases. Ainsi, par exemple, le fer produit deux oxydes salifiables formés de

| 100 oxygène et 339 fer | protoxyde. |
| 100 oxygène et 226 fer | peroxyde. |

et conséquemment, pour saturer 1 équivalent d'un acide, on peut prendre à volonté 439 de protoxyde de fer et 326 de peroxyde. S'il s'agit de bases, d'acides, de sels, tout demeure net et comparable ; mais, si l'on demande quel est l'équivalent du fer lui-même, faut-il le représenter par 339 ou par 226 ?

Par une convention qui devenait, comme on voit, nécessaire, on admet que l'équivalent d'un métal est représenté par la quantité de ce métal qui avec 100 parties d'oxygène, donne naissance à un protoxyde.

D'où résulte, pour continuer à nous servir de l'exemple employé, que, s'il s'agit de représenter les oxydes de fer, on dira qu'ils renferment :

| Le protoxyde | 1 équiv. de fer et 1 équiv. d'oxygène. |
| Le peroxyde | ⅔ équiv. de fer et 1 équiv. d'oxygène. |

Et, comme tout doit demeurer proportionnel à l'équivalent de la potasse, il faudra dans ce système représenter certains oxydes par des nombres fractionnaires. Il faudra même représenter, par exemple, le sesquicarbonate de soude, le sulfate tribasique de cuivre par les nombres fractionnaires suivants :

| Le sesquicarbonate | 1 équiv. de soude et 3/2 équiv. d'acide carbon. |
| Le sulfate tribasique | 1 équiv. oxyde de cuiv. et ⅓ équiv. acide sulf. |

Ainsi toutes les combinaisons de la Chimie se trouveront véritablement exprimées par des nombres proportionnels ou équivalents, dont l'équivalent de la potasse sera la mesure commune, quoiqu'on ait pris l'oxygène pour unité. Cet avantage est grand, mais l'introduction d'une foule de coefficients fractionnaires dans les formules de la Chimie a pu en dissimuler le mérite aux yeux de beaucoup de personnes.

Cependant, il faut en convenir, cette manière de représenter les faits est la seule qui soit fondée sur l'expérience pure, et, si elle arrive à se donner quelques conventions, ce n'est qu'après avoir épuisé toutes les données expérimentales.

CINQUIÈME LEÇON.

Peut-être, accoutumés comme le sont aujourd'hui tous les jeunes chimistes à accepter sur ces matières un langage tout fait et des formules qui ont pour elles une sanction presque universelle, peut-être est-il nécessaire de leur rappeler que les nombres proportionnels ainsi conçus sont seuls et doivent être seuls en effet l'expression de l'expérience acquise. Non-seulement il faut le dire, mais il faut surtout en exposer les motifs.

Or nous venons de voir que Wenzel, que Richter ont découvert des lois qui se rapportent toutes aux relations des acides et des bases, et que la proportionnalité des acides, des bases et des sels s'établit toujours en partant de la neutralité comme d'un terme fixe et capable de rendre tous ces corps comparables. Il existe donc une propriété générale et constante, la neutralité, qui rend toujours comparables des acides, des bases et des sels.

Au contraire, s'il s'agit de comparer entre eux des corps simples, nous ne connaissons plus aucune propriété qui permette de les rendre proportionnels ou équivalents. On est donc conduit à adopter quelque convention en ce qui les concerne ; et cela tient, comme on le voit, à ce que nous ne connaissons aucun moyen de classer les corps binaires d'après leur état de saturation, comme nous le faisons si bien pour les sels.

En un mol, la Chimie sait combien il faut de potasse pour remplacer la soude, la baryte, la strontiane, etc., et pour saturer la même quantité d'acide qu'elles. Elle peut dire combien il faut d'acide sulfurique, azotique, chlorique pour remplacer une quantité donnée d'acide tartrique et pour saturer la même quantité de base que lui ; elle sait combien il faut de sulfate de soude pour décomposer l'azotate de baryte, combien de sulfate de potasse pour décomposer l'azotate de chaux.

Mais elle ignore combien il faut réellement de chlore pour remplacer le soufre dans une combinaison binaire ; elle ne sait pas combien il faudrait d'oxygène pour remplacer le phosphore, combien de charbon pour remplacer l'azote.

Quand elle donne les équivalents des acides, des bases ou des sels, elle donne les résultats de l'expérience ; mais, quand elle veut aussi fournir ceux des métaux ou des corps non métalliques, elle se trouve obligée de les déduire des précédents, sans règle bien précise.

C'est là ce qui constitue même la différence et l'unique différence, selon moi, entre les équivalents et les atomes. Dès que l'on essaye de classer ensemble les oxydes, les sulfures, les chlorures au même état de saturation et de les représenter par des équivalents concordants, dès qu'on essaye de découvrir pour les composés binaires des méthodes de comparaison qui puissent remplacer l'emploi des couleurs végétales qui nous indiquent l'état de neutralité des sels, on retombe nécessairement dans ces sortes de considérations qui font la base de ce qu'on nomme la *théorie atomique*.

Nous verrons dans la séance prochaine si cette théorie a été aussi heureuse que la théorie des équivalents dans le choix des divers points de départ dont elle a successivement fait usage ; nous verrons surtout en quoi elle se recommande, malgré toutes les incertitudes dont elle est encore environnée. Pour le moment, je me borne à mettre sous vos yeux les principaux équivalents.

ÉQUIVALENTS DES BASES.

Potasse	590	Potassium	490	Oxygène	100
Soude	391	Sodium	291	»	»
Baryte	956	Baryum	856	»	»
Strontiane	647	Strontium	547	»	»
Chaux	356	Calcium	256	»	»
Magnésie	258	Magnésium	158	»	»
Protoxyde de manganèse	445	Manganèse	345	»	»
Sesquioxyde de manganèse	330	Manganèse	345	»	»
Protoxyde de fer	439	Fer 339	339	»	»
Colcothar	326	Fer	339	»	»
Protoxyde de zinc	503	Zinc	403	»	»
Protoxydede nickel	469	Nickel	369	»	»
Protoxyde de cobalt	469	Cobalt	369	»	»

CINQUIÈME LEÇON.

Deutoxyde de cuivre	496	Cuivre	396	»	»	
Protoxyde de plomb	1394	Plomb	1294	»	»	
Protoxyde de bismuth	986	Bismuth	886	»	»	
Protoxyde d'antimoine	637	Antimoine	537	»	»	
Protoxyde d'étain	835	Étain	537	»	»	
Protoxyde de chrome	334	Chrome	234	»	»	
Protexyde de mercure	2630	Mercure	1265	»	»	
Oxyde rouge de mercure	1365	Argent	1350	»	»	
Oxyde d'argent	1450	Or	828	»	»	
Oxyde d'or	928	Platine	1233	»	»	
Oxyde de platine	1333	»	»			

ÉQUIVALENTS DES ACIDES.

Acide chlorique	942	Chlore	442	Oxygène	500
» perchlorique	1142	Chlore	442	»	700
» bromique	1478	Brome	978	»	500
» iodique	2078	Iode	1578	»	500
» sulfurique	501	Soufre	201	»	300
» sulfureux	401	Soufre	201	»	200
» phosphorique	892	Phosphore	392	»	500
» phosphoreux	692	Phosphore	302	»	300
» arsénique	1440	Arsenic	940	»	500
» arsénieux	1240	Arsenic	940	»	300
» azotique	677	Azote	177	»	500
» azoteux	477	Azote	177	»	300

» carbonique	276	Carbone	76	»	200
» silicique	577	Silicium	277	»	300
» borique	438	Bore	138	»	300
» chlorhydrique	454,5	Hydrogène	12,5	Chlore	442
» bromhydrique	990,5	Hydrogène	12,5	Brome	978
» iodhydrique	2090,5	Hydrogène	12,5	Iode	1578
» sulfhydrique	215,5	Hydrogène	12,5	Soufre	201

ÉQUIVALENTS DES SELS.

Un équivalent d'un acide quelconque et un équivalent d'une base quelconque forment un sel neutre.

SIXIÈME LEÇON.
(30 avril 1836.)

Théorie atomique. — La matière est-elle divisible à l'infini ? — Atomes des philosophes grecs. — Lucrèce. — Gassendi. — Wolf. — Swedenborg. — Conclusion.

Messieurs,

Les lois que nous avons établies dans la dernière séance sont les bases sur lesquelles reposent toutes les doctrines relatives à l'état moléculaire des corps. M. Dalton le premier a pensé à les réunir par une théorie qui, les enchaînant ensemble, les fit découler d'un même principe. Il établit en 1807, dans son *Nouveau système de Philosophie chimique*, que les résultats observés par Wenzel, par Richter et par lui-même peuvent tous se lier par une idée générale et simple, et qu'il suffit, pour s'en rendre parfaitement compte, d'admettre que la matière soit formée de particules infiniment petites et insécables ou, en d'autres termes, d'atomes. Que l'on suppose, en effet, à chaque espèce de matière ses atomes propres, différant d'une espèce à l'autre par le poids et peut-être par la forme : aussitôt les dissemblances que l'on remarque entre les corps élémentaires s'expliquent en quelque sorte d'elles-mêmes. Que l'on conçoive d'ailleurs ces atomes se juxtaposant sans jamais se confondre pour former des composés, et recouvrant au moment de

SIXIÈME LEÇON.

leur séparation toutes leurs propriétés premières pour reproduire les éléments, à l'instant les phénomènes chimiques se peignent à l'esprit de la manière la plus nette.

Ne nous occupons pas d'ailleurs des idées de Dalton sur la figure et les arrangements de ces atomes. Arrêtons-nous aux points essentiels de sa théorie, et laissons de côté les détails accessoires. Nous pourrons y revenir par la suite, de même que plus tard aussi nous pourrons examiner les nouvelles vues qu'il a introduites dans la Science au sujet de quelques phénomènes continus ; car ce sont des vues dignes d'être méditées.

Pour le moment, bornons-nous à établir avec lui que l'hypothèse d'atomes qui se déplacent mutuellement rend parfaitement compte de la loi des équivalents, tout comme leur insécabilité nous explique clairement pourquoi les combinaisons se font suivant les proportions multiples. Rien de plus naturel en effet que de considérer les *masses matérielles équivalentes* de cuivre et d'argent, de fer et de cuivre, d'acide sulfurique et d'acide azotique, de baryte et de potasse, comme étant les représentants des atomes de ces corps, si tant est que les corps soient formés d'atomes.

Mais cela suppose que les corps soient formés d'atomes, et, pour admettre ce principe, vous devez désirer des preuves. N'en demandez pas à M. Dalton : il ne vous en propose pas. M. Dalton suppose l'existence des atomes, mais il ne la prouve pas ; seulement, leur existence étant admise, il s'en sert pour rendre raison des rapports observés entre les quantités constantes de matière qui réagissent entre elles dans les phénomènes chimiques.

La facilité avec laquelle tous les phénomènes de l'analyse quantitative ont été expliqués ou prévus en partant du principe de l'existence des atomes a fait adopter généralement les vues de Dalton ; mais la base même de ces vues n'a point été démontrée. Quelques personnes ont voulu, il est vrai, présenter les phénomènes chimiques comme offrant à leur tour une démonstration de la réalité des atomes. C'était faire un cercle vicieux, et leur argumentation est demeurée sans autorité.

Pour expliquer les lois de la Chimie quantitative, est-il indispensable au surplus de recourir à la supposition des atomes ? Est-il nécessaire d'admettre l'insécabilité des particules matérielles entre lesquelles se passent les actions chimiques ? À cette question je répondrai ici sans hésiter : Non, cela n'est pas nécessaire ; non, parmi tous les faits de la Chimie, il n'en est aucun qui oblige à supposer que la matière soit formée de particules insécables, il n'en est aucun qui donne quelque certitude ou même seulement quelque probabilité touchant l'insécabilité de ces particules.

Supposez que les actions chimiques ne puissent s'exercer qu'entre des *masses d'un certain ordre*, divisibles, si l'on veut, par des forces d'une autre nature, peu importe : tous les phénomènes de la Chimie s'expliquent avec une facilité non moins grande que si l'on admettait l'indivisibilité comme propriété essentielle de ces masses. En effet, qu'elles soient, si l'on veut, susceptibles d'être découpées à l'infini, par des forces prises au dehors de la Chimie, qu'importe pour l'explication des faits dépendant de cette science ? Ne conçoit-on pas également bien la juxtaposition de ces particules, leur séparation, leurs remplacements mutuels ? Toutes les conceptions des chimistes ne subsistent-elles pas dans leur intégrité indépendamment de cette divisibilité ultérieure ?

Ainsi donc, pas d'incertitude possible : la Chimie seule n'a pas la vertu de nous éclairer sur l'existence des atomes ; mais, si d'autres considérations peuvent l'établir, le rapprochement fait par M. Dalton acquerra peut-être une grande probabilité et deviendra capable de servir de point de départ aux plus sublimes découvertes que l'homme eût osé se promettre dans l'étude de la nature.

On se flattera peut-être alors, et non sans raison, de parvenir un jour à fouiller les entrailles des corps, de mettre à nu la nature de leurs organes, de reconnaître les mouvements des petits systèmes qui les constituent. On croira possible de soumettre ces mouvements moléculaires au calcul, comme Newton l'a fait pour les corps célestes. Alors les réactions des corps, dans des circonstances données, se prédiront comme l'arrivée d'une éclipse, et toutes les propriétés des diverses sortes de matière ressortiront du calcul. Mais d'ici là quel chemin à faire, que de travaux à exécuter, que d'efforts il reste à tenter aux chimistes, aux physiciens, aux géomètres !

Or, voyons, est-il une base solide sur laquelle repose l'existence des atomes ? Une seule démonstration en a été proposée dans les

SIXIÈME LEÇON.

temps modernes ; elle est vraiment expérimentale et mérite une discussion très-attentive.

On sait que l'air est un corps, qu'à mesure que l'on s'éloigne de la Terre, il se dilate davantage, et l'on peut faire le raisonnement suivant : Si la matière de l'air est formée d'atomes, ceux-ci pourront éprouver un écartement considérable, mais limité ; à une certaine distance de la Terre, il s'établira un équilibre entre la Terre et les atomes les plus éloignés, et l'atmosphère ne pourra s'étendre indéfiniment.

Si, au contraire, la matière de l'air est divisible à l'infini, elle se répandra dans l'espace, et elle ira se condenser autour de tous les globes, au moins de tous ceux de notre système, comme elle l'est autour de la Terre.

Alors la Lune aura son atmosphère. Au premier abord, cet astre paraît très-propre à nous donner la solution de la difficulté. Il est de beaucoup le plus voisin de nous, et l'on peut croire, au premier aperçu, que les moyens que possède l'Astronomie vont s'y appliquer sans nul obstacle ; mais, si l'on essaye de s'en rendre compte par le calcul, on revient bientôt de cette opinion. En effet, pour exercer des actions égales, il faut que les masses soient dans le rapport des carrés des distances, ou que les distances soient comme les racines carrées des masses. Or on sait que la masse de la Terre est beaucoup plus considérable que celle de la Lune. On conçoit donc que, pour trouver l'air dans notre atmosphère au même état où il serait à la surface de la Lune, il faudrait se transporter à une fort grande distance du centre de notre globe. Si vous effectuez le calcul, vous trouverez que la masse de la Lune ne pourrait condenser à sa surface qu'une atmosphère égale en densité à celle qui existerait à environ 2000 lieues de la Terre.

Maintenant, je vous le demande, comment apprécier la présence d'une atmosphère aussi dilatée ? Les phénomènes de réfraction offriraient seuls le moyen de la reconnaître. Or la réfraction qu'elle produirait serait tout à fait insensible à nos instruments astronomiques. Si donc ceux-ci ne nous fournissent aucune indication de la présence d'une atmosphère autour de la Lune, la question qui nous occupe n'en est pas pour cela résolue.

Mais il est évident que la question pourrait être retournée. Puisque la faible masse de la Lune ne nous permet pas de reconnaître à sa surface, avec les instruments dont nous pouvons disposer, une atmosphère analogue à la nôtre, cherchons à retrouver autour d'un astre plus dense l'atmosphère de la Terre que l'on supposerait lancée dans les espaces. Le Soleil, dont la masse énorme vaut tant de fois celle de notre globe, paraît éminemment propre à nous fournir la solution cherchée.

À la surface du Soleil, la force d'attraction est immense, tellement que, si les choses s'y passaient comme sur la Terre, la densité de l'air condensé autour de cet astre ne serait pas moindre que celle du mercure, en supposant, il est vrai, que son état gazeux fût conservé. En un mot, pour trouver le point de l'espace où l'air de cette atmosphère aurait la densité de celui que nous respirons, et dont la réfraction est si sensible à nos lunettes, il faudrait s'écarter du Soleil à une distance égale à 575 fois le rayon de la Terre. Tout se réduit donc à trouver un corps qui passe derrière le Soleil, et que l'on soit forcé de voir au travers de l'espace occupé par cette atmosphère supposée. Si celle-ci existe, la marche apparente du corps sera retardée de quantités très-mesurables. Or, telle est précisément la condition où l'on se trouve, en observant le passage au méridien de Mercure et de Vénus quelques jours avant et quelques jours après la conjonction. Alors, en effet, les rayons lumineux réfléchis par la planète, passant auprès du Soleil avant d'arriver jusqu'à nous, sont obligés de traverser l'espace qu'occuperait l'atmosphère solaire. Il ne reste donc plus qu'à consulter l'expérience pour vérifier s'ils sont effectivement réfractés. Eh bien ! l'observation a prononcé. Le 31 mars 1805, M. Vidal, de Toulouse, a observé, sans but particulier, mais très-soigneusement, l'instant du passage de Mercure au méridien, lorsqu'il se présentait derrière le Soleil ou dans le voisinage de cet astre ; le 30 mai de la même année, il a pareillement observé le passage de Vénus dans les mêmes circonstances. Depuis lors, Wollaston et Kater, dans l'espoir d'éclaircir ce point de Philosophie naturelle, ont aussi observé Vénus à peu de distance de sa conjonction ; et les observations faites dans le mois de mai 1821 par ces savants, comme celles de M. Vidal faites seize ans auparavant, nous font voir un accord parfait entre le moment du passage observé et le moment calculé, sans tenir compte d'aucune réfraction. Ainsi point d'atmosphère

SIXIÈME LEÇON.

solaire ; ainsi donc celle-de la Terre demeure limitée.

Dirait-on que l'intensité extrême de la chaleur du Soleil s'oppose à la condensation d'une atmosphère aussi dense que la nôtre ? soutiendrait-on que la dilatation produite par la haute température de cet astre atténue les effets de l'attraction de sa masse, quelque forte qu'elle soit, au point de les rendre insensibles pour nous ? Eh bien ! il serait facile de trouver un exemple, capable de fournir une démonstration à l'abri de cette objection.

Jupiter est 1280 fois aussi gros que notre globe ; il est 5 fois aussi éloigné que nous du foyer de notre système planétaire. Sa masse exerce donc une force attractive bien plus forte que celle de la Terre, et sa température doit être bien plus basse. Là devrait donc se trouver par ces deux motifs une atmosphère incomparablement plus dense que celle qui nous environné. Or, les mouvements des satellites de Jupiter nous apparaissant tels qu'ils doivent être, et sans modification qu'on puisse attribuer à une réfraction produite par l'air de la planète, l'absence de tout fluide réfringent sensible autour de Jupiter semble démontrée.

Toute contestation est donc impossible. Notre atmosphère ne se répand point indéfiniment dans l'espace : elle s'arrête à une certaine limite.

Wollaston regarde donc comme chose prouvée que la matière qui constitue l'air ne peut se subdiviser à l'infini. Mais cette conséquence est-elle effectivement nécessaire ? Il est permis d'en douter. L'expansibilité indéfinie de notre air n'est possible qu'autant qu'il conserve toujours son état gazeux. Mais, si l'on admet que l'air puisse devenir liquide ou solide dans les dernières régions de l'atmosphère, ne voyez-vous pas que, par cela seul, tout l'échafaudage des raisonnements précédents s'écroule de lui-même ?

En effet, à une température voisine de zéro, le mercure n'est-il pas dépourvu de la propriété d'émettre des vapeurs, et ne devient-il pas incapable de blanchir l'or que l'on maintient même très-près de sa surface pendant des années entières ? Qui peut assurer que dans les confins de notre atmosphère l'oxygène et l'azote ne sont pas des liquides ou des solides aussi bien dépourvus de tension que le mercure lui-même l'est à zéro et au-dessous ?

Vous hésitez, Messieurs, je le vois ; vos préjugés se révoltent à voir admettre la possibilité de la liquéfaction de l'air dans les hautes régions, sachant qu'un froid de 100 degrés au-dessous de zéro est impuissant pour la produire. Mais qu'est-ce qu'un froid de 100 degrés au-dessous de zéro, et quelle idée imparfaite nous aurions des effets de la chaleur, si nous ne connaissions pas le moyen de produire des températures supérieures à celle de l'eau bouillante ? Quand on pourra produire un froid de 1500 ou 2000 degrés au-dessous de zéro, si jamais on y parvient, les effets que nous regardons comme impossibles s'obtiendront sans peine, soyez-en convaincus ; en y réfléchissant, vous ne serez plus si éloignés d'admettre avec moi qu'il est probable que l'air liquéfié ou solidifié aux extrémités de l'atmosphère y reproduit les phénomènes que l'eau nous montre dans les régions qui nous sont accessibles. Et pourquoi n'en serait-il pas de ce fluide comme de l'eau que nous voyons près du sol faire partie de l'air sous la forme d'un véritable gaz et qui dans les nuages ordinaires prend l'état de vapeur vésiculaire ou d'eau liquide, ou même celui d'eau solide dans les nuées neigeuses ? Ainsi, pour produire de l'air liquide ou de l'air neigeux, comparables du reste à cet acide carbonique liquide et neigeux que M. Thilorier forme si facilement, il suffit d'admettre un abaissement très-considérable de température dans les couches extrêmes de l'atmosphère. Avant de repousser ces conceptions, vous les examinerez avec l'attention qu'elles méritent, si j'ajoute que l'existence de ce grand froid et la liquéfaction de l'air qui en doit résulter sont des vues admises par le plus illustre géomètre de notre âge, par M. Poisson.

Vous pourriez donc concevoir, comme une condition de l'état actuel de notre atmosphère, comme la cause de son étendue limitée, la liquéfaction de ces éléments à une certaine distance de la Terre ; il en résulterait une couche de vapeur vésiculaire, qui en fermerait l'enveloppe, et où viendrait s'anéantir l'expansibilité indéfinie propre aux substances gazeuses.

L'abaissement excessif de température nécessaire pour produire la liquéfaction ou même la congélation de l'air extrêmement raréfié qui se rencontre aux extrêmes régions de l'atmosphère est regardé par M. Poisson comme un phénomène nécessaire, indispensable même pour que l'atmosphère puisse se terminer.

SIXIÈME LEÇON.

Sans entrer ici, sur ce sujet, dans des détails qui nous écarteraient de notre but, je fais remarquer que le froid intense qui est nécessaire pour liquéfier l'air dans ces régions élevées n'exprime nullement la température qu'y prendrait un thermomètre. Celui-ci, recevant la chaleur rayonnante de notre planète et des astres, tirerait de cette source une masse de chaleur qui détruirait bientôt l'effet frigorifique produit par le contact d'un fluide aussi rare que doit l'être l'air liquéfié à une pression aussi faible que celle des dernières couches de l'air. La température apparente de ces couches serait donc peu différente de celle qu'on observerait au dehors de l'atmosphère, c'est-à-dire de la température de l'espace que M. Poisson regarde comme très-peu inférieure à zéro.

Ainsi nous dirons à Wollaston : Vous avez bien établi l'absence d'atmosphère autour du Soleil et de Jupiter, mais vous n'avez rien trouvé qui soit applicable à la question des atomes. Que la matière soit divisible à l'infini, que sa division s'arrête à un certain terme, il n'importe : vos observations s'expliqueront sans difficulté sérieuse dans l'un et l'autre système.

Ainsi l'existence des atomes n'est démontrée ni par les phénomènes de la Chimie quantitative, ni par les phénomènes observables dans les espaces célestes. Voyons dès lors comment l'idée d'atomes s'est introduite dans la science. Voyons surtout comment on tire parti de cette idée dans les applications que l'on en fait à la Chimie, et dans quelles bornes il faut la renfermer.

Ici, nous sommes forcés de sortir un peu du domaine de la Chimie, dont je ne m'éloigne qu'à regret, pour faire une rapide excursion dans celui de la Philosophie pure.

La première notion des atomes date d'environ 500 ans avant l'ère chrétienne. Vers cette époque, s'était formée en Grèce, à Élée, une école philosophique bien connue sous le nom d'École éléatique. Elle faisait sur la nature le raisonnement suivant :

La matière existe ; tout ce qui existe est matière. Mais faites disparaître la matière, que restera-t-il ? Ah ! qui peut le concevoir ?... Ce sera le néant, direz-vous, le vide, l'espace. Alors le néant existera. Or, s'il existe, c'est un être, c'est une matière, et la matière n'aura pas disparu. Le néant n'existe donc pas. Mais si le néant n'existe pas, la matière est partout, *il n'y a pas de vide*.

C'était, comme vous voyez, un jeu de mots roulant sur le mot *néant*, que l'on ne voulait admettre qu'à condition d'en faire un être et un être matériel. Prenant le raisonnement au sérieux, les disciples de l'École éléatique en développaient sans hésitation toutes les conséquences.

Puisqu'il n'y a pas de vide, disaient-ils, l'univers ne forme qu'un seul être homogène, qu'une masse continue. Le mouvement est donc impossible : car où loger un corps qui se déplacerait, tout l'espace étant rempli. Par conséquent, ajoutaient-ils, l'univers est immobile, immuable. Les êtres organisés ne peuvent pas naître, ils ne peuvent pas croître, ils ne peuvent pas mourir ni se décomposer.

Ainsi, vous le voyez, il faut admettre l'existence du vide, dont la nature échappe à notre conception, par la raison même que sa définition repose sur des idées négatives, ou bien rejeter complètement le témoignage des sens.

En pareil cas, un philosophe est capable de tout ; aussi l'École éléatique professait-elle gravement que l'univers était homogène, qu'il était continu, qu'il n'y avait aucun mouvement ; que les animaux et les plantes ne naissaient pas, n'engendraient pas, ne mouraient pas.

Qu'il y ait eu des gens qui se soient révoltés contre leurs raisonnements, en face de telles conséquences, cela ne vous surprendra pas. Aussi bientôt vit-on Leucippe s'élever contre eux, et, tenant le témoignage des sens pour quelque chose, essayer de rétablir l'existence du vide. Mais, en les combattant à si bon droit, il faut convenir qu'il employait de singuliers arguments, et que ses expériences méritent d'être rappelées comme offrant un contraste curieux entre leur prodigieux défaut de précision et l'extrême importance des conclusions qu'il en tirait.

C'est ainsi qu'il prétendait qu'un vase plein de cendres pouvait recevoir autant d'eau que s'il eût été vide. Que faisait-il donc de l'eau dont la cendre prenait la place ? La différence des quantités de liquide nécessaires dans les deux cas était pourtant facile à reconnaître. Je ne sais si nous argumentons beaucoup mieux qu'alors, mais on conviendra du moins que l'art d'expérimenter a fait quelques progrès depuis Leucippe.

Il apportait encore à l'appui de sa doctrine une autre démonstration

SIXIÈME LEÇON.

expérimentale non moins remarquable. C'était la compression qu'il croyait observer sur le vin renfermé dans une outre soumise à un violent effort. Il ne s'apercevait pas que l'outre était extensible et que le vin qu'il s'imaginait avoir comprimé dans le point où la pression avait lieu était simplement refoulé dans les autres parties de l'outre.

Il invoquait enfin, et cette fois avec quelque apparence de raison du moins, les phénomènes de la nutrition des êtres organisés. Leur développement démontre en effet la réalité d'un espace où il puisse se produire : car la matière que ces êtres s'approprient ne peut se transporter, se mouvoir, qu'autant qu'on admet des espaces vides entre leurs propres particules.

En un mot, le mouvement, dont l'existence ne peut être contestée, à moins de se laisser aveugler par des sophismes, lui fournissait des arguments sans réplique.

Quoi qu'il en soit, Leucippe regardait la matière comme une éponge dont les grains isolés nagent dans le vide. Ces grains sont solides, pleins, impénétrables, infiniment petits. Tous les corps que nous connaissons sont ainsi formés de vide et de plein. Avec l'élément matériel, ou l'élément du *plein*, avec le néant, l'espace ou le vide, et avec le mouvement, Leucippe constitue le monde. Les grains qui le composent diffèrent de figure, ce qui entraîne et explique la dissemblance des diverses sortes de matière que nous observons. D'ailleurs, il admet qu'en variant seulement d'ordre et de disposition ces éléments matériels peuvent produire des corps tout différents. C'est en quelque sorte une prévision de l'isomérie des chimistes modernes, qui s'est offerte à Leucippe ; pour développer sa pensée, il se sert d'une comparaison fort nette. Il assimile les éléments identiques en nombre et en nature, mais diversement groupés et produisant ainsi des matières différentes, à des lettres qui, en variant leur assemblage, peuvent également bien fournir une comédie ou une tragédie. Enfin, il se rend nettement compte de la composition et de la décomposition des corps, et il admet que, nés de l'agrégation des particules matérielles, ils se détruisent par la dissociation de ces mêmes particules.

Les Éléates, argumentant de la divisibilité infinie de la matière, mettaient donc en contradiction les sens et la raison et se trouvaient conduits à nier le vide et le mouvement. Leucippe avait cherché à démontrer l'éternité du mouvement, principal attribut des éléments matériels, et l'existence du vide. Il avait cherché à mettre en évidence et à faire adopter les principales conséquences auxquelles ces notions l'avaient amené ; mais Leucippe se bornait à admettre le mouvement, les éléments matériels et le vide, sans se prononcer sur la divisibilité de la matière et sur sa durée.

Démocrite l'Abdéritain, si connu parmi les philosophes de l'antiquité, est allé plus loin que Leucippe ; il s'est chargé de combattre cette divisibilité et il a considéré nettement la matière comme n'étant pas divisible à l'infini. Si la matière pouvait être divisée à l'infini, dit-il, on arriverait à des particules sans étendue ; des particules sans étendue ne sauraient produire des corps doués d'étendue ; la matière doit donc se diviser en parties limitées qui aient de l'étendue. Ce sont ces parties qu'il nomme *atomes*, et c'est Démocrite qui a créé ce mot, maintenant si souvent employé dans l'étude de la Chimie. S'agit-il de la durée de la matière, il se fonde sur l'éternité du temps pour établir que tout n'a pas été créé.

Pour lui, le vide est donc éternel et occupe un espace infini ; les atomes sont éternels comme l'espace, ils sont inaltérables, et leur nombre est infini : la figure et l'étendue constituent leur essence.

Les idées de Démocrite sur la constitution des corps sont grandes et élevées ; mais il eut le tort d'appliquer à la morale et à la psychologie les idées dont il s'était pénétré en méditant ses théories atomistiques. Il voulut voir aussi dans l'âme un assemblage périssable d'atomes, une agrégation qui se dissolvait à la mort ; il admettait même deux âmes ou deux divisions de l'âme par individu : l'âme intelligente dans la poitrine, l'âme vivante et sensible par tout le corps.

Tout porte à croire qu'il n'admettait pas l'existence des Dieux, car, en vérité, l'on ne saurait accorder ce nom aux êtres qui, selon lui, voltigent autour de la Terre et qu'il regarde comme des fantômes, des simulacres, des êtres aériens d'une prodigieuse grandeur. Leur organisation ressemble à la nôtre, mais ils périssent difficilement ; il y en a de bons, il y en a de méchants. Ces êtres nous envoient leurs images dans nos songes.

Voila à quoi se réduit la divinité aux yeux de Démocrite qui, ainsi

SIXIÈME LEÇON.

que tous les anciens atomistes, se trouvait conduit par l'atomisme aux idées du matérialisme le plus complet.

La théorie atomique a puisé un complément dans les doctrines d'Épicure : car à la figure et à l'étendue admises avant lui dans les atomes, il ajoute une troisième propriété, celle de la pesanteur. L'un des écrits où ce philosophe a exposé ses idées avec le plus de détails est demeuré longtemps perdu et a été retrouvé dans les fouilles d'Herculanum.

Cet ouvrage avait servi de base au fameux poème de Lucrèce. Là vous trouverez les idées d'Épicure développées, embellies par l'harmonie du langage et étendues avec toute la hardiesse d'un esprit poétique. Lucrèce admet le vide, les atomes et le mouvement. Les atomes, dans une perpétuelle agitation, se précipitent de haut en bas dans le vide. Mais leur chute n'est pas exactement perpendiculaire ; elle présente une DÉCLINAISON faible et variable qui joue un grand rôle dans la cosmogonie de Lucrèce. Avec des atomes qui flottent dans l'espace, avec un mouvement qui les anime, avec un peu de hasard qui les fait marcher obliquement, Lucrèce bâtit, en effet, le monde tout entier et dans tous ses détails. Ces atomes se présentent les uns aux autres d'une manière assez heureuse pour s'accrocher ; leur forme s'y prête, car leur figure joue ici le plus grand rôle. Les divers corps de la nature prennent naissance ; les petites masses engendrent des masses plus grandes par leur réunion, et tout l'univers se trouve formé, la Terre ainsi que tous les astres, les corps bruts aussi bien que les êtres organisés. De cette manière, toute création s'est faite par cas fortuit.

Les idées atomiques en restèrent à peu près à ce point jusqu'à une époque beaucoup plus voisine de la nôtre. Elles étaient pour ainsi dire oubliées, lorsque s'éleva entre Descartes et Gassendi, il y a maintenant deux siècles, une discussion remarquable qui ramena les esprits à ces questions. C'était au temps où Galilée combattait la Physique scolastique par ses découvertes et la foudroyait avec de nouvelles et admirables expériences. Descartes voulait refaire le roman de la nature *more antiquo*. Regardant l'étendue connue divisible à l'infini, appliquant à la matière le même principe, il rejetait l'existence des atomes et bâtissait son système sans les admettre. Gassendi, tout au contraire, l'adversaire le plus constant de Descartes et son digne adversaire, Gassendi compose l'univers d'atomes. Mais ceux-ci ne s'accrochent pas comme dans l'imagination d'Épicure et de Lucrèce : ils ne se touchent même pas. Maintenus à distance par des forces qui les dominent, ils laissent entre eux beaucoup de vide, et leur assemblage ne présente que peu de plein. Ainsi, Gassendi, perfectionnant l'image que l'on se faisait des atomes et de leurs rapports mutuels, l'a rapprochée de celle que nous nous en faisons aujourd'hui, en admettant des forces qui tiennent les atomes en équilibre et des espaces qui les séparent et qui sont beaucoup plus étendus que les atomes eux-mêmes.

Si jusque-là Gassendi demeure dans le vrai, ou du moins ne s'écarte pas des idées les plus vraisemblables, bientôt il s'éloigne des hypothèses raisonnables et tombe dans ces écarts qui ont si souvent et non sans raison exposé les partisans des atomes aux dédains des esprits exacts et positifs. Il forme, en effet, la lumière d'atomes ronds : ce sont des atomes particuliers qui font le froid, le chaud, les odeurs, les saveurs ; le son lui-même est formé d'atomes. Toutes ces erreurs, reconnues ou condamnées par les physiciens qui lui succédèrent, entraîneront dans un commun naufrage ce qui pouvait être utile et vrai dans le fond de ses idées.

Les atomes, il y a moins de cent ans, revinrent sur l'eau sous une forme qui fit grand bruit en Allemagne. Je veux parler de Wolf et de sa théorie des monades. Les monades de Wolf ne sont autre chose que des atomes, mais des atomes donnés, il faut en convenir, de propriétés très-extraordinaires. Son système fut discuté en Prusse avec une grande vivacité, et y occupa tellement les esprits que l'Académie de Berlin jugea convenable de proposer, en 1746, un prix pour la meilleure dissertation sur les monades. L'issue du concours académique fut fâcheuse pour elles et pour Wolf : on couronna un de ses adversaires.

Les monades vous offrent le plus bel exemple de l'abus du système atomique. Il n'est pas d'absurdité où l'on ne puisse arriver avec des atomes à qui l'on prête des propriétés de fantaisie. Rien de plus dangereux qu'une notion aussi vague, quand, dégagée de tout point d'appui expérimental, elle s'empare d'une imagination active et déréglée et surtout quand on ne recule pas devant son application à l'étude des phénomènes psychologiques.

SIXIÈME LEÇON.

Adressez-vous à Wolf, et demandez-lui ce que sont ces monades ; il vous répondra que ces monades sont des espèces d'atomes, mais des atomes d'une telle nature qu'il va les mettre à l'abri de l'argument déduit de la divisibilité infinie de la matière. En effet, ce ne sont pas des atomes doués d'étendue, ce ne sont pas non plus des points sans étendue. Qu'est-ce donc, direz-vous ? Ce sont, répondit-il sérieusement, des substances *quasi étendues*. Avec cette définition bâtarde, à laquelle vous ne vous attendiez guère, Wolf se croit tiré de tout embarras et placé sur un terrain inexpugnable.

En ce qui concerne le mouvement, il ne veut non plus blesser personne. Ses monades ne se meuvent pas ; elles ne sont pourtant pas immobiles ; mais elles ont en elles *la raison suffisante du mouvement*.

Voila comment, à l'aide d'une quasi-étendue et d'une raison suffisante du mouvement, l'auteur de la théorie des monades croyait aplanir toutes les difficultés qu'on opposait aux systèmes atomiques.

Avec lui, tout est monade. Dieu est monade. Nous sommes des monades, et nos idées aussi. Les monades se pressent-elles devant nous dans l'espace, elles deviennent obscures ; nous n'avons plus d'idées nettes. Mais s'écartent-elles, elles s'éclaircissent, la lumière se fait dans nos idées et nos conceptions deviennent justes et précises.

Ce système ne satisfit personne, malgré ces expédients de juste-milieu. Wolf eut beau chercher à éclaircir ces monades pour combattre le jugement académique ; il fut accablé, et il n'est resté de ces théories qu'un enseignement historique qui nous montre les dangers auxquels s'expose celui qui veut expliquer la nature *a priori*.

Presque en même temps parut en Suède un homme fort singulier qui eut aussi le malheur d'écrire des choses étranges sur les atomes. C'est le fameux Swedenborg, né à Stockholm en 1689. Il se distingue d'abord dans la culture des lettres et de la poésie, et obtint de fort bonne heure des succès brillants dans cette carrière. Dès l'âge de vingt ans il publia ses *Carmina miscellanea* ; et à trente ans son mérite déjà connu et apprécié lui valut des titres de noblesse. Quand on sait avec quelle réserve cette faveur était accordée en

Suède, on voit combien il fallait que son talent fût estimé pour lui mériter un tel honneur.

Vers l'âge de quarante ans, quittant les Muses pour les sciences, il publia ses Traités métallurgiques, qui sont des ouvrages classiques, dignes d'occuper une place entre le traité d'Agricola et les meilleurs de ceux que l'on ait faits de nos jours. Il en existe une édition très-belle en trois volumes in-folio et qui a maintenant un siècle de date, ce qui lui donne un vif intérêt en ce qui touche l'histoire des arts métallurgiques. Jusque-là les travaux de Swedenborg, poétiques ou scientifiques, brillant tour à tour par l'imagination ou par les faits, offraient les uns et les autres le genre de mérite qui leur convenait. Mais bientôt des idées trop abstraites s'emparent de son esprit, et il met au jour son *Prodromus principiorum*, où sont consignées ses idées sur la théorie atomique. Toutefois, comme s'il craignait de se compromettre, cet ouvrage paraît sans nom d'auteur.

Il admet dans les atomes une forme généralement sphérique ; mais il les conçoit associés de manière à constituer de petites masses diversement figurées. C'est donc de lui qu'est venue la première idée de créer ainsi des cubes, des tétramères, des pyramides, et les différentes formes cristallines, par des assemblages de sphères ; et c'est une idée qui depuis a été renouvelée par des savants très-distingués et en particulier par Wollaston.

Dans les solides, suivant Swedenborg, les atomes se touchent. Mais il y a nécessairement entre eux des intervalles vides en raison de la courbure de leurs surfaces. Plus écartés dans les liquides, les atomes se tiennent à distance et laissent entre eux des espaces plus grands. Dans ces espaces vides il introduit d'autres atomes dont la forme se prête à les remplir. Ce ne sont plus des sphères, ce sont des particules terminées par des surfaces courbes concaves et disposées de manière à imiter une sorte de coin.

Avec cela, il entre dans un détail que l'on n'avait jamais abordé. L'eau est formée de sphères et de molécules interposées dans leurs interstices. En se désagrégeant au fond de la mer, ces dernières prennent un nouvel arrangement, d'où résulte le sel marin. Les angles solides que renferment ces particules interstitielles constituent l'acide que l'on peut en extraire, et ce sont elles qui libérées constituent l'acide chlorhydrique.

SIXIÈME LEÇON.

Avec toutes ces hypothèses, il a la prétention de donner théoriquement, comme provenant de calculs basés sur les principes qu'il admet, des formes cristallines et des densités semblables à celles que fournit l'observation. À voir l'accord de ces résultats calculés avec ceux de l'expérience, on croirait volontiers qu'il y a quelque chose de fondé dans son système. Mais remarquez que ce sont tout simplement des conditions qu'il s'était posées et auxquelles il a satisfait dans ses spéculations. S'il avait tenté d'appliquer ses raisonnements à d'autres cas que ceux qu'il avait pris pour point de départ, il n'aurait pas manqué d'arriver à des conséquences toutes différentes des données expérimentales.

Observez cette tendance de son esprit qui l'arrache aux études précises pour le jeter dans les idées spéculatives : elle continue toujours à se manifester. Ses conceptions, à mesure qu'il avance, sont de plus en plus éloignées des faits ; et au *Prodromus rerum naturalium* succède le *Prodromus philosophiæ ratiocinantis* dont le titre s'explique, au besoin, par celui des divisions de l'ouvrage, qui sont intitulées *De infinito et causa finali creationis*, et encore *De mechanismo operationis animæ et corporis*. En appliquant son esprit à de telles méditations, il fait si bien qu'arrivé à l'âge d'environ 54 ans il devient illuminé, s'imagine recevoir la visite de Dieu et se trouver en communication avec les anges. Il prétend que dans ces entrevues mystérieuses des secrets cachés jusque-là dans le sein de la Divinité lui sont dévoilés ; il abandonne les sciences, et publie divers ouvrages mystiques, dans lesquels vous trouverez entre autres choses fort curieuses une description détaillée du paradis, tel qu'il s'est offert à l'esprit égaré du pauvre visionnaire. Bref, il n'a pas laissé de devenir, après sa mort, chef d'une secte particulière, qui compte, il est vrai, bien peu de membres, et qui est connue en Angleterre sous le nom de Nouvelle Église de Jérusalem.

Selon Swedenborg, on ne meurt pas, on se transforme ; c'est une espèce de métempsychose. Au surplus, si vous voulez prendre une idée de sa doctrine mystique, consultez un de nos modernes romanciers, qui a consacré l'un de ses ouvrages à l'exposition et à la personnification des dogmes des Swedenborgiens.

Après Swedenborg, Le Sage, de Genève, en publiant son *Essai de Chimie mécanique*, ouvrage d'ailleurs fort rare, car il n'a pas été mis dans le commerce, a mis au jour le dernier écrit que je connaisse qui ait pour objet d'établir un système atomique indépendamment de l'expérience. Le Sage, du reste, était devenu prodigieusement distrait et absorbé par ces idées. Tant s'est montrée fatale l'influence des méditations sur les atomes à ceux qui s'y sont jetés imprudemment et sans frein expérimental !

Tel était l'état des choses, à l'époque où furent reconnues les proportions chimiques, et où Dalton, s'appuyant sur elles, fit revivre les atomes. Mais si les atomes ne sont pas mieux établis par la raison pure, si l'expérience des chimistes ne donne rien qui oblige à les admettre, la théorie actuelle doit offrir mille difficultés fort épineuses car elle pèche par la base. C'est ce que vous apprécierez dans la séance prochaine, où vous verrez que toutes les idées les plus probables mises en avant dans cette théorie ont été démenties par l'expérience, comme si vraiment on avait voulu donner raison à cette proposition de Fontenelle : Quand une théorie paraît probable, soyez sûr qu'elle est fausse. Ce que j'aime mieux formuler ainsi : Ne prêtons jamais notre esprit à la nature, et cherchons plutôt à découvrir le sien : car dans ses grands ouvrages comme dans les plus petits les choses se font par des moyens toujours plus ingénieux, toujours plus grands par leur simplicité, ou plus attachants par leur finesse, que ceux que nous pouvons imaginer.

SEPTIÈME LEÇON.

(28 mai 1836.)

Combinaisons des gaz en volumes. — Rapports réels des volumes et des atomes. — Loi de Dulong et Petit. — Calorique spécifique des corps simples. — Calorique spécifique des composés. — Isomorphisme. — Conclusion.

Messieurs,

À l'époque où la nature de l'eau, mise au jour par les expériences de Cavendish, agitait tous les esprits, Lavoisier et Meunier cherchèrent à établir rigoureusement sa composition, et, procédant par synthèse, ils combinèrent les deux gaz dont elle est composée en les mesurant avec les plus grands soins. Les résultats de cette expérience remarquable ne s'éloignent pas beaucoup de

SEPTIÈME LEÇON.

la vérité, malgré les difficultés que présentait ce genre de travail ; car, en faisant usage de toutes les corrections alors connues, ils trouvèrent que l'eau devait être formée de 12 volumes d'oxygène et de 23 volumes d'hydrogène. Ainsi, ils obtinrent 23 volumes d'hydrogène au lieu de 24 ; l'erreur n'était donc que de 1/24 de la quantité trouvée. En voyant le volume de l'hydrogène déduit de leurs observations différer si peu du double volume de l'oxygène, il eût été assez naturel de l'attribuer à une erreur d'expérience ; mais la pensée qu'il pût exister en pareil cas un rapport simple ne se présenta pas à leur esprit.

Quelque temps après, la même expérience fut répétée par Fourcroy, Vauquelin et Seguin, et sur des quantités de gaz bien plus considérables, mesurées avec des soins infinis. Ils obtinrent jusqu'à 15 onces d'eau ; et vous pouvez d'après cela vous faire une idée des volumes énormes de gaz qu'ils durent combiner. La conclusion de leur travail fut que l'eau était composée de 205 volumes d'hydrogène pour 100 volumes d'oxygène. Malgré l'approximation de ce résultat, la pensée d'admettre un rapport simple ne s'offrit pas non plus à leur esprit.

Cependant, et ceci mérite attention, la moyenne des rapports obtenus dans les deux expériences que je viens de vous citer est presque le résultat vrai. Car les nombres donnés par Lavoisier et Meunier conduisent au rapport de 100 à 192. Fourcroy, Vauquelin et Seguin adoptèrent celui de 100 a 205. Le rapport intermédiaire est donc celui de 100 à 392/2, c'est-à-dire de 100 à 198.

Enfin, en 1805, M. de Humboldt, voulant rectifier quelques erreurs qu'il craignait d'avoir commises dans ses précédentes recherches d'eudiométrie, exécuta avec M. Gay-Lussac leur travail si connu sur l'analyse de l'air ; la détermination du rapport exact des éléments de l'eau, dont la connaissance était indispensable pour leurs recherches eudiométriques, les occupa d'abord. Ils constatèrent que 100 volumes d'oxygène en exigeaient exactement 200 d'hydrogène pour leur conversion en eau, et consignèrent leurs observations dans le Mémoire dont les conséquences ont été si fécondes.

Ce n'est que trois ans plus tard cependant, et après que Dalton, dans l'intervalle, eut publié son *Nouveau système*, que M. Gaylussac étendit à tous les gaz l'observation faite d'abord sur l'oxygène et l'hydrogène. Il établit alors la composition exacte des sels ammoniacaux, des oxydes d'azote, de l'ammoniaque, des acides du soufre, de l'acide carbonique et de l'oxyde de carbone.

Naturellement il se trouva conduit à discuter les opinions de Proust et de Berthollet, et se rapprocha des idées du premier. Il fit voir en effet l'appui que Dalton prêtait à Proust, et montra en même temps l'appui qu'il venait lui-même prêter à Dalton. Cependant il n'adopta pas les vues de Proust sur l'affinité. Considérant les combinaisons entre les gaz, et en général entre les corps qui s'unissent en quantités qui suivent des rapports simples, comme plus fortes que les autres, il pensa qu'elles deviennent limites par ce caractère même.

En somme, il regarda les gaz comme formés d'atomes qui se combinent en proportions simples et constantes, ainsi que Dalton l'avait supposé pour les corps en général.

Lorsque M. Gay-Lussac fit connaître sa belle loi sur les combinaisons des gaz, le premier volume de la *Philosophie chimique* de Dalton avait seul paru. On devait s'attendre à la trouver adoptée et développée dans le second : car c'était une bonne fortune rare pour un inventeur. Eh bien, pas du tout ! Dalton la repousse avec une sorte de dédain. Il en fait l'objet d'une note, comme s'il s'agissait du fait le plus insignifiant.

« Si, dit-il, cette loi est vraie, c'est une traduction de la mienne, et une traduction moins générale. Vous ne pouvez envisager que les gaz, quand j'embrasse tous les corps. Vous nommez *volume* ce que j'appelle *atome* ; voila d'ailleurs la seule différence. » C'est ce que M. Gay-Lussac avait lui-même bien déclaré. « Mais, ajoute Dalton, vous n'avez qu'à lire mon premier volume, et vous y verrez que *les atomes des gaz sont tous sphériques, et que le volume des sphères, quoique le même pour chaque gaz, varie d'un gaz à l'autre*. Votre loi ne saurait donc être exacte. »

Et, au fait, Dalton s'appuie sur toutes les analyses connues et incorrectes de ce temps pour montrer que les gaz ne se combinent pas en rapport simple, que seulement les rapports ordinaires de la loi des proportions multiples se font reconnaître dans leurs combinaisons ; et Dalton n'a jamais, que je sache, fait connaître

SEPTIÈME LEÇON.

son adhésion à la loi de M. Gay-Lussac, tant les idées préconçues les plus hypothétiques sur la forme et le groupement des molécules matérielles finissent par acquérir la force et l'empire de la réalité la plus claire. Pourtant les idées de M. Gay-Lussac étaient basées sur des épreuves précises, dont il était facile à tout le monde, à Dalton comme à tout autre, de vérifier l'exactitude.

Mais si Dalton, fort de ses hypothèses, niait cette belle loi de la nature, il s'est trouvé d'un autre côté bien des chimistes qui, en l'admettant, s'en sont fait une base pour se précipiter dans d'autres hypothèses, double écueil que la sagesse de l'inventeur avait su également éviter.

En effet, la plupart des chimistes qui se sont essayés aux spéculations de la théorie atomique, de même que quelques physiciens qui ont examiné ce sujet, ont cru pouvoir admettre, sans risque trop grave, que, dans les gaz, les atomes sont placés à égales distances, et qu'à volume égal il y en a, par conséquent, le même nombre dans deux gaz différents.

Cela, disait-on, paraîtra hors de doute, si l'on se rappelle que les gaz sont tous également compressibles, également dilatables, et que leurs combinaisons se font en volumes simples. Pourquoi les variations qu'éprouve un gaz dans son volume par les changements de pression ou de température sont-elles indépendantes de sa nature ? Pourquoi cette identité dans les effets produits par les forces physiques, sur tous les différents corps gazeux, identité qui n'existe plus pour les corps solides et liquides ? Ce ne peut être que le résultat d'un même mode de constitution, propre à toutes les matières gazeuses. Il faut donc que leurs atomes soient placés à la même distance, quand les circonstances sont les mêmes : car comment concevoir autrement la similitude de leurs constitution ? Enfin les observations de M. Gay-Lussac, en établissant que dans l'énoncé des lois des combinaisons qui s'effectuent entre gaz, on pouvait substituer le mot *volume* au mot *atome*, semblaient donner aux considérations précédentes le plus haut degré de probabilité.

La Physique et la Chimie paraissaient donc conduire également à cette même conséquence. Mais si les gaz renferment le même nombre d'atomes à volume égal, il faut pourtant s'expliquer : car 1 volume de chlore et 1 volume d'hydrogène en font 2 d'acide chlorhydrique ; 1 volume d'azote et 1 volume d'oxygène en font 2 de bioxyde d'azote. Par conséquent il faut que l'atome du chlore et celui de l'hydrogène puissent se couper en deux, pour donner naissance aux deux atomes de gaz chlorhydrique. Il faut de même que l'atome d'azote et l'atome d'oxygène se coupent en deux, pour former les atomes de bioxyde d'azote. Une multitude de composés gazeux nous forceraient à reconnaître des divisions analogues dans les atomes de leurs éléments.

C'est aussi ce que j'ai admis, il y a dix ans, quand j'ai commencé à écrire sur ces questions, en ayant d'ailleurs bien soin d'expliquer dans quel sens j'entendais alors le mot *atome* ; et je n'oserais citer ici mon opinion sur ces matières, si je n'avais été pris à partie par un chimiste anglais à ce sujet.

« Comment, dit-il, M. Dumas nous demande de partager le chlore et l'hydrogène en atomes, c'est-à-dire en petites masses indivisibles, insécables ; puis, quand à grand'peine je me suis représenté de telles masses, il ajoute : Maintenant voulez-vous faire de l'acide chlorhydrique ? Alors, coupez en deux ces masses insécables !!

» Puis, quand vous aurez coupé ces atomes, prenez la moitié d'un atome de chlore et la moitié d'un atome d'hydrogène, soudez-les et vous ferez un atome d'acide chlorhydrique.

» Si c'est là votre recette, ajoute le chimiste anglais, permettez que je vous réponde par un petit apologue.

» Je trouve dans Lewis l'histoire d'un *Démon* qui enlève une jeune dame, et qui, pour gagner ses bonnes grâces, s'engage à exécuter ses trois premiers ordres : « Montrez-moi, lui dit-elle, le plus sincère de tous les amants. » Cela fut fait à l'instant. « Bien, monsieur, continue-t-elle, mais montrez-m'en un plus sincère maintenant ? » Le démon fut déconcerté.

» Mais que serait-il arrivé si la dame eût été entre les mains de celui qui peut nous montrer un atome, puis le couper en deux ? Celui-la n'aurait éprouvé aucun embarras, sans doute, à faire paraître l'amant le plus sincère, puis un plus sincère encore. »

M. Griffins n'a pas compris que j'avais pris soin de distinguer des atomes relatifs aux forces physiques et des atomes relatifs aux forces chimiques ; c'est-à-dire, des masses insécables pour les premières, et d'autres masses sécables pour les secondes. Il est donc possible de couper avec les unes ce qui résiste aux autres. Dans le cas du chlore et de l'hydrogène, la Chimie coupait les atomes que la Physique ne pouvait pas couper. Voilà tout.

Quelques personnes ont voulu éviter ces distinctions et ont imaginé de restreindre la règle générale aux gaz simples. Ceux-ci, dit-on, sont tous comparables entre eux, et ne le sont plus avec les gaz composés : eux seuls renferment le même nombre d'atomes à volumes égaux.

Voici ce qui en résulterait : c'est qu'en prenant la densité de l'oxygène pour 100, celle des autres gaz simples donnerait leur poids atomique, et l'on aurait ainsi :

Oxygène	100
Hydrogène	6,24
Azote	88,5
Chlore	221,3

La densité de la vapeur du brome et de celle de l'iode conduirait de même aux nombres suivants :

| Brome | 489,1 |
| Iode | 789,7 |

Ces atomes, ainsi établis, satisfont non-seulement à la règle d'où ils découlent, mais encore à toutes les convenances de la Chimie. Aussi tout le monde les admet-il ; aussi a-t-on pensé que cette règle, en quelque sorte devinée, devenait un axiome incontesté en présence d'un tel accord. Voyons donc si, en effet, son application ne peut donner lieu à aucune contestation.

Dans l'ammoniaque on trouve 3 volumes d'hydrogène pour 1 volume d'azote. Or l'hydrogène phosphoré lui ressemble beaucoup. Ce sont deux composés correspondants de deux corps simples dont les propriétés chimiques présentent la plus grande analogie ; ce sont deux gaz susceptibles de jouer le rôle de base, et qui renferment l'hydrogène au même état de condensation. On devait donc admettre que dans l'hydrogène phosphoré l'azote de l'ammoniaque se trouvait remplacé par le phosphore, volume pour volume ; on devait croire que, pour 3 volumes d'hydrogène, il y avait 1 volume de phosphore gazeux ; auquel cas, la densité de la vapeur du phosphore eût été exprimée, en la rapportant à celle de l'oxygène prise égale à 100, par le nombre 196 ; mais l'expérience donne 392, c'est-à-dire le double.

L'arsenic va nous conduire à une observation toute pareille. Il est absolument dans le même cas ; car, en partant de l'hydrogène arsénique, et le comparant à l'ammoniaque, ou trouvera 470 pour la densité de la vapeur d'arsenic, tandis que la densité de sa vapeur observée donnerait le nombre 940.

Ainsi donc, point de milieu : il faut ou renoncer aux plus belles analogies de la Chimie et à des lois que nous discuterons tout à l'heure et qui sont pleines d'intérêt, ou convenir qu'à volume égal le phosphore, l'arsenic et l'azote ne contiennent pas le même nombre d'atomes.

On fera peut-être quelques difficultés, en s'appuyant sur la nature problématique de l'azote. Des chimistes très-distingués, et M. Berzélius en particulier, ont en effet présenté des considérations qui tendraient à faire envisager ce gaz comme un corps composé. Mais que dire dans le cas de l'oxygène et du soufre ? Ne sont-ce pas des corps qui se ressemblent en tous points, et bien connus tous les deux ? Et cependant, si, partant de la composition de l'eau qui renferme 2 volumes d'hydrogène et 1 volume d'oxygène, vous dites que l'hydrogène sulfuré doit contenir aussi 2 volumes d'hydrogène et 1 volume de vapeur de soufre, vous trouverez pour la densité du soufre en vapeur 201, en prenant 100 pour celle de l'oxygène. Or l'expérience fait voir qu'elle est réellement représentée par 603 ; d'où l'on voit qu'ici le poids atomique déduit de la règle, qui ferait admettre des nombres égaux d'atomes dans les corps simples gazeux, à volumes égaux, est triple de celui qu'auraient fait adopter les analogies si frappantes que le soufre et l'oxygène présentent dans leurs combinaisons avec l'hydrogène ou les métaux.

Il ne peut donc rester aucun doute à ce sujet : la conséquence que l'on pouvait se permettre de tirer des densités des quatre corps simples naturellement gazeux et des densités observées dans le brome et l'iode en vapeur se trouve ouvertement et incontestablement démentie par les observations dont le phosphore, l'arsenic et le soufre ont été l'objet. Ainsi, il faut le déclarer nettement, les gaz, même quand ils sont simples, ne renferment pas, à volume égal, le même nombre d'atomes, du moins le même nombre d'*atomes chimiques*.

Vous remarquerez que, dans les trois exemples qui nous ont servi à le prouver, les atomes chimiques semblent s'être groupés ; qu'ainsi les particules gazeuses de phosphore ou d'arsenic en contiennent deux fois autant que celles d'azote ; que les particules gazeuses du soufre renferment trois fois autant d'atones chimiques qu'il y en a dans les particules du gaz oxygène. Vous direz donc à l'égard de ces corps que l'action chimique produit une division plus grande que l'action de la chaleur, et vous ne pourrez rien affirmer de plus.

Je dois vous faire observer que le contraire paraissait d'abord avoir lieu à l'égard du mercure. Ce métal constitue des composés que l'on a tout lieu de regarder comme analogues à ceux du plomb ou de l'argent. L'oxyde rouge de mercure devrait donc renfermer 1 volume de mercure uni à 1 volume d'oxygène, ainsi que l'a depuis longtemps supposé M. Gay-Lussac. Par suite, l'oxygène étant 100, on aurait 1264 pour le poids atomique du mercure. Or l'expérience donne 632 pour la densité de la vapeur de ce métal. Dans le cas actuel, la chaleur diviserait donc les particules du corps plus que l'action chimique, et il faudrait dire que les atomes chimiques du mercure se divisent en deux pour constituer les particules du mercure gazeux.

Mais tout porte à croire que c'est aux formules généralement admises et données par M. Berzélius qu'il faut s'en prendre et non point à la densité de la vapeur du mercure, s'il y a là une anomalie aussi choquante. En effet, il y a toute apparence que le véritable atome du mercure est représenté par 632, comme l'indique la densité de sa vapeur ; et que, si le mercure est analogue à l'argent, ce que je suis loin de nier, c'est l'atome de l'argent qu'il faut modifier et réduire à moitié, ainsi que les observations de M. Rose l'ont conduit à le faire.

Ainsi, en admettant que la Chimie ait quelque moyen de définir les poids atomiques, on peut dire qu'en prenant des volumes égaux de gaz, on a tantôt le même nombre d'atomes chimiques, tantôt le double ou le triple de ce nombre, mais jamais moins. En conséquence, on ne peut éviter de convenir que la considération des gaz ne nous apprend rien d'absolu à ce sujet.

Que l'on admette, si l'on veut, dans les gaz des groupes moléculaires ou des groupes atomiques en nombres égaux, à volume égal, on contentera tout le monde ; mais on ne donnera rien d'utile à personne jusqu'à présent. Ce ne sera après tout qu'une hypothèse, et sur ce sujet on n'en a déjà que trop fait.

Résumons les faits. Les gaz sont tous également compressibles ; ils sont de même également dilatables. Ils se combinent en rapports constants, et simples en volumes : la contraction qu'ils éprouvent en se combinant est nulle ou de nature à s'exprimer par un rapport simple. Voilà des propositions qu'on peut énoncer en toute confiance, parce qu'elles ne sont que l'expression des résultats de l'expérience.

Si l'on veut aller plus loin, on peut ajouter que les raz paraissent formés de groupes moléculaires plus ou moins condensés, que ces groupes contiendraient tantôt un même nombre de ces autres groupes qui constituent les atomes chimiques, tantôt un nombre double ou triple ; car on doit supposer non-seulement que les atomes physiques des gaz sont des réunions de masses petites, distinctes les unes des autres, mais qu'il en est encore de même des atomes chimiques.

Voilà où nous en sommes sur ce point, et si maintenant j'ajoute qu'au lieu de creuser plus à fond ces hypothèses il vaudrait bien mieux chercher des bases certaines pour appuyer des théories plus solides, vous serez très-probablement de mon avis. Vous penserez comme moi, sans nul doute, qu'il sera plus rationnel et plus utile de s'attacher à déterminer les densités des vapeurs qui nous sont inconnues par les méthodes que nous possédons, quand elles peuvent s'y appliquer, ou bien d'imaginer de nouvelles méthodes pour les cas où celles-ci sont inapplicables, sans dédaigner la recherche des densités des corps composés ; car, bien que moins utiles en apparence, elles nous apprennent néanmoins des lois de condensation d'un très-haut intérêt. Voilà, sans contredit, la seule direction profitable pour les esprits qui veulent s'occuper de ces questions ; voilà la seule voie qui puisse actuellement mener à éclaircir nos vues sur ces matières.

SEPTIÈME LEÇON.

N'allez pas vous imaginer, en effet, que je nie l'importance des découvertes faites sur les gaz ou les vapeurs. Je me borne à dire que le sujet n'est point achevé, et que par suite il a été jusqu'ici impossible d'établir aucune loi absolue, mais que l'on a trouvé seulement des rapports variables, quoique toujours simples.

C'est il y a bientôt vingt ans que la théorie atomique eut son beau moment. On croyait alors à l'efficacité des notions puisées dans les considérations relatives aux gaz, et MM. Petit et Dulong firent connaître une loi qui, pouvant embrasser tous les corps et particulièrement les corps solides, semblait destinée à combler le vide que ne pouvaient remplir les notions précédentes, à l'égard des corps fixes ou trop difficiles à volatiliser ; mais malheureusement cette loi nouvelle, appliquée à la détermination des atomes chimiques, va nous offrir non moins d'exceptions que la loi de l'égalité du nombre d'atomes, à volume gazeux égal. Elle consiste à dire que, pour échauffer d'un degré un atome de chaque corps simple, il faut une égale quantité de chaleur.

Les quantités de chaleur nécessaire pour échauffer d'un degré les différents corps, pris à poids égaux, varient suivant leur nature, ce dont il est facile de s'assurer par l'expérience. Si, par exemple, vous prenez 1 kilogramme d'eau à 20 degrés et 1 kilogramme d'eau à 10 degrés, après le mélange, vous trouverez dans la masse une température qui sera réellement la moyenne des températures observées auparavant dans chacune des parties, et vous aurez ainsi 2 kilogrammes d'eau à 15 degrés. Mais, au lieu d'opérer sur deux masses d'une même nature, prenez-en deux de natures différentes ; prenez, si vous voulez, 1 kilogramme d'eau à 14 degrés et 1 kilogramme de mercure à 100 degrés. La température moyenne serait 57 degrés. Eh bien, ce ne sera point celle que vous remarquerez dans les deux kilogrammes mélangés ; bien loin de là, le thermomètre y indiquera seulement 17 degrés. Ainsi le mercure perd 83 degrés quand l'eau en gagne 3 ; ainsi une même quantité de chaleur produit sur des masses égales de mercure et d'eau des variations de température qui sont dans le rapport de 83 à 3 ; par conséquent, le mercure n'exigera, pour s'échauffer d'un certain nombre de degrés, que les 1/28 de la quantité de chaleur que fera subir à l'eau la même élévation de température. Ce nombre 1/28 est ce qu'on appelle la *chaleur spécifique* du mercure, ou sa capacité pour la chaleur.

Si vous cherchez ainsi les chaleurs spécifiques des divers corps simples, vous trouverez des nombres très-différents, qui ne vous paraîtront assujettis à aucune loi. Mais, au lieu de comparer les corps simples sous le même poids, prenez-en des poids proportionnels à leurs poids atomiques ; prenez, par exemple, 201 parties de soufre, 339 parties de fer, 1243 parties de platine, et vous trouverez qu'en prenant d'égales quantités de chaleur, ces corps éprouveront un égal changement de température.

Rien de plus facile que de vérifier ce fait, en connaissant les chaleurs spécifiques obtenues à l'aide des moyens dont la Physique permet de disposer. Elles nous font connaître d'une manière relative les quantités de chaleur absorbées par un même poids des différents corps, pour subir une même variation de température. Multiplions-les par les poids atomiques : nous aurons l'expression relative des quantités de chaleur absorbées par des poids qui représentent le même nombre d'atomes ; ce qui donnera par conséquent les rapports des quantités de chaleur prises par les atomes eux-mêmes, pour une égale élévation de température. Évidemment, cette vérification ne peut se faire qu'avec des poids atomiques admis déjà sur d'autres bases ; mais, la loi une fois établie, on pourra s'en servir pour déterminer des poids d'atomes que d'autres considérations ne permettraient pas de fixer. En effet, puisque le produit du poids atomique par la chaleur spécifique devra toujours donner un nombre constant et connu, il suffira de diviser ce nombre constant par la chaleur spécifique d'un corps pour en avoir le poids atomique.

Voici, du reste, le tableau des poids d'atomes déduits des chaleurs spécifiques observées par MM. Dulong et Petit. Vous voyez que le produit des poids atomiques par les capacités pour la chaleur est toujours environ 37,5, de sorte qu'en supposant que la loi fût vraie, il suffirait de diviser ce nombre par la capacité calorifique d'un corps simple pour en avoir le poids atomique.

	Capacités pour la chaleur	Poids atomiques.	Produits de la capacité par le poids atomique.
Bismuth	0,0288	1330	38,30

Plomb	0,0293	1294	37,94
Or	0,0298	1243	37,04
Platine	0,0314	1233	38,71
Étain	0,0514	735	37,79
Argent	0,0557	675	37,59
Zinc	0,0927	403	37,36
Tellure	0,0912	401	36,57
Cuivre	0,0949	395	37,55
Nickel	0,1035	369	38,19
Fer	0,1100	339	37,31
Cobalt	0,1498	246	36,85
Soufre	0,1880	201	37,80

Mais les particules matérielles auxquelles cette loi s'applique sont-elles les mêmes que les atomes chimiques ? C'est là maintenant ce qu'il faut voir.

Considérons d'abord les gaz élémentaires. Nous n'y trouverons matière à aucune objection. La capacité pour la chaleur de l'oxygène, de l'azote et de l'hydrogène a été déterminée par M. Dulong, et il s'est assuré qu'à volumes égaux elle était la même pour ces trois gaz. En leur appliquant la loi de MM. Petit et Dulong, on serait donc conduit à y reconnaître un nombre égal d'atomes à volume égal : ce qui s'accorde à la fois avec les vues de la Chimie, et la supposition anciennement faite sur la constitution des corps gazeux.

Prenons ensuite le soufre, dont la densité à l'état gazeux nous a offert une anomalie si inattendue. La chaleur spécifique du soufre, ainsi que vous le voyez dans le tableau, conduit au poids atomique 201, qui est précisément celui que tous les chimistes ont adopté. Ici, par conséquent, se manifeste une opposition inévitable entre la théorie qui supposerait un même nombre d'atomes dans des volumes égaux de corps simples gazeux, et celle qui supposerait à ces atomes une même capacité pour la chaleur. L'adoption de l'une nécessite le rejet de l'autre, puisque l'atome du soufre donné par la vapeur serait égal à 603 et qu'il n'est que 201, quand on le prend par les chaleurs spécifiques. Mais nous avons déjà fait le sacrifice de la première hypothèse comme moyen de nous donner les atomes de la Chimie. La seconde nous mène à choisir pour le soufre l'atome déduit des considérations fournies par la Chimie elle-même. Jusque-la, rien de mieux.

Mais si, remontant le tableau, nous passons au cobalt, nous rencontrons alors un poids d'atome qui n'est que les ⅔ de celui que la Chimie exige. Effectivement, comparé avec le fer, le nickel, le zinc, etc., le cobalt est l'un des corps dont l'atome chimique est le mieux fixé par ses analogies. Il faut que les composés du cobalt soient représentés par des formules semblables à celles des composés correspondants de nickel, de zinc, etc. Il faut, par conséquent, que l'atome de cobalt pèse 369 : autrement cette condition ne pourrait être remplie. Mais la chaleur spécifique du cobalt donnerait 246, c'est-à-dire les deux tiers du nombre précédent. À l'égard de ce métal, voilà donc la règle tirée des capacités pour la chaleur qui se trouve elle-même en défaut.

Si cette exception était la seule, peut-être quelques personnes seraient-elles portées à attribuer cette anomalie à la présence de quelques impuretés dans le cobalt sur lequel on a opéré pour en chercher la chaleur spécifique, et à croire qu'il se trouvait combiné avec une certaine quantité de carbone, qui aurait changé complètement les résultats. Je dois dire même que tel est mon avis, le cobalt employé provenant de la distillation de l'oxalate et le carbone ayant une chaleur spécifique si forte qu'une quantité très-faible de ce corps suffirait pour modifier tout à fait la chaleur spécifique du cobalt.

Mais nous allons trouver un exemple qui, je le crains, ne laisse plus rien à répliquer, dans le tellure, lequel, comparé au soufre, s'en rapproche de toutes les manières sous le point de vue chimique, et s'en éloigne tout à fait sous le point de vue des capacités pour la chaleur ; car, tandis que, pour représenter les combinaisons correspondantes que forment le soufre et le tellure, il faut prendre 802 pour le poids atomique de ce dernier corps, sa chaleur spécifique lui en assignerait un qui pèserait seulement 401, c'est-à-dire moitié moins.

Enfin j'arrive à l'argent, et je vois que, pour satisfaire à la loi des capacités calorifiques, il faudrait lui donner 676 pour poids atomique, nombre qui est encore moitié trop faible ; car les chimistes ont adopté généralement 1352.

En vous rappelant la réduction à moitié que la densité de la vapeur du mercure semble exiger dans le poids atomique admis pour ce métal, vous allez peut-être dire : Eh bien, il est tout simple que la chaleur spécifique de l'argent réclame pour son poids atomique une pareille réduction ; car les poids atomiques des deux métaux étant ainsi l'un et l'autre pareillement réduits, leurs combinaisons ne cesseront pas d'être d'accord. Mais alors, prenez-y garde, car la chaleur spécifique du mercure, celle que lui assignent les expériences qui méritent le plus de confiance, s'accorde sensiblement avec le poids atomique ordinaire que les chimistes ont jusqu'ici adopté pour ce métal.

Conséquemment, pour fixer les poids atomiques du mercure et de l'argent, admettra-t-on la chaleur spécifique du premier, celle du second ne vaudra rien, et alors il en sera de même de la densité de la vapeur du mercure. Voudra-t-on s'appuyer sur la chaleur spécifique de l'argent, ce qui permettra d'invoquer pour le mercure la densité de sa vapeur, on sera forcé de repousser la chaleur spécifique de ce dernier métal. Ainsi, dans l'un et l'autre cas, il faudra rejeter une des données fournies par les chaleurs spécifiques. Avouons que l'état liquide du mercure peut rendre sa chaleur spécifique tout autre que celle qu'il aurait à l'état solide.

Rappelons que la capacité calorifique du tellure ne conduit pas plus à son atome chimique que la densité de la vapeur du soufre à l'atome chimique de celui-ci. En face de ce fait, il faut nécessairement conclure en disant que, si les densités des corps simples, à l'état gazeux, ne peuvent pas nous fournir leurs atomes chimiques, leurs chaleurs spécifiques ne sauraient non plus nous l'enseigner d'une manière absolue.

Me demanderez-vous comment je conçois les particules matérielles qui ont la même capacité pour la chaleur ? Je vous répondrai que dans l'état actuel il est impossible de rien affirmer de précis sur cette question. Que si l'on veut se laisser aller aux suppositions, on sera disposé à penser que la chaleur spécifique se rapporte aux vrais atomes, aux dernières particules des corps. Cela admis, on conçoit très-bien comment les atomes chimiques pourront être exprimés par des nombres quelquefois égaux à ceux qui représenteraient ces dernières particules, et d'autres fois par des nombres plus forts ou plus petits, selon l'unité adoptée.

Pour me faire facilement comprendre, je supposerai pour un moment qu'il y ait, par exemple dans un atome chimique de soufre, de cuivre, de zinc, etc., 1000 atomes du dernier ordre ; qu'il y en ait 2000 dans un atome chimique de tellure et 250 dans un atome chimique de carbone. Supposons d'ailleurs que les atomes chimiques du soufre, du fer, du cuivre, du zinc, soient exprimés chacun par le même nombre que l'atome vrai, déduit de la capacité calorifique.

Ne faudra-t-il pas que l'atome chimique du tellure, qui renfermera deux fois plus de véritables atomes que ceux des corps précédents, soit représenté par un poids double ? Le poids atomique des chimistes ne sera donc plus alors égal au poids tiré de la chaleur spécifique : il sera exprimé par un nombre double. L'atome chimique du carbone, au contraire, pèsera quatre fois moins.

L'exemple du tellure et du soufre paraît tout à fait concluant, en particulier, pour permettre de croire à des arrangements de cette nature.

Au surplus, il reste beaucoup à faire sur ces matières. Avant de bâtir avec quelque confiance un système sur ce terrain, il faut qu'un grand nombre d'expériences précises soient venues l'éclairer. C'est ainsi qu'il serait de la plus haute importance d'étudier les corps composés sous le rapport de leurs capacités pour la chaleur ; car il ne faut pas s'imaginer que la relation des capacités calorifiques aux poids d'atomes n'existe que pour les corps simples : elle se retrouve aussi dans les composés du même ordre. On aurait donc tort d'y chercher une preuve de la justesse de l'idée que nous nous faisons des corps qui nous paraissent élémentaires, et l'on peut dire que la capacité de leurs atomes chimiques tend vers l'égalité, parce que ce sont des corps du même ordre, et sans que la simplicité de leur composition en découle nécessairement.

Jetez les yeux sur le tableau où sont inscrits les résultats de M. Neumann sur la chaleur spécifique d'un certain nombre de carbonates et de sulfates. Vous y voyez que les carbonates de chaux, de baryte, de strontiane, de protoxyde de fer, de zinc et de magnésie doivent avoir à nombre égal d'atomes des capacités pour la chaleur égales ; car les produits de leurs poids atomiques par leur capacité à poids égal donnent toujours à peu près le même nombre, et ne diffèrent que de quantités qui, sans aucun doute, doivent être attribuées aux erreurs d'expériences qu'il est impossible d'éviter dans des recherches si délicates. Les sulfates de baryte, de strontiane, de chaux, de plomb, donnent lieu de faire une semblable remarque. En multipliant leurs poids atomiques par leurs chaleurs spécifiques, on obtient pour tous environ 155.

	Capacités pour la chaleur	Poids atomiques.	Produits de la capacité par le poids atomique.
Carbonate de chaux	0,2044	632	129,2
Carbonate de baryte	0,1089	1231	132,9
Carbonate de fer	0,1810	715	130,0
Carbonate de plomb	0,0810	1668	135,0
Carbonate de zinc	0,1712	779	133,5
Carbonate de strontiane	0,1445	923	133,2
Carbonate double de chaux			
Magnésie	0,2161	1167	126,1
Moyenne			131,4
Sulfate de baryte	0,1068	1458	155,7
Sulfate de chaux	0,1854	857	158,9
Sulfate de strontiane	0,1300	1148	149,2
Sulfate de plomb	0,0830	1895	151,3
Moyenne			154,6

Pour les autres corps composés, nous manquons de données assez précises pour nous permettre de faire de semblables comparaisons ; cependant ce sont des points qui sont du plus haut intérêt pour la philosophie de la Chimie. Déterminez donc un grand nombre de chaleurs spécifiques, et certainement leur discussion attentive jettera la plus vive lumière sur cet important sujet.

Dans l'état actuel des choses, il paraît assez vraisemblable que l'égale capacité pour la chaleur appartient aux vrais atomes, mais que la Chimie met en mouvement des groupes de ceux-ci, dans lesquels le nombre des atomes varie suivant la nature des corps, quoique toujours en rapport simple, et que d'ailleurs il ne faut pas s'attendre à retrouver constamment dans des volumes égaux de gaz un nombre égal des plus petites particules matérielles, ni même un nombre égal des groupes de ces particules sur lesquels la Chimie opère.

Voici donc, relativement à l'état présent de nos connaissances, la conséquence la plus probable à laquelle on arrive, ce me semble, en essayant de rendre compte de la constitution intime des corps. La matière est formée d'atomes. Les chaleurs spécifiques nous enseignent les poids relatifs des atomes des diverses sortes. La Chimie opère sur des groupes d'atomes de matière. Ce sont ces groupes qui, en s'unissant dans différents rapports, produisent les combinaisons en suivant la loi des proportions multiples ; ce sont eux dont le déplacement mutuel donne lieu de remarquer la règle des équivalents dans les réactions. Enfin la conversion en gaz ou en vapeur crée encore d'autres groupes moléculaires, dont dépendent les lois observées par M. Gay-Lussac.

Ainsi les densités à l'état gazeux et les chaleurs spécifiques sont loin de nous suffire pour fixer le poids des atomes chimiques, et ne sauraient d'ailleurs s'appliquer à tous les corps. Cherchons, s'il est possible, une méthode plus sûre et plus générale. Or il en est une troisième due à M. Mitscherlich, et dont la première base a été signalée par M. Gay-Lussac.

M. Gay-Lussac observa, il y a déjà longtemps, qu'un cristal d'alun à base de potasse, transporté dans une dissolution d'alun à base d'ammoniaque, y grossissait, sans que sa forme se modifiât, et

SEPTIÈME LEÇON.

pouvait ainsi se recouvrir de couches alternatives des deux aluns, en conservant sa régularité et son type cristallin. Cette expérience fut ensuite répétée par M. Beudant, qui remarqua pareillement d'autres faits analogues.

Dans ces derniers temps, M. Mitscherlich approfondit ces observations et précisa les conditions dans lesquelles deux substances peuvent se substituer l'une à l'autre dans un cristal, sans en altérer la forme. Il fit voir qu'elle n'avait lieu qu'entre les corps dont la forme cristalline est la même ou du moins ne diffère que par de légères modifications dans les angles. Il établit de plus que tous les sels, et, en général, tous les composés, qui se correspondent par leur composition, qui se représentent par des formules atomiques similaires, sont susceptibles de cette substitution mutuelle dans un même cristal, précisément parce que leurs cristaux appartiennent au même type, propriété qu'il a désignée sous le nom d'*isomorphisme*.

Comme le nom l'indique, les corps *isomorphes* sont donc ceux qui cristallisent de la même manière et qui par suite sont capables de se mêler ou de se superposer dans un cristal sans en changer la forme. Comme conséquence de ces observations, M. Mitscherlich a admis qu'en général les corps isomorphes devaient être formés d'un même nombre d'atomes unis de la même manière.

À l'aide de cette loi, rien de plus facile que de déterminer les poids atomiques d'un grand nombre de corps simples. Il ne s'agit que de fixer une unité, en quelque sorte, c'est-à-dire une formule qui serve de point de départ. Tout le reste s'en déduit ensuite immédiatement.

Admettez, par exemple, que la chaleur spécifique du fer vous donne son poids atomique, qui sera 339. Pour satisfaire à ce poids d'atome, il faudra que le protoxyde de fer ait pour formule FeO, et le peroxyde Fe^2O^3. Le manganèse, l'un des corps qui se rapproche le plus du fer par ses propriétés, aura son atome doublement fixé par l'isomorphisme ; car son protoxyde étant isomorphe avec celui du fer, et son sesquioxyde avec le peroxyde de fer, il faudra assigner à ces deux oxydes les formules MnO et Mn^2O^3, qui conduisent l'une et l'autre au nombre 346, comme poids de l'atome de manganèse.

Mais les conséquences déduites de l'isomorphisme et basées sur le poids atomique adopté pour le fer ne vont pas s'arrêter là ; il s'en faut de beau coup.

D'abord, comme le bioxyde de cuivre, les protoxydes de nickel, de cobalt, de zinc, de cadmium, etc., sont isomorphes avec les protoxydes de manganèse et de fer, leurs métaux ont leurs atomes fixés en même temps que celui du manganèse. Il en est de même pour le chrome, l'aluminium, le glucinium, etc., car leurs oxydes sont isomorphes avec les sesquioxydes de fer et de manganèse.

Mais, de plus, voilà les formules des composés oxygénés du manganèse arrêtées, de la manière suivante :

MnO pour le protoxyde,
Mn^2O^3 pour le sesquioxyde,
MnO^2 pour le bioxyde,
MnO^3 pour l'acide manganique,
Mn^2O^7 pour l'acide permanganique.

Et les formules de ces deux acides vont nous servir à reconnaître les atomes d'autres corps simples. L'acide manganique, en raison de l'isomorphisme des sels qu'il forme avec les sulfates, les séléniates, les chromates, etc., nous donne le moyen d'en déduire les poids atomiques du soufre, du sélénium, du tellure, du chrome, etc. L'acide permanganique, étant de même isomorphe avec l'acide perchlorique, nous apprendra à connaître le poids atomique du chlore et par suite ceux de ses isomorphes, tels que le fluor, le brome, etc. ; de telle sorte que de cette manière presque tous les corps de la Chimie se rattacheront l'un à l'autre.

L'application de l'isomorphisme à la recherche des poids d'atomes se fait donc avec la plus grande facilité. Vient-on ensuite à se servir des atomes ainsi établis, on trouve qu'ils satisfont très-bien aux besoins de la Chimie. Avec eux, on réunit tous les corps qui se ressemblent chimiquement, ceux qui peuvent se remplacer, et qui cristallisent de la même manière aux angles près, et on leur assigne des formules qui rappellent toutes ces propriétés.

En résumé, l'étude des densités des gaz ou des vapeurs, des chaleurs spécifiques des formes cristallines, fournissent, quand on fait intervenir l'idée d'atomes, des notions du plus haut intérêt, quoique encore incomplètes. Par cela seul, on peut le dire,

SEPTIÈME LEÇON.

l'existence des atomes a paru très-probable, et peut-être s'est-on trop pressé de l'admettre si l'on entend le mot *atome* à la manière des anciens.

Mais comment définir leur nombre, même relatif, dans les volumes gazeux, leurs poids dans les masses soumises aux expériences de capacités calorifiques, les rapports suivants avec lesquels ils sont réunis dans les cristaux ? En un mot, quelle confiance méritent les poids atomiques adoptés et la marche suivie pour les déterminer ?

Voici ma réponse. S'agit-il de la Chimie, prenez l'isomorphisme ; il rend sensible mille notions pleines d'intérêt. Que faire ensuite des autres propriétés physiques des corps, telles que les densités à l'état gazeux et les chaleurs spécifiques ? Il faut en faire des caractères dont on pourra tirer parfois un parti fort avantageux, mais dont il ne faut pas oublier que la valeur n'a rien d'absolu. Il faut y voir des caractères dont l'importance peut varier, comme on le remarque souvent dans ceux qui servent à classer les êtres organisés. Ainsi, par exemple, passez-moi cette comparaison : dans les animaux, la couleur du sang est très-importante ; pourtant les annélides ont le sang rouge, et ils ne se rapprochent que des familles dans lesquelles le sang est blanc. Le nombre et la position des mamelles sont aussi certainement très-importants. Irez-vous toutefois placer la chauve-souris à côté de l'homme, parce qu'elle lui ressemble sous ce rapport ? Eh bien, serait-il impossible que les trois grands caractères dont il s'agit eussent des valeurs différentes selon les familles des corps simples ? C'est ce que l'avenir et l'expérience peuvent seuls nous apprendre.

Je terminerai par une dernière considération, par celle qui, si j'en étais le maître, se graverait le plus profondément dans vos esprits.

Nous avons vu par les résultats de Wenzel, de Richter, qu'il existe en Chimie des équivalents que l'on découvre facilement par la voie de l'expérience, quand il s'agit de corps acides, alcalins ou neutres.

J'ai eu l'honneur de vous dire en même temps qu'à l'égard des composés binaires nous étions fort embarrassés, et que nous n'avions aucun réactif propre à remplacer la teinture de tournesol à leur égard, s'il s'agissait de les classer selon leur état de saturation respectif.

Nous pouvons dire d'une manière certaine combien il faut de

tel ou tel acide pour équilibrer chimiquement 501 parties d'acide sulfurique, combien il faut de telle ou telle base pour équilibrer 590 parties de potasse.

Mais, quand on a voulu étendre ce genre de calcul à la Chimie entière, on n'a pu le faire sans abandonner la voie de l'expérience, qui ne suffisait plus lorsqu'il a fallu comparer entre eux les composés binaires, et par suite les éléments eux-mêmes.

Combien faut-il de sulfure de plomb pour équivaloir une quantité connue de chlorure de soufre d'eau ou d'oxyde de carbone ? Ce sont là des questions auxquelles on a d'abord répondu par des analogies, par de simples analogies plus ou moins contestables.

Tant que les Tables atomiques ont été formées ainsi en partie d'après les lois de Wenzel et de Richter, et en grande partie par de simples tâtonnements, elles ont laissé bien des doutes dans les meilleurs esprits.

C'est pour sortir de cette situation que l'on a essayé de tirer les poids atomiques de la densité des corps élémentaires ou de leur chaleur spécifique. En effet, si les poids atomiques des éléments étaient donnés, ceux des composés en découleraient nécessairement. L'inverse n'est pas également vrai, on le conçoit, et c'est pourtant cette marche inverse qu'on avait d'abord été obligé de prendre.

Il est certain que la densité des gaz ne donne pas leurs poids atomique ; il est probable que la capacité calorifique des corps ne la donne pas non plus ; les équivalents des acides, bases ou sels, ne peuvent nous faire connaître les atomes élémentaires ; et, tout considéré, la théorie atomique serait une science purement conjecturale, si elle ne s'appuyait sur l'isomorphisme.

Mais l'isomorphisme est un caractère observable non-seulement dans les sels, les acides, les bases, mais aussi dans les composés binaires ou les éléments. Entre deux corps binaires analogues, il peut servir à décider quels sont ceux qui s'équivalent. Ainsi, par exemple, quand vous trouvez que les sulfures de cuivre et d'argent Cu^2S et AgS sont isomorphes, il faut de toute nécessité que l'un des deux métaux ait été mal formulé. Comme Cu^2 paraît l'être bien par divers motifs, il faut écrire Ag^2, et admettre que l'ancien atome de l'argent en représentait réellement 2.

Ainsi l'isomorphisme vient contrôler et compléter ce que la

neutralité, les doubles décompositions avaient commencé. Il nous apprend à découvrir les *composés binaires équivalents*, les *éléments équivalents*, et, à ce titre, sa découverte constitue l'un des plus grands services qu'on ait jamais rendus à la Chimie, à la Philosophie naturelle.

Mais, vous le voyez, messieurs, que nous reste-t-il de l'ambitieuse excursion que nous nous sommes permise dans la région des atomes ? Rien, rien de nécessaire du moins.

Ce qui nous reste, c'est la conviction que la Chimie s'est égarée là, comme toujours, quand, abandonnant l'expérience, elle a voulu marcher sans guide au travers des ténèbres.

L'expérience à la main, vous trouverez les équivalents de Wenzel, les équivalents de Mitscherlich, mais vous chercherez vainement les atomes tels que votre imagination a pu les rêver, en accordant à ce mot, consacré malheureusement dans la langue des chimistes, une confiance qu'il ne mérite pas.

Ma conviction, c'est que les équivalents des chimistes, ceux de Wenzel, de Mitscherlich, ce que nous appelons *atomes*, ne sont autre chose que des groupes moléculaires. Si j'en étais le maître, j'effacerais le mot *atome* de la science, persuadé qu'il va plus loin que l'expérience ; et jamais en Chimie nous ne devons aller plus loin que l'expérience.

Les forces de la nature ont des bornes sans doute, mais quand nous sera-t-il permis de dire avec certitude : c'est là que sont les bornes assignées par une sagesse infinie aux forces de la nature ?

HUITIÈME LEÇON.
(4 JUIN 1836.)
Dimorphisme. — Isomérie.

MESSIEURS,

Examinez tous les gaz connus, soumettez-les à des épreuves multipliées, et toujours, pourvu que vous ne les détruisiez pas, vous y retrouverez les mêmes propriétés. Comprimez-les ou laissez-les se dilater ; échauffez-les ou refroidissez-les ; mettez-les ou non en contact avec divers corps, tant que leur identité subsistera, leurs propriétés aussi seront généralement conservées.

Deux exceptions toutefois ont été signalées : l'une est relative au gaz hydrogène, l'autre à l'hydrogène phosphoré. Tout le monde connaît l'action du platine sur le gaz hydrogène mêlé d'oxygène. On sait que sous l'influence du platine les deux gaz se combinent et se convertissent en eau. Cependant M. Faraday a observé que cette action, si facile avec l'hydrogène préparé par la décomposition de l'eau à froid par le zinc et un acide, l'était bien moins avec le gaz hydrogène obtenu en décomposant l'eau par le fer chauffé au rouge. Faut-il en conclure que l'hydrogène puisse présenter deux variétés ? Cette conséquence, qui serait bien digne d'attention, si elle était certaine, n'est pas du tout obligée ; car il y a tout lieu de croire que la différence signalée par M. Faraday provient d'une petite quantité d'oxyde de carbone existant dans le gaz préparé au moyen de fer à la chaleur rouge. À cette température, en effet, le carbone combiné avec le fer doit nécessairement agir lui-même sur l'eau, et donner, de son côté, un peu d'oxyde de carbone. Or l'expérience fait voir que ce gaz mêlé à l'hydrogène, même en très-faible proportion, suffit pour annuler ou diminuer l'action du platine.

M. Henry Rose a fait, d'une autre part, la remarque que l'hydrogène phosphoré, après avoir été uni à divers chlorures métalliques électro-négatifs, pouvait en être séparé, à volonté, avec ou sans la propriété de s'enflammer spontanément à l'air, suivant qu'on employait pour le mettre en liberté l'ammoniaque liquide ou l'eau pure. Ce second exemple ne semble pas non plus démonstratif, l'inflammabilité spontanée de l'hydrogène phosphoré dégagé par l'ammoniaque pouvant être attribuée à du phosphore rendu libre par quelque cause inaperçue.

On peut donc regarder comme démontré que dans les gaz les particules reprennent leur situation respective dès qu'elles ont été dérangées. En d'autres termes, la forme des molécules dans les gaz n'a aucune influence sur leur équilibre. En conséquence, le même gaz ne peut pas offrir des propriétés différentes et durables ; il ne peut se présenter sous deux états distincts en conservant son identité. Néanmoins ces observations pourraient n'être plus vraies, si l'on envisageait les gaz trop près du terme de leur liquéfaction ; car on remarque souvent que les effets produits alors sur eux par les forces physiques ne suivent plus les lois ordinaires ; en sorte que ce que je viens d'énoncer doit être restreint aux gaz permanents et à ceux qui sont soumis à des pressions et à des températures éloignées de celles qui déterminent leur liquéfaction.

Il n'en est plus des solides comme des gaz : chez eux la forme de la molécule exerce sur les propriétés du système une grande influence, dont la réalité se trouve déjà établie par le fait même de la solidification ; car il est extrêmement vraisemblable que c'est à l'intervention de la forme des molécules dans l'équilibre des solides qu'est dû le caractère de la solidité.

Tandis que la dilatation des gaz, tandis que leur compression se font également et uniformément dans toutes les directions, ces effets dans les solides sont variables et inégaux selon les divers sens. À l'égard des phénomènes optiques, vous remarquez les mêmes différences. Les modifications qu'éprouve la lumière dans son passage à travers un solide dépendent non-seulement de la nature de celui-ci et de l'angle d'incidence, comme dans les gaz, mais de plus, en un grand nombre de cas, de la face suivant laquelle se présente la lumière et de la position du plan d'incidence. Les vibrations sonores présentent aussi des variations dépendant des points qui les produisent. Ainsi donc, toutes sortes de phénomènes physiques nous démontrent qu'il y a dans les solides des arrangements moléculaires particuliers, en vertu desquels les particules se trouvent disposées dissemblablement dans des parties différentes de la masse ou dans des sens différents.

Dès qu'il est admis que le même corps, quand il est solide, peut offrir en divers points des dispositions moléculaires diverses, on comprend la possibilité d'obtenir un même corps sous deux formes distinctes. Il suffira de produire dans deux échantillons différents des dispositions moléculaires différentes. De plus, comme généralement les dilatations ne sont pas égales en tous sens, et qu'elles changent par conséquent la position relative des particules, on conçoit qu'on puisse former des variétés distinctes d'un même corps en le solidifiant à des températures éloignées les unes des autres. Je vous ferai voir que, dans un grand nombre de circonstances, l'expérience réalise cette prévision.

Faites, par exemple, du biiodure de mercure à froid ; il sera d'une belle couleur rouge : c'est celle que vous admirez dans la substance que renferme ce flacon. Mais distillez-le : de rouge qu'il était, il devient d'un beau jaune citron ; il prend la couleur que vous voyez dans le produit sublimé à la voûte de cette cornue. Cette nouvelle couleur se conserve pendant quelque temps, pourvu qu'on évite de mettre en vibration les molécules. Mais que j'écrase cet iodure jaune en appuyant fortement sur lui avec une baguette de verre ; aussitôt dans les points touchés la couleur jaune fait place à la couleur primitive ; et vous voyez, partout où j'ai frotté avec la baguette, des lignes rouges qui marquent la trace de son passage. Le changement qu'opère ainsi tout à coup l'agitation se serait fait de lui-même au bout de quelque temps. D'ailleurs on s'est assuré que le changement de couleur est accompagné d'un changement dans la forme cristalline.

Ici le passage d'un état à l'autre est donc fort rapide. D'autres fois il est beaucoup plus lent : c'est ce qui arrive avec l'acide arsénieux. Prenez-le sublimé ou fondu, il a l'aspect vitreux et se trouve parfaitement transparent ; mais abandonnez-le à lui-même pendant longtemps, il perdra peu à peu sa transparence, deviendra opaque, laiteux et tel que celui que je vous présente. Le changement commence à la surface, et s'étend peu à peu vers le centre. Aussi, en cassant le morceau que j'ai entre les mains, vous voyez que les parties centrales sont encore vitreuses. Attendez plus longtemps, car il faut ici des années, et la masse entière sera opaque à son centre comme à sa surface. Au reste, l'acide arsénieux ne se modifie pas seulement dans son aspect : il acquiert encore d'autres propriétés nouvelles, et, par exemple, sa densité, sa solubilité dans l'eau ne sont plus les mêmes. La forme cristalline est également changée, et c'est de la désagrégation qu'éprouve la masse vitreuse, en se transformant en une multitude de petits cristaux, que résulte son opacité.

Le passage de l'acide vitreux à l'état d'acide opaque peut se faire assez rapidement pour donner naissance à des phénomènes bien dignes d'intérêt et qui ont été observés par M. Henry Rose, il y a peu de temps.

Réduisez en poudre l'acide vitreux, dissolvez-le dans l'acide chlorhydrique étendu et bouillant, et laissez refroidir lentement la dissolution. Bientôt la liqueur laissera déposer l'acide arsénieux

HUITIÈME LEÇON.

sous forme de cristaux, mais ceux-ci seront formés d'acide opaque, et au même instant un phénomène remarquable vous annoncera le changement qui s'opère alors dans le groupement de ses molécules ; car, pourvu que l'opération s'exécute dans un endroit obscur, on voit se dégager une vive lumière qui se reproduit tant que dure la cristallisation, et que l'on essayerait vainement de faire apparaître en opérant sur de l'acide arsénieux déjà modifié, et substituant dans l'expérience l'acide opaque à l'acide vitreux.

Le phénomène présenté par l'acide arsénieux n'est point un fait isolé. À présent que l'on est prévenu, on le retrouvera dans un grand nombre d'occasions analogues à celle-là, et par des causes semblables. Telle est, sans aucun doute, l'apparition de lumière observée dans la cristallisation du sulfate acide de potasse sorti des fabriques d'acide nitrique ; elle doit provenir de ce que le sel dissous se trouve à l'état de sesquisulfate, et qu'en cristallisant il se sépare en sulfate neutre et en bisulfate.

L'un des deux états affectés par l'acide arsénieux et par l'iodure de mercure n'est donc pas permanent ; la matière repasse à l'autre spontanément, au bout d'un temps plus ou moins long. Mais les deux variétés physiques du même corps persistent quelquefois indéfiniment : tels sont, par exemple, les deux minéraux connus sous le nom d'*aragonite* et de *chaux carbonatée rhomboédrigue* ou *spath d'Islande*.

Par leurs propriétés chimiques et la proportion de leurs molécules élémentaires, le spath d'Islande et l'aragonite se ressemblent complètement. Tous les deux sont du carbonate neutre de chaux, et se représentent par la formule CaO et C^2O^2. Ils ont de plus l'un et l'autre la même chaleur spécifique et la capacité pour la chaleur de leur atome est exprimée par le nombre 130. Mais le spath a pour forme primitive le rhomboèdre ; l'aragonite, le prisme rhomboïdal. Le premier possède une double réfraction à deux axes. La densité de l'un est 2,723 ; celle de l'autre est 2,946. L'aragonite raye le spath, et le spath ne saurait rayer l'aragonite.

Ainsi comparées dans leurs formes cristallines, leurs propriétés optiques, leur densité, leur dureté, ces deux substances sont tout à fait distinctes. Cependant, sous le rapport des réactions qu'elles éprouvent de la part des autres corps et des produits qu'elles donnent en se décomposant, elles sont complètement identiques. À l'époque où la forme cristalline servait de base à la classification des minéraux, l'observation de deux formes incompatibles dans la chaux carbonatée dut faire une vive sensation. La nature et les rapports des principes constituants de l'aragonite et du spath calcaire méritaient par conséquent d'être déterminés par des expériences de la plus grande précision ; aussi M. Thenard et M. Biot ont-ils examiné ces deux substances avec l'attention la plus scrupuleuse. Non-seulement ils se sont assurés qu'elles sont composées de chaux et d'acide carbonique unis dans les mêmes proportions, mais ils ont aussi constaté l'identité absolue de la chaux et du gaz carbonique, dans lesquels chacune d'elles se résout. Ils ont été même jusqu'à mesurer le pouvoir réfringent du gaz extrait des deux minéraux, et celui de la dissolution dans l'acide chlorhydrique de la chaux extraite de part et d'autre, après avoir amené les liqueurs au même degré de concentration. Tous leurs essais ont donné les mêmes résultats, soit qu'ils aient été faits avec l'aragonite, soit qu'ils l'aient été avec le spath calcaire.

À la température ordinaire, chacune de ces deux substances se conserve indéfiniment. Mais en est-il de même à un plus haut degré de chaleur ? À cette question voici ce que répond l'expérience. Si vous élevez graduellement la température du spath, il ne présentera d'autre phénomène que celui de sa décomposition, qui arrive lorsque la chaleur est suffisante ; de sorte que, tant qu'il conserve sa nature chimique, il n'éprouve aucune modification dans ses propriétés extérieures. Mais chauffez l'aragonite peu à peu, et vous la verrez, à un degré de chaleur inférieur à celui où elle se décompose, se désagréger et se déliter en émettant une lueur phosphorique. Ne peut-on pas supposer que la substance change alors de forme cristalline, et se transforme dans la variété rhomboédrique ? C'est ce qui me semble tout à fait admissible.

On pourrait croire que les corps composés sont seuls susceptibles d'éprouver de tels changements. Ce serait une erreur, que l'examen du soufre suffit pour faire reconnaître.

La nature nous offre du soufre cristallisé dans beaucoup de localités. Quelques-uns de ces cristaux sont très-nets et très-beaux : ce sont des octaèdres. On l'obtient artificiellement au même état avec la plus grande facilité ; car, en abandonnant à l'évaporation

HUITIÈME LEÇON.

spontanée ses dissolutions et particulièrement sa dissolution dans le sulfure de carbone, il se dépose sous forme de cristaux semblables à ceux de la nature. Cependant, si on le fait fondre et si on le laisse cristalliser par refroidissement, il prend la forme d'aiguilles prismatiques, qui ne peuvent être rapportées au même type que les cristaux octaédriques. Le soufre est donc dans le même cas que les corps composés que j'ai cités précédemment. D'ailleurs, tout comme je vous l'ai fait remarquer pour l'acide arsénieux et le biiodure de mercure, la modification du soufre produite à une température élevée ne se conserve pas à la température ordinaire. Au bout de quelques jours, les aiguilles, qui d'abord étaient transparentes et un peu flexibles, deviennent opaques et extrêmement friables. Examinez-les alors au microscope, et vous verrez qu'elles sont composées d'une multitude de petits octaèdres enchâssés les uns à la suite des autres, comme les grains d'un chapelet.

Il n'en est plus ainsi du carbone, autre corps simple sujet à de semblables variations et qui nous présente au contraire, dans les divers états que nous lui connaissons, des variétés dont la nature est permanente, du moins aux températures qui ne sont pas trop élevées. On sait que le diamant, le graphite et le charbon ordinaire sont chimiquement le même corps. Cependant les différences énormes que l'on observe dans leurs propriétés physiques ne permettent pas de les confondre. Le graphite et le diamant n'ont pas la même forme cristalline, et diffèrent d'ailleurs sous beaucoup d'autres rapports, tels que la densité, la dureté, la transparence, etc. Le charbon ordinaire paraît être aussi une modification particulière du carbone, distincte des deux précédentes.

Bien que le diamant supporte des températures fort élevées sans éprouver d'altération dans ses caractères intérieurs, il serait possible qu'une chaleur excessivement intense lui en fît subir une. C'est ce qu'on serait tenté de penser, à la vue de ces diamants à moitié brûlés, qui servirent autrefois à vérifier l'identité de leur nature avec celle du charbon. En considérant, par exemple, ceux qui ont été conservés dans la collection de l'École Polytechnique, on est étonné de les voir recouverts d'une couche noire et opaque. Ne serait-ce pas là le résultat d'un ébranlement moléculaire, opéré lors de leur combustion partielle, par la chaleur énorme qui s'est alors produite ? N'y a-t-il pas un rapprochement curieux à faire entre cette couche noire artificielle et l'existence de cette variété remarquable de diamant qui constitue le diamant noir des minéralogistes ?

Les corps dans lesquels la nature chimique demeure la même, et qui, par suite de quelque variation dans la forme cristalline, montrent des variations essentielles dans leurs diverses propriétés physiques, sont en assez grand nombre maintenant pour qu'on soit conduit à y voir une loi de la nature ; aussi faut-il rapporter à la même cause des faits qui se présentent souvent, sans qu'on puisse reconnaître dans les corps qui les offrent une transmutation de forme. C'est ce qui arrive, par exemple, pour l'acide acrimonieux, le peroxyde de fer, l'oxyde de chrome et plusieurs autres. Lorsqu'on les chauffe à un certain degré, ils se contractent, prennent souvent une couleur plus foncée, et acquièrent la propriété d'être bien plus difficilement attaquables par les acides. En même temps leur température s'élève tout à coup, et ils deviennent incandescents. Ces mouvements moléculaires se produisent surtout dans les oxydes qui, comme l'acide arsénieux, renferment 3 atomes d'oxygène. L'acide tannique existe pareillement à deux états sous chacun desquels on peut l'obtenir à volonté, et il en est de même aussi de l'acide titanique qui est isomorphe avec lui.

Je crois qu'il faut classer encore dans la même série les changements momentanés de coloration que la chaleur détermine dans les corps. Ils montrent combien sont variés les phénomènes de ce genre ; car, presque toujours, par l'élévation de température, les corps blancs jaunissent plus ou moins ; les rouges prennent du bleu et passent soit au violet, soit au bleu même ; les jaunes prennent du rouge et deviennent orangés ; les bleus et les gris acquièrent une couleur plus foncée et tournent au noir.

Ainsi l'oxyde de zinc, qui ressemble à la neige quand il est pur et froid, jaunit tellement lorsqu'on le chauffe, qu'on dirait qu'il renferme beaucoup de peroxyde de fer. Mais le laisse-t-on refroidir, il recouvre aussitôt sa blancheur primitive. L'acide titanique éprouve par la chaleur un changement semblable et non moins marqué. Le bioxyde de mercure passe du rouge au violet.

L'arragonite comparée au spath d'Islande, et quelques corps

HUITIÈME LEÇON.

analogues, ont conduit à créer le mot de *dimorphisme*, pour exprimer l'existence d'une même substance cristallisée sous deux formes distinctes et incompatibles. Mais, pour embrasser tous les phénomènes du même genre, il faut dire *polymorphisme*, sans restreindre à deux le nombre des modifications qu'un corps peut présenter, et comprendre dans la même catégorie toutes les sortes de changements qui peuvent affecter les propriétés physiques :

Les caractères qui doivent nous frapper dans les faits qui se rattachent au polymorphisme sont donc d'une part la permanence de la nature chimique, et d'autre part les modifications qu'éprouvent la forme ou les propriétés physiques ; celles-ci varient, du reste, tantôt d'une manière instantanée, comme dans le cas des changements de couleur, tantôt d'une manière plus ou moins lente, comme dans les mutations de forme que le soufre et l'acide arsénieux présentent ; tantôt enfin ces modifications physiques se conservent d'une manière permanente, comme dans l'arragonite, l'alumine, etc.

Le polymorphisme des corps solides est évidemment déterminé par les conditions physiques variées sous l'influence desquelles la solidification peut avoir lieu.

Ainsi le soufre cristallisé par fusion et refroidissement se solidifie à 108 degrés et celui qu'en obtient par dissolution et évaporation spontanée cristallise à la température ordinaire. Or il est évident qu'en pareil cas la température est tout, car le soufre obtenu à 108 degrés change peu à peu de forme quand on l'abandonne à la température ordinaire, et le soufre cristallisé à la température ordinaire change peu à peu de forme quand on le chauffe vers 108 degrés.

Tout porte à croire qu'il en est de même de l'arragonite et du spath d'Islande ; que l'arragonite résulterait toujours d'une formation à basse température, tandis que le calcaire rhomboédrique se serait souvent produit dans des circonstances où la température se trouvait élevée.

Dans le cas du carbone ordinaire et du diamant, nous savons déjà que le graphite est le produit constant d'une température d'environ 1700 à 1800 degrés, comme celle qui se développe à la tuyère des hauts-fourneaux roulants pour fonte grise. Nous pouvons présumer que le charbon noir mat est le produit d'une température plus basse, et que le diamant résulte de l'action d'une température plus haute.

Mais ce ne sont là que de simples présomptions, que quelques faits même semblent combattre. Que l'on parvienne, sans faire intervenir aucune action chimique, à changer à volonté le diamant en charbon noir et l'on aura fait faire un grand pas à la question qui aurait pour objet de changer le charbon noir en diamant.

Les liquides vont-ils ressembler aux gaz, c'est-à-dire se montrer toujours constants dans leurs propriétés, ou vont-ils affecter des états variables ? C'est à l'expérience à répondre. Or nous voyons l'acide hypoazotique, incolore à 20 degrés au-dessous de zéro, se colorer à mesure que sa température s'élève et prendre une couleur jaune orangé à la température actuelle. Ce liquide est donc susceptible de variations tout à fait semblables à celles que nous avons signalées dans un grand nombre de corps solides, comme l'oxyde de zinc, l'acide titanique et tant d'autres. La dissolution de l'iodure d'amidon présente un phénomène inverse : fortement colorée en bleu, à froid, elle devient tout à fait incolore vers 50 degrés, et reprend sa couleur primitive aussitôt qu'elle se refroidit.

Ainsi le même liquide peut offrir divers arrangements moléculaires qui supposent que la forme des molécules entre pour quelque chose dans leur équilibre. Nous en trouvons encore un nouvel exemple dans le soufre fondu. Non-seulement la chaleur produit sur lui un changement de teinte en le faisant passer du jaune au rouge brun, mais il acquiert une consistance visqueuse, et de fluide qu'il est à 110 degrés, il devient pâteux vers 250 degrés, autre preuve d'un groupement particulier et nouveau qui s'est opéré entre ses molécules.

C'est sans doute aussi aux mêmes influences qu'il faut rapporter la propriété que l'eau possède d'avoir un maximum de densité à 4 degrés, au lieu de continuer à se contracter, à mesure qu'elle se refroidit.

Il serait d'un haut intérêt de déterminer le maximum de densité et le maximum de viscosité d'un grand nombre de liquides, et d'étudier soigneusement les variations qu'ils éprouvent dans toutes leurs propriétés physiques appréciables. C'est par des observations attentives de ce genre que quelque jour on parviendra peut-être à expliquer pourquoi le sel marin liquide passe subitement à l'état solide ; pourquoi le verre et l'acide borique prennent, avant de se solidifier, tous les degrés de viscosité ; et pourquoi, tout au contraire, le soufre, qui se solidifie subitement, devient visqueux par la chaleur. On ne saurait douter que tous ces faits ne soient des cas particuliers d'une loi plus générale.

En rassemblant tous les faits que je vous ai cités, vous voyez qu'on arrive à conclure que dans les gaz l'influence de la forme des molécules paraît nulle ou presque nulle, qu'elle semble au contraire très-considérable dans les solides, et qu'elle se fait également sentir dans les liquides, ce qui surprendra peu, si l'on admet que la distance des molécules y est pour quelque chose : car on sait bien que dans les gaz les molécules sont très-écartées ; que dans les solides elles sont très-rapprochées, et qu'elles le sont à peu près autant dans les liquides, puisqu'il y a presque autant de liquides qui se dilatent en se solidifiant qu'il y en a qui se contractent.

Cependant, il faut que je vous en fasse l'aveu, malgré l'espèce de consensus omnium qui fait considérer les gaz comme étant formés de particules entre lesquelles toute influence due à la forme serait inappréciable, je ne puis partager cette opinion.

Les expériences sur lesquelles on s'appuie pour montrer que les lois de Mariotte et de Gay-Lussac sont vraies pour tous les gaz n'ont été suivies qu'en de si étroites limites de température ou de pression, qu'il me reste des doutes et que j'ai un regret tous les jours plus vif, en pensant qu'à une époque déjà loin de nous l'administration a détruit d'un mot les dispositions savantes et coûteuses au moyen desquelles MM. Arago et Dulong s'étaient mis en mesure de résoudre cet important problème de Physique générale.

Maintenant il s'agit de savoir de quel ordre sont les molécules dont l'arrangement détermine ces changements, et qui doivent être modifiées dans leur position quand on voit ceux-ci apparaître. Avant d'attaquer cette question, demandons-nous sur quelles molécules porte la modification qui fait que l'eau est tantôt liquide, tantôt solide et tantôt gazeuse. Ira-t-on dire que ce sont les molécules d'oxygène et d'hydrogène, et qu'elles se combinent de trois manières diverses pour produire l'eau sous ces trois formes ? Non, sans doute. On répondra certainement que c'est entre les molécules de l'eau elle-même, et non entre les molécules élémentaires, que s'opère l'arrangement qui occasionne la solidité, la liquidité ou l'état réniforme.

Eh bien, pour des changements moins graves, tels que ceux dont nous venons de nous occuper, ne doit-on pas admettre à plus forte raison que les molécules composées sont les seules qui varient dans leur groupement, et que les molécules composantes n'en sont nullement affectées ? Il faut donc dire que ce qui crée le polymorphisme, ce sont des variations dans l'arrangement des molécules intégrantes d'un corps, variations qui affectent ses qualités physiques d'une manière passagère ou, durable, et qui produisent ainsi des modifications capables, tantôt de passer spontanément de l'une à l'autre, et tantôt de se conserver indéfiniment.

Mais, si les variations, au lieu de se passer entre les molécules composées, se produisaient entre les molécules constituantes elles-mêmes, n'en résulterait-il pas des corps qui différeraient non-seulement par les caractères physiques, mais encore par les caractères chimiques ? C'est encore ce que l'observation démontre, et nous en trouverons des exemples très-variés et plus remarquables encore que les faits que nous venons de signaler.

Ainsi nous connaissons maintenant trois gaz, trois ou quatre liquides et autant de solides qui renferment exactement le carbone et l'hydrogène dans le rapport de 1 atome à 1 atome, c'est-à-dire, en poids, de 86 parties de carbone à 14 d'hydrogène à peu près. Entre eux l'analyse ne montre aucune différence. Cependant, à tout autre égard, ils diffèrent complètement. La Chimie va mettre le doigt sur la cause ; car, pour me borner à quelques exemples, je vais comparer avec vous le méthylène, le gaz oléfiant, le gaz de l'huile, qu'on a appelé à tort *hydrogène quadricarboné*, et le cétène : ce sont les mieux caractérisés, et vous allez saisir tout de suite la raison de leurs différences :

C^4H^4	représente	4	vol. ou	1	équivalent	de méthylène.
C^8H^8	»	4		1	»	de gaz oléfiant,

HUITIÈME LEÇON.

| $C^{16}H^{16}$ | » | 4 | 1 | » | d'hydrog. quadricarboné. |
| $C^{64}H^{64}$ | » | 4 | 1 | » | de cétène. |

Vous voyez donc que la molécule de chacun de ces corps renferme des quantités de matière différentes. Ni les volumes gazeux ni les équivalents ne sont les mêmes. Pouvez-vous être surpris que le méthylène présente des propriétés distinctes de celles du gaz oléfiant, sachant que dans la molécule chimique du premier, ainsi que dans son volume, il y a moitié moins de carbone et d'hydrogène que dans la molécule chimique et dans le volume du second ?

Comment voudriez-vous que l'hydrogène quadricarboné, où se trouve quatre fois autant de matière que dans le méthylène, et deux fois autant de matière que dans le gaz oléfiant, sous des volumes égaux et sous des masses équivalentes, ne vous offrit pas des propriétés tout autres que les leurs ! Comment n'en serait-il pas de même du cétène où la condensation est quadruple de celle de l'hydrogène bicarboné ? Pourrait-il ne pas être également un corps à part ?

Entre le citrène et le térébène existent très-probablement des différences semblables. On a en effet, d'après la composition des camphres artificiels de térébenthine et de citron,

| $C^{20}H^{16}$ = 1 équivalent de citrène ; |
| $C^{40}H^{32}$ = 1 équivalent de térébène. |

D'ailleurs la formule de l'équivalent du térébène représente 4 volumes de sa vapeur, et il en est vraisemblablement de même aussi de la formule de l'équivalent du citrène.

D'après cela, quoique ces deux huiles aient la même composition en centièmes, quoiqu'elles résultent l'une et l'autre de la combinaison du carbone et de l'hydrogène unis dans le rapport de 5 atomes à 4 atomes, on comprend très-bien la nécessité qui fait que chacune d'elles constitue un corps tout à fait distinct.

La naphtaline et la paranaphtaline sont encore deux carbures d'hydrogène bien différents, dans lesquels le rapport des éléments combinés est exactement le même : il est ici de 5 atomes de carbone à 2 atomes d'hydrogène. Mais ni leurs vapeurs à volumes égaux, ni leurs équivalents ne comprennent des quantités égales de matière ; car

| $C^{40}H^{16} = 4$ | volumes | ou | 1 | équivalent | de naphtaline, |
| $C^{60}H^{21} = 4$ | » | | 1 | » | de paranaphtaline. |

de sorte que la condensation dans la paranaphtaline est égale aux trois demies de ce qu'elle est dans la naphtaline.

Il pourra du reste arriver que, les équivalents se trouvant différents, les condensations restent les mêmes. Bien que, dans tous les exemples que je vous ai cités, la formule d'un équivalent soit aussi celle de 4 volumes de vapeur, il ne faudrait pas en conclure que cette relation soit générale et ne souffre pas d'exceptions. Si, dans l'acide chlorhydrique et dans l'ammoniaque, H^2Cl^1 ou Az^2H^6 représentent bien encore 4 volumes et 1 équivalent, il n'en est plus de même, par exemple, dans l'acide sulfhydrique, ni dans l'acide sulfurique, ni dans l'acide arsénieux. En effet, H^2S et SO^3 représentent 2 volumes seulement et correspondent pourtant à 1 équivalent ; de même As^2O^3 ne représente qu'un volume et produit pourtant 1 équivalent d'acide arsénieux.

Nous trouvons dans l'alcool et l'hydrate gazeux de méthylène un cas fort remarquable où l'identité décomposition et l'identité de condensation seprésentent avec des équivalents différents. Ils ont en effet à l'état gazeux la même densité, et C^4H^6O représente également bien 2 volumes de l'un ou de l'autre. Mais, en approfondissant leur nature, on reconnaît que leur équivalent n'est plus le même, et la cause de leur dissemblance, sur laquelle leur analyse élémentaire ne jette aucune lumière, puisqu'au contraire elle tendrait à les faire confondre, se trouve complètement mise au jour. En effet, lorsque, en s'aidant des réactions qui ont servi à produire ces deux corps ou bien des réactions auxquelles ils donnent naissance, on parvient à définir les deux binaires qui constituent chacun d'eux, rien n'est plus simple à concevoir que les différences qu'ils présentent ; on peut même quelquefois les prévoir. On voit en effet que l'alcool doit être formé de 1 équivalent de gaz oléfiant et de 2 équivalents d'eau ; que l'hydrate de méthylène, au contraire, doit l'être de 1 équivalent

HUITIÈME LEÇON.

de méthylène et de 1 équivalent d'eau, et que, par conséquent,

$C^8H^8 + H^2O^2$	$= C^8H^{12}O^2$	= 1 équivalent d'alcool,
$C^4H^4 + H^2O$	$= C^4H^6O$	= 1 équivalent d'hydrate de méthylène.

Dès lors toute obscurité disparaît, et l'on reconnaît dans ces deux corps une composition essentiellement différente, malgré l'identité des proportions des corps simples que l'on y trouve, et quoiqu'ils contiennent, sous des volumes égaux, des quantités égales de carbone, d'hydrogène et d'oxygène.

Mais allons plus loin : ne pourra-t-il pas se faire que dans deux corps différents la composition élémentaire, la condensation et l'équivalent soient simultanément les mêmes ? Prenez l'éther formique et l'acétate de méthylène ; leur examen résoudra la question, et vous offrira d'ailleurs l'occasion d'observer jusqu'où peuvent aller les ressemblances que l'on peut rencontrer dans les caractères extérieurs de deux corps de natures tout à fait différentes. Envisagez leur composition, leur équivalent, leur densité en vapeur, leur densité en liquide, leur point d'ébullition : tout parait identique.

La formule $C^{12}H^{10}O^4$ représente la composition de chacun d'eux et même leur équivalent. La densité de la vapeur de l'éther formique a été trouvée égale à 2,574 ; celle de la vapeur de l'acétate de méthylène a été trouvée de 2,564, et, pour quiconque s'est occupé de ces sortes d'expériences et sait combien il est difficile de répondre de plus de 1/200 du résultat obtenu, ces deux nombres reviennent exactement au même. À l'état liquide, la densité de l'éther formique est 0,916, et celle de l'acétate de méthylène 0,919. L'un entre en ébullition à 56 degrés ; le point d'ébullition de l'autre est vers 58 degrés.

Cependant faites agir sur eux les alcalis : les produits seront tout différents. Vous obtiendrez avec l'un de l'acide formique et de l'alcool ; avec l'autre, de l'acide acétique et de l'esprit-de-bois. C'est qu'effectivement, si l'on veut représenter par des formules rationnelles ces deux composés, il faut écrire :

Pour l'éther formique	C^8H^8, $C^4H^2O^3$, H^2O
Pour l'acétate de méthylène	C^4H^4, $C^8H^6O^3$, H^2O

ce qui donne la clef des différences que l'on y remarque.

Nous arrivons enfin ainsi à une dernière classe qui renferme des corps dans lesquels la composition, les équivalents, les condensations ne nous offrent aucune dissemblance, et dont on ne peut expliquer l'arrangement moléculaire : tels sont l'acide tartrique et l'acide paratartrique, l'acide malique et l'acide citrique, l'acide cyanique et l'acide fulminique.

Que ces corps se ressemblent ou s'éloignent par leurs propriétés physiques, peu importe ; en effet, ils diffèrent par leurs propriétés chimiques : ils forment des combinaisons dissemblables en s'unissant aux mêmes corps ; ils donnent des produits différents, quand on les détruit avec ménagement. Il faut donc admettre que l'état des molécules élémentaires qu'ils renferment n'est pas le même, puisqu'elles se dissocient d'une manière différente dans les mêmes circonstances, ou qu'elles donnent naissance à des composés différents en s'engageant dans des combinaisons semblables. Mais vient-on à demander en quoi consistent les différences que nous sommes forcés d'admettre dans le groupement des atomes des corps simples qui les constituent, force est de répondre que nous ne sommes pas assez avancés sur la nature de ces corps pour nous en rendre compte. Si l'on veut arriver à préciser les différences de leur constitution moléculaire, il faut les étudier soigneusement, et vraisemblablement on finira quelque jour par y reconnaître des dissemblances analogues à celles que nous pouvons, dès à présent, signaler dans la manière d'être de l'alcool ordinaire et du monohydrate de méthylène, ou bien dans celles de l'éther formique et de l'acétate de méthylène. Déjà, par exemple, la cause de la diversité des propriétés de l'acide cyanique et de l'acide fulminique semble pouvoir être soupçonnée. Le premier doit être composé d'oxygène et de cyanogène, tandis que le second au contraire, ne paraît pas renfermer à l'état de cyanogène le carbone et l'azote qui entrent dans sa composition.

Ainsi, dans tous les cas que nous avons passés en revue, dans les carbures d'hydrogène que je vous ai cités, dans l'alcool et l'hydrate de méthylène, dans l'éther formique et l'acétate de méthylène, dans les divers acides dont je viens de vous parler, la différence concerne

les molécules élémentaires ; car il y a :
Ou des condensations diverses,
Ou des équivalents divers,
Ou des réactions chimiques diverses,
Ou des combinaisons diverses, ou bien des destructions diverses.

En un mot, la différence se maintient dans des combinaisons ou dans des produits de décompositions, ou bien même se trouve établie par la densité sous forme gazeuse, alors que le groupement des molécules composées n'a plus d'influence sur les propriétés du corps.

Dans tous ces cas, il faut se représenter les molécules élémentaires, comme existant toujours dans le même rapport, mais groupées dans un autre ordre et quelquefois en nombres différents. Ces molécules, pour nous servir de la comparaison faite par Leucippe il y a si longtemps, sont comme des lettres transposées, qui forment ainsi des mots tout différents. Il en est des arrangements nouveaux que prennent ces molécules comme de la transposition des lettres.

On connaît sous le nom d'*isomérie* cette modification de groupement entre les molécules élémentaires, d'où résultent des corps doués de propriétés chimiques tout à fait différentes avec une même composition fondamentale.

Dans les premiers temps où l'on a établi d'une manière certaine l'existence des corps isomères, on a prétendu limiter à deux le nombre des modifications isomériques. Mais vous voyez que c'était à tort, que rien en effet ne s'oppose à ce que les mêmes molécules se prêtent à des arrangements très-variés, et que nous en avons une preuve expérimentale bien irrécusable dans les bicarbures d'hydrogène, dont le nombre s'accroît pour ainsi dire tous les jours. Il faut donc aujourd'hui rejeter également les principes primitivement admis sur la nécessité de restreindre à deux, soit le nombre des variétés polymorphiques, soit celui des composés isomériques.

Voulez-vous produire des corps polymorphes, prenez des équivalents, c'est-à-dire des molécules composées complètes, et, sans altérer chacune d'elles en particulier, modifiez de diverses manières leur arrangement : il en résultera différentes masses, qui constitueront autant d'états différents de polymorphisme.

Voulez-vous, au contraire, avoir des corps isomères, agissez sur les atomes élémentaires eux-mêmes, et groupez-les diversement, de manière à former des corps dans chacun desquels les molécules composées soient le résultat d'un arrangement différent de ces atomes élémentaires.

Ainsi, en nous exprimant dans un langage qui sera peut-être mieux compris, modifiez dans un corps les effets de la cohésion, les variations appartiendront au polymorphisme. Modifiez les effets de l'affinité, vous donnerez naissance à un cas d'isomérie. En un mot, les différences par polymorphisme résident dans le groupement des molécules composées, qui d'ailleurs restent intactes, et les différences qui constituent l'isomérie atteignent le groupement des atomes élémentaires eux-mêmes.

Maintenant, si vous voulez admettre avec moi que les phénomènes chimiques sont satisfaits dès qu'on suppose que les masses qui représentent les équivalents aient des dimensions insensibles, et de plus que les masses équivalentes peuvent néanmoins renfermer encore des myriades d'atomes, vous concevrez que l'arrangement extérieur qui fait le polymorphisme, et l'arrangement intérieur qui fait l'isomérie, pourraient tout aussi bien se trouver dans les corps simples que dans les corps composés.

Nous avons déjà remarqué que le carbone et le soufre sont polymorphes. Il paraît en être de même du phosphore. Serait-il permis d'admettre des corps simples isomères ? Cette question, vous le voyez, touche de près à la transmutation des métaux. Résolue affirmativement, elle donnerait des chances de succès à la recherche de la pierre philosophale.

D'abord il est clair qu'on ne saurait faire une réponse positive. Pour prouver l'isomérie de deux composés, on les analyse et l'on constate l'identité des résultats. Or, quand il s'agit de corps simples, il n'y a plus d'analyse possible. Le seul moyen dont on puisse disposer serait donc de les transformer l'un dans l'autre, en changeant le mode d'agrégation de leurs plus petites particules, et l'on n'y est jamais parvenu.

Cependant on peut faire le raisonnement suivant. Dans tous les corps isomères on trouve des équivalents ou égaux, ou multiples,

HUITIÈME LEÇON.

ou sous-multiples. En conséquence, si les corps simples ne présentent pas ce caractère, il n'y a pas d'isomérie parmi eux ; mais, si ce caractère existe pour quelques-uns d'entre eux, il sera possible qu'ils soient isomères. Il faut donc consulter l'expérience, et l'expérience, il faut le dire, n'est point en opposition jusqu'ici avec la possibilité de la transmutation des corps simples, ou du moins de certains corps simples. C'est ce dont vous pouvez juger par le tableau que je vous présente ici :

	Bismuth	1330,4
2 at.	Palladium	1331,7
	Osmium	1244,2
	Or	1245,0
	Platine	1233,2
	Iridium	1233,2
	Molybdène	598,5
½ at.	Tungstène	596,5
	Cérium	574,7
½ at.	Tantale	576,8
	Zinc	403,2
	Yttrium	401,8
½ at.	Antimoine	403,2
	Tellure	400,0
2 at.	Soufre	402,3
	Cobalt	368,9
	Nickel	369,6
½ at.	Étain	367,6

Vous y voyez, en effet, que le poids de l'atome du bismuth a été trouvé égal à 1330, et que le double du poids atomique assigné au palladium fait 1331,7 ; différence bien faible, puisqu'elle n'est que d'environ un sur mille, et rien n'est plus plausible que d'admettre qu'elle puisse prendre sa source dans quelque légère erreur d'observation, ou dans quelque impureté à peine sensible des produits employés à la détermination de ces poids atomiques.

Entre l'or et l'osmium vous remarquerez une différence du même ordre, et qui s'expliquerait facilement de la même manière.

Le platine et l'iridium offrent une ressemblance complète dans leur poids atomique. On trouve, suivant M. Berzelius, exactement le même poids de l'un ou de l'autre de ces deux métaux, dans leurs composés correspondants pris à poids égaux.

Comparez le poids atomique du molybdène avec la moitié de celui du tungstène, celui du cérium avec la moitié de celui du tantale, vous ne trouverez encore que des différences dont il serait fort peu surprenant que la cause résidât dans quelque erreur d'expérience.

Le groupe suivant vous offre jusqu'à cinq corps simples dont les poids atomiques entiers, ou doublés, ou dédoublés, ne diffèrent entre eux que de quantités fort petites. Vous voyez même que, parmi eux, on a trouvé pour le zinc exactement moitié autant que pour l'antimoine.

Enfin les différences que l'on remarque entre le poids d'atome du cobalt et celui du nickel, ou la moitié de celui de l'étain, sont encore d'un ordre de petitesse tel, qu'il est fort difficile d'en répondre.

Ces rapprochements me semblent fort piquants, et s'il n'en sort aucune preuve de la possibilité d'opérer des transmutations dans les corps simples, du moins s'opposent-ils à ce qu'on repousse cette idée comme une absurdité qui serait démontrée par l'état actuel de nos connaissances.

NEUVIÈME LEÇON.
(11 juin 1836.)

Véritable constitution des corps. — Nomenclature. — Guyton de Morveau. — Discussion des théories proposées sur la constitution des composés. — Nomenclature symbolique. — Conclusion.

Messieurs,

Dans tous les ouvrages de Chimie qui sont entre vos mains, vous lisez qu'un corps en se combinant avec un autre en plusieurs proportions donne une série de composés, que l'on considère

NEUVIÈME LEÇON.

comme formés par l'union directe des deux composants. C'est ainsi que l'azote et l'oxygène produisent une suite qui renferme :

Protoxyde d'azote	Az^2O
Bioxyde d'azote	Az^2O^2
Acide azoteux	Az^2O^3
Acide hypoazotique	Az^2O^4
Acide azotique	Az^2O^5

Et ces formules par lesquelles on les représente, ainsi que les noms qui servent à les désigner, ne nous y indiquent rien autre chose que l'oxygène et l'azote en combinaison immédiate, dans des rapports différents.

Cependant, quand on y réfléchit, l'esprit n'est pas satisfait : on se demande si réellement l'expérience a confirmé cette manière d'envisager la nature de la constitution intime des corps composés ; et, dans les données de l'expérience, on n'en trouve point la confirmation. Quelquefois, au contraire, elles semblent porter un démenti à cette théorie, et les termes mêmes dont on a fait naturellement usage dans quelques circonstances nous laissent voir l'impression qui en est résultée.

En effet, en ajoutant à l'oxygène et à l'hydrogène nécessaires à la constitution de l'eau une nouvelle quantité d'oxygène, on obtient un composé particulier, appelé par les uns *eau oxygénée*, par les autres *bioxyde d'hydrogène*. De là, sans qu'au premier abord on s'en doute, en choisissant l'une ou l'autre de ces deux dénominations, de là deux systèmes bien distincts qui se trouvent en présence. Ils ne sont pas réellement en conflit à l'époque actuelle ; mais ils pourront se développer, et l'un pourra chercher à renverser l'autre.

Voilà donc quelle est la question : Les éléments des corps ne font-ils que se combiner en proportions diverses pour former toute la série des composés auxquels ils donnent naissance, ou ne font-ils que s'ajouter à un ou à quelques-uns des composés de la série, pour constituer tous les autres ? Ou bien encore, en d'autres termes, l'eau oxygénée est-elle une simple combinaison d'oxygène et d'hydrogène, ou résulte-t-elle plutôt de l'union de l'oxygène avec l'eau préalablement formée ?

Si vous consultez vos souvenirs, vous observerez que cet exemple n'est pas le seul. Vous vous rappellerez les noms de *sulfures sulfurés*, d'*iodures iodurés*, et d'autres encore comparables à la dénomination d'*eau oxygénée*.

Or, pourquoi a-t-on dit *eau oxygénée*, si ce n'est parce que cette substance se transforme en eau et en oxygène sous les influences qui paraissent les plus insignifiantes en Chimie, parce que la facilité avec laquelle cette décomposition s'opère dans une multitude de réactions a donné lieu de croire à la préexistence des deux produits qui se séparent ?

C'est par le même système d'idées que les chimistes adoptaient la dénomination d'*hydrosulfate sulfuré de potasse* ou de *sulfure de potassium sulfuré*, que vous trouverez dans la plupart des Ouvrages de Chimie qui datent d'un certain nombre d'années.

Plus récemment encore, c'est-à-dire il y a environ vingt ans, on a proposé de même les noms d'*iodures iodurés*. Comme l'union du proto-iodure avec l'excès d'iode était faible, que des forces légères pouvaient l'en séparer, on a préféré voir, dans le composé, de l'iode en combinaison avec le proto-iodure, plutôt que de le regarder comme une combinaison immédiate de l'iode et du métal.

Le nom primitif des sulfites sulfurés, aujourd'hui les hyposulfites, rappelle une impression qui conduirait à la même manière de voir.

Ces opinions et la nomenclature qui en dérive n'ont certes pas prévalu ; elles n'ont été appliquées qu'à un très-petit nombre de corps, et les noms qui ont été donnés dans ce système ont même disparu généralement par l'application rigoureuse des principes de la nomenclature ordinaire. Mais elles ont soulevé des questions de la plus haute importance et que nous allons examiner.

Quand je dis, par exemple, *chromate neutre de potasse, chromate acide de potasse*, doit-on admettre que ces deux sels résultent simplement de la combinaison immédiate de l'acide et de la base ; ou bien n'adoptera-t-on cette manière de voir que pour le chromate neutre, en regardant le chromate acide comme composé de sel neutre et d'acide chromique ; ou bien encore sera-t-il permis de supposer dans le chromate acide une combinaison pure et simple de potasse et d'acide chromique, et dans le chromate neutre une combinaison de la potasse avec le sel précédent ? Voila trois systèmes d'idées bien distinctes entre lesquels le choix peut être balancé.

Si l'on veut chercher à se rendre compte des opinions que les chimistes ont eues sur ces matières, il faut se transporter d'abord à l'époque de l'établissement des règles de la nomenclature : car la nomenclature a pour objet d'exprimer la manière dont on conçoit la composition des corps et la réunion de leurs principes constituants. C'est alors que les idées sur la nature des combinaisons se sont fixées, et il serait inutile de remonter plus haut.

Ce fut en 1782 que Guyton de Morveau éveilla pour la première fois l'attention des chimistes sur la nécessité de donner aux composés des dénominations moins arbitraires et propres à en indiquer la nature. À cette époque, la théorie de Lavoisier avait déjà détrôné celle de Stahl : la nouvelle Chimie répandait déjà sa brillante lumière sur les phénomènes les plus délicats de la nature ; elle jetait un si vif éclat qu'elle commençait à entraîner en sa faveur les esprits les plus mal disposés contre elle, mais elle n'avait pas encore passé dans la langue. Il restait donc à faire encore en Chimie une importante réforme, et c'est Guyton de Morveau qui la commença, en publiant un petit Ouvrage sur la nomenclature et en présentant à l'Académie des Sciences un Mémoire à ce sujet. La confusion dans les termes était alors extrême. Le même corps avait souvent un grand nombre de noms, et la plupart des noms en usage reposaient sur les analogies les plus éloignées. Ainsi l'on disait : *huile* de vitriol, *beurre* d'antimoine, *foie* de soufre, *crème* de tartre, *sucre* de Saturne ; les chimistes semblaient avoir emprunté le langage des cuisinières.

Toutefois, à côté de ces noms si discordants, vous serez étonnés d'en rencontrer d'autres, dans lesquels se manifeste cette tendance générale de l'esprit humain à réunir les choses qui se ressemblent à mesure que la notion de ressemblance apparaît évidente. Le nom de *vitriol* appliqué d'abord uniquement au sulfate de fer avait été étendu à divers autres sulfates, et l'on distinguait le *vitriol de fer* ou vitriol vert, le *vitriol de zinc* ou vitriol blanc, le *vitriol de cuivre* ou vitriol bleu, la *potasse vitriolée* que l'on appelait encore *tartre vitriolé*. Le mot de *beurre* avait été donné de même aux chlorures qui se rapprochaient par leurs caractères extérieurs du chlorure d'antimoine : on avait des beurres de zinc, d'étain, d'arsenic, de bismuth. L'*argent corné* ou lune cornée, désignation sous laquelle on connaissait le chlorure d'argent, avait pareillement servi de point de départ, et des expressions semblables avaient été mises en usage pour les chlorures analogues à celui-là, comme, par exemple, le plomb corné ou chlorure de plomb.

En partant de là, et voyant que l'on avait déjà fait naturellement diverses tentatives pour rassembler dans les mêmes groupes et sous des noms génériques communs les corps qui se ressemblaient par leurs propriétés et leur mode de formation, vous ne serez pas surpris que la proposition de Guyton de Morveau n'ait excité qu'un faible intérêt.

Vous le concevrez d'autant mieux que son système de nomenclature n'était qu'un essai fort imparfait qui demandait de nombreuses modifications. Les personnes qui attribuent à Guyton de Morveau le principal rôle dans la fondation de la nomenclature sont donc peut-être dans l'erreur ; et, si c'est à lui qu'est due la première tentative pour cette œuvre importante, il est certain du moins que les Commissaires de l'Académie qui l'ont achevée avec lui ont droit à une grande part de la reconnaissance des chimistes.

Guyton de Morveau fut le premier qui insista sur la nécessité de réformer un langage qui permettait de dire, par exemple, *huile de vitriol* et *huile de tartre*, pour désigner un acide des plus énergies et un sel d'une réaction très-alcaline : ou bien encore *crème de tartre* et *crème de chaux*, comme pour indiquer une ressemblance de nature entre le bitartrate de potasse et le carbonate de chaux, tandis qu'évidemment aucune espèce d'analogie ne rapproche ces deux composés. Il signala les inconvénients de la confusion causée par un luxe de dénomination, qui faisait donner quelquefois à la même substance cinq ou six noms différents. C'est ainsi que le sulfate de potasse était appelé *sel polychreste de Glazer*, *arcanum duplicatum*, *sel de duobus*, *tartre vitriolé*, *vitriol de potasse*.

C'était assurément avec raison que Guyton de Morveau s'élevait contre les vices du langage des chimistes de son temps, et l'utilité de le modifier dut être généralement sentie ; mais son système de nomenclature n'était pas de nature à se concilier tous les suffrages. Qu'il y a loin en effet du plan qu'il proposa aux principes que l'on suit aujourd'hui, et qui, arrêtés avec Guyton par les Commissaires de l'Académie, se trouvent discutés et établis dans le célèbre rapport de Lavoisier ! Vous jugerez de ce plan par l'échantillon que j'en ai fait mettre sur le tableau.

Extrait du système de nomenclature proposé par Guyton de Morveau.

Acides.	Sels.	Bases.
Vitriolique.	Vitriols.	Phlogistique.
Nitreux.	Nitres.	Calce.
Arsénical.	Arséniates.	Barote.
Boracin.	Boraxs.	Or.
Fluorique.	Fluors.	Argent.
Citronien.	Citrates.	Platine.
Oxalique.	Oxaltes.	Mercure.
Sébacé.	Sébates.	Cuivre.
		Esprit-de-vin.

Vous voyez qu'il distingue les corps en trois classes : les acides, les sels et les bases. Dans les noms des acides, vous trouvez toutes sortes de terminaisons : vitriolique, nitreux, sébacé, arsénical, boracin. Toute espèce de désinence se trouve mise à contribution, sans règle et sans loi.

Dans les sels, nous trouvons encore à faire la même remarque. L'acide vitriolique fait les vitriols, dénomination déjà consacrée par l'usage avant Guyton de Morveau. De même, l'acide nitreux fait les nitres : déjà aussi on distinguait différentes espèces de nitres. Quant aux sels formés par l'acide arsénical, il les nomme *arséniates*. Voilà donc la terminaison *ate* qui se montre pour la première fois, mais sans que la terminaison *ique* se trouve dans l'acide du sel : ce n'est point d'ailleurs l'application d'un principe général ; car vous trouvez à côté beaucoup d'autres finales toutes différentes, telles que celles des mots *nitres, vitriols, fluors, boraxs, oxaltes*. Autant que possible, Guyton généralise des noms déjà reçus. Voilà comment il est amené à nommer *fluors* tous les fluorures, en partant du fluorure de calcium qu'on appelait *spath fluor*, et qui dans sa nomenclature prenait le nom de *fluor de calce* ou *de chaux*. C'est par suite de la même direction d'esprit que du mot *borax*, consacré uniquement au borate de soude, il fait un terme générique, susceptible d'admettre un pluriel, auquel cas il y ajoutait un *s*, et l'écrivait *boraxs*, ce qui formait un mot assez barbare.

Venait ensuite le groupe des bases. Au premier rang, il plaçait le phlogistique, car il en admettait encore l'existence ; puis la chaux, la baryte, la potasse, et autres composés dignes effectivement de figurer parmi les bases. Il y ajoutait les métaux ; cependant les expériences de Lavoisier avaient déjà prouvé d'une manière incontestable que cette classe de corps ne pouvait jamais faire fonction de bases, et que leurs oxydes seulement étaient capables de remplir ce rôle. Ainsi le groupe des bases à lui seul suffisait déjà pour faire repousser ce système de classification et de nomenclature par toutes les personnes capables de voir la science d'un peu haut. Quoi qu'il en soit, c'est un fait curieux que Guyton de Morveau ait été assez bien inspiré pour faire figurer l'alcool parmi les bases, comme s'il eût été bien établi à cette époque que l'alcool n'était autre chose que la base des éthers. Il avait donc placé l'alcool au même rang que le platine, la potasse et le phlogistique.

Enfin vous voyez, d'après ce que je viens de dire, que Guyton de Morveau ignorait complètement le parti qu'on peut tirer des désinences, véritable base de la nomenclature actuelle, et que d'ailleurs il était si peu au courant de l'état de la science dont il voulait réformer la langue qu'il ne savait pas sous quelle forme les métaux entraient en combinaison avec les acides, et qu'il croyait encore au phlogistique ; par conséquent, il n'avait pas cherché à bien connaître les travaux de Lavoisier, ou n'avait pas su les apprécier.

Toutefois une idée heureuse caractérisant le Mémoire de Guyton ; c'était lui qui le premier disait : Groupez sous le nom de l'acide tous les sels qui renferment le même acide, et à ce nom générique ajoutez celui de la base pour distinguer l'espèce. Il ne faisait là que généraliser l'usage déjà consacré pour les vitriols et les nitres : mais c'était rendre un grand service ; car, en partant de ce principe, on pouvait former au moins cinq cents noms appliqués à des corps connus, et remplacer ainsi, par des noms très-clairs par eux-mêmes, ceux qui existaient et qui étaient souvent inintelligibles.

Le plan de nomenclature de Guyton de Morveau ne pouvait

NEUVIÈME LEÇON.

triompher en face des nombreuses objections qu'il suscita, et auxquelles il était impossible de répondre victorieusement. La question demeura pendante et irrésolue jusqu'en 1787. Dans l'intervalle, Guyton vint à Paris et se mit en rapport avec Lavoisier, Fourcroy et Berthollet, auxquels avait été renvoyé l'examen de son Mémoire.

C'est par la discussion en commun de ces quatre personnages, et à la suite de nombreuses conférences, que furent établies les bases de cette langue si utile, qui permet aux chimistes de s'entendre sans efforts, langue que nous parlons encore aujourd'hui, telle, à quelques légères modifications près, qu'elle fut alors établie.

En apparence, Lavoisier ne joue là qu'un rôle secondaire ; mais on ne saurait s'y méprendre, et il est impossible de ne pas reconnaître que c'est lui qui a le plus contribué à fixer les règles de la nomenclature. Dans un discours fort bien écrit, il expose les principes qu'ils ont adoptés en commun d'après les idées de M. Guyton de Morveau ; et l'on voit qu'il s'enlace devant celui-ci en l'exhaussant de son mieux. Mais il y a dans cette nomenclature des choses qui lui appartiennent incontestablement. Ainsi, de qui vint l'idée de la première classe à créer, la classe des corps simples ou réputés tels, cette classe fondamentale qui fut si nettement définie ? Auquel des deux l'attribuera-t-on ? À Guyton qui, n'ayant su distinguer ces corps d'avec les bases, les confondit avec elles dans la même catégorie ? ou bien à celui-là même dont les travaux avaient établi quelles étaient les substances que l'on pouvait considérer comme étant des substances composées, et celles qui devaient être regardées comme simples ? On ne peut mettre sur le compte d'un autre que Lavoisier le classement et la nomenclature des acides et des oxydes déterminés par ses expériences, et ajoutés à ceux dont il était question dans le Mémoire de Guyton. C'est assurément encore Lavoisier qui rectifia les idées de Guyton sur les sels, et qui établit leur véritable nature.

Si la première pensée d'une nomenclature méthodique partit de Guyton de Morveau, Lavoisier eut donc tellement à modifier son système qu'il semble devoir être regardé comme le véritable fondateur de la nomenclature qui sut mériter l'assentiment universel des chimistes. Il en développe les bases avec le talent supérieur d'un grand maître, et certes il n'avait pas besoin d'aide pour la créer. Mais dans la marche qu'il suit en l'exposant se fait voir le désir qu'il avait de ne blesser personne, de se concilier les suffrages, et d'acquérir des appuis à sa nouvelle doctrine dont le fond allait passer d'une manière définitive, grâce à la forme. La nouvelle langue, adoptée par les quatre chimistes déjà cités, fut introduite dans la science en 1787, époque à laquelle parut l'Ouvrage où Lavoisier exposa le résultat de leurs méditations et de leurs conférences.

Quelles sont les bases de ce langage ? Les voici. Nous avons regardé comme simples, nous dit Lavoisier, les corps dont on n'a pu extraire plusieurs autres. Ainsi, pour éviter l'inconvénient où avait fait tomber le phlogistique, on rejetait toute hypothèse, et ne prenant conseil que de l'expérience, on disait : Nous appellerons *simple* tout ce qui est *indécomposable*, tout corps qui a résisté aux épreuves de la Chimie sans se résoudre en des matières différentes. Ces corps, bien entendu, pourront n'être pas tels que le suppose le nom que nous leur assignons : peut-être un jour parviendra-t-on à les décomposer ; mais jusque-là nous les considérerons comme élémentaires, n'ayant pas de raison pour rejeter cette opinion, et nous les appellerons *corps simples*.

Pour eux, la nomenclature ne commande aucune règle précise. On leur donnera, si l'on veut, des noms insignifiants ; on pourra rappeler, en les nommant, une de leurs propriétés les plus saillantes, ou mieux quelque autre trait de leur histoire ; mais ce qu'il importe surtout, c'est que leur nom se prête facilement à la formation des noms composés.

Quant aux produits résultant de la combinaison des corps simples, ils sont de natures diverses, et dans tous les cas ils doivent recevoir des dénominations propres à faire connaître ce qu'ils sont. Ainsi ils s'unissent à l'oxygène, et forment des acides : eh bien, il faut que le nom de chaque acide rappelle sa composition, et le caractérise immédiatement à l'esprit de qui l'entend nommer. D'autres donnent naissance à des oxydes : il faut de même que les noms de ces oxydes rappellent leur composition et ne permettent pas de confusion ; puis, par leur réunion, les oxydes et les acides produisent des sels : pour nommer ces sels, il faut encore des termes qui indiquent la nature des composants.

NEUVIÈME LEÇON.

Viendra-t-on maintenant demander pourquoi la composition des corps a été envisagée sous cette forme ? La réponse serait très-facile, ce me semble. C'est qu'entre plusieurs suppositions trop significatives on a pris en somme celle qui l'est le moins, on a choisi la plus simple de toutes, celle qui se prête le mieux à la formation des noms composés. Voilà, n'en doutons pas, ce qui a déterminé Lavoisier et ses collègues à adopter la manière de voir qu'indique leur nomenclature ; ce ne fut point le résultat d'une véritable conviction.

À l'occasion des oxydes de plomb, par exemple, on peut faire les diverses suppositions suivantes :

On peut admettre d'abord que ces oxydes résultent chacun de la combinaison immédiate du plomb et de l'oxygène en différentes proportions. Mais de plus, et sans parler de la manière de voir d'après laquelle on fait du deutoxyde un composé de protoxyde et de peroxyde, ne peut-on pas dire : L'union de l'oxygène avec le plomb produit la litharge ; celle-ci fait le minium en se combinant avec une certaine quantité d'oxygène, puis l'oxyde *puce* en absorbant une quantité plus grande ? On pourra vous dire encore : Pourquoi ne pas faire l'inverse, et admettre que c'est l'oxyde puce qui résulte de l'union directe du métal et de l'oxygène, tandis que les deux autres oxydes sont des combinaisons de plomb et d'oxyde puce ? Après quoi, un troisième viendra à son tour émettre ainsi son avis : Mais non, le plomb, en se combinant avec l'oxygène, ne forme ni de l'oxyde puce ni de la litharge ; il donne naissance à du minium, et ce minium produit de l'oxyde puce en s'unissant à l'oxygène, et de la litharge en s'unissant à du plomb.

Eh bien, on n'a pas voulu trancher la question. Il y avait un fait incontestable : c'est que la litharge, le minium et l'oxyde puce renfermaient de l'oxygène et du plomb, sans nul autre corps simple : en conséquence, on est convenu de les appeler tous *oxydes*, en distinguant d'ailleurs chacun d'eux par les moyens que vous connaissez. On n'a pas cherché à approfondir davantage leur nature, on n'a pas voulu recourir à un examen plus minutieux, dont le résultat eût toujours été douteux ; on a mieux aimé définir simplement ce que l'on voyait en masse, sans prétendre du reste juger des détails. En cela je trouve qu'on a eu parfaitement raison.

Voudriez-vous d'autres exemples ? L'acide sulfurique, l'acide sulfureux et l'acide hyposulfureux sont formés de soufre et d'oxygène. Mais, si l'on veut s'abandonner à la recherche d'hypothèses sur la manière dont ces deux éléments s'y trouvent associés, on pourra se demander si l'acide sulfurique n'est pas parmi eux un composé fondamental, qui donne lieu aux deux autres en entrant en combinaison avec du soufre ; ou si ce n'est pas l'acide hyposulfureux qui prendrait une certaine dose d'oxygène pour faire l'acide sulfureux et une autre pour faire l'acide sulfurique ; ou bien encore, si l'on ne devrait pas voir plutôt dans l'acide sulfureux un radical, qui, joint au soufre ou à l'oxygène, produirait l'acide hyposulfureux et l'acide sulfurique. Entre ces trois systèmes, l'embarras du choix me décide, et je n'en adopte aucun ; je me borne à énoncer que le soufre et l'oxygène sont les éléments qui constituent les trois acides en question, et que leur analyse ne m'en fournira pas d'autres.

Ainsi, vous voyez, si je ne me trompe, qu'on s'en est rapporté au sentiment général ; on a fait la supposition la plus simple. On s'est dit : Nous ne saurions nous prononcer ; et d'ailleurs, pour créer une nomenclature simple et commode, nous n'avons pas besoin de fixer nos idées d'une manière plus précise. Nous n'irons pas plus loin pour le moment : peut-être l'avenir donnera-t-il les moyens de pénétrer plus avant.

Ce qu'on avait fait pour les binaires, on le fit aussi pour les sels ; c'est-à-dire qu'on s'arrêta pareillement à la supposition la plus naturelle et la plus facile à exprimer dans la formation des noms. C'est encore l'opinion qui mérite à tous égards la préférence aujourd'hui.

Je ne m'engage point à démontrer que le système de Lavoisier sur la constitution des sels, qu'ont admis les auteurs de la nomenclature, est exact. Il fut et il reste établi sur un sentiment général de convenance, et n'est point basé sur des preuves péremptoires. Mais je me chargerai volontiers de vous faire voir que, devant tous les autres systèmes proposés, s'élèvent des objections de la plus grande force.

Nous commencerons par celui de Davy, auquel M. Dulong a prêté son appui si puissant à nos yeux. Pour être admis et soutenu par de

NEUVIÈME LEÇON.

telles autorités, il fallait que ce système fût plus que vraisemblable ; il devait être non-seulement possible, mais encore philosophique, important. Il est né, il est vrai, dans l'esprit d'un homme qui paraît avoir cherché toutes les occasions de combattre la théorie de Lavoisier. Si vous suivez Davy dans toute sa carrière scientifique, vous verrez qu'il était souvent excité par le désir de lutter avec les doctrines de Lavoisier, et qu'il s'est constamment efforcé de leur en substituer de nouvelles. Voilà comment il fut sans doute poussé à se mettre en opposition avec les idées adoptées sur la constitution des sels.

Davy part d'un système d'idées qui lui est propre. Les hydracides, nouveau genre d'acides à la découverte desquels il avait coopéré puissamment, voilà son point de départ. Lavoisier n'avait reconnu que des oxacides. Eh bien, s'est-il dit, je vais montrer qu'il n'existe que des hydracides. Cette idée paraît bizarre : elle est telle cependant qu'aujourd'hui même, en la discutant, on reste presque indécis, et qu'il faut approfondir cette théorie avec un soin extrême, si l'on veut trouver quelque motif vraiment déterminant en faveur de celle de Lavoisier.

Pour rendre l'exposé de ce que j'ai à vous dire plus rapide et plus facile à saisir, je vous demanderai la permission d'employer les signes chimiques dont on fait usage aujourd'hui. Nous allons nous servir de formules bien postérieures à l'époque où Lavoisier et Davy proposèrent leurs doctrines ; mais elles nous fourniront un moyen de traduire leurs pensées en quelques mots et de faciliter beaucoup leur examen.

Nous admettons, avec Lavoisier, que l'acide sulfurique est SO^3, que l'acide sulfurique ordinaire concentré est ce même acide hydrate SO^3H^2O, et que la substance que nous appelons sulfate de plomb est un composé de l'acide SO^3 avec l'oxyde de plomb PbO. D'après Davy, rien de tout cela n'est vrai, et il vous dirait : Vous croyez que SO^3 est un acide, eh bien, pas du tout, ce n'est point un acide : je vous défie de me montrer dans ce composé les caractères d'un acide, Et ce qu'il y a de bien étrange, c'est que, si l'on a accepté le défi, on demeure impuissant : on ne peut pas prouver que notre acide sulfurique anhydre soit vraiment un acide. Oui, je le répète (car je crois voir parmi vous des signes d'incrédulité ; car beaucoup d'entre vous, Messieurs, semblent se révolter intérieurement contre ce que je viens d'avancer), on ne peut pas prouver que SO^3 soit un acide. C'est, suivant Davy, l'acide ordinaire, c'est SO^3, H^2O qui est l'acide véritable, et il l'écrirait d'une manière différente ; car, pour lui, c'est un hydracide. La formule de l'acide de Davy sera $SO^4 + H^2$, c'est-à-dire de l'acide chlorhydrique, dont le chlore Cl^2 est remplacé par le radical SO^4. Et alors vous concevez qu'en mettant cet hydracide en contact avec les bases, il devra se comporter comme le font les autres hydracides. Son hydrogène se portera sur l'oxygène des oxydes pour faire de l'eau, et le radical S^3 s'unira au métal ; de cette sorte, ce qu'on appelle *sulfate de plomb* ne sera pas du tout $SO^3 + PbO$, mais bien $SO^4 + Pb$.

Or, Messieurs, cela est clair ; vous pouvez appliquer ces idées à tous les acides possibles.

Davy ajoute que, si son système est exact, il faut, pour combiner l'acide sulfurique avec l'ammoniaque, prendre non pas l'acide anhydre, mais ce qu'on regarde comme de l'acide hydrate. À cet égard, il a consulté l'expérience, et il a vu que, dans le sulfate d'ammoniaque desséché autant que possible, il avait toujours avec SO^3 les éléments de H^2O, par conséquent de quoi constituer son hydracide SO^4, H^2. Tous les sels ammoniacaux présentent une semblable particularité.

Dans ces derniers temps on est allé plus loin, on a essayé d'unir l'acide sulfurique anhydre, l'acide sulfureux anhydre, au gaz ammoniac sec, et lerésultat a encore été favorable à l'opinion de Davy. Les composés produits ont été tout autres que les sels formés par les mêmes acides et l'ammoniaque en présence de l'eau : ils n'ont point reproduit ceux-ci quand on les a dissous dans l'eau ; ils n'ont point offert les propriétés générales des sulfates ou des sulfites.

Enfin M. Dulong a appuyé les idées de Davy par ses considérations sur les oxalates, qui, dans ce système, résulteraient de la combinaison de l'acide carbonique avec les métaux, ce qui donnerait une explication facile de quelques-unes ou, pour mieux dire, de toutes leurs propriétés.

Vous voyez donc qu'une foule de faits viennent à l'appui de cette manière de voir. Cependant ils ne renversent point celle de Lavoisier, et peuvent également s'expliquer par elle. La différence de nature qui existe entre l'ammoniaque et les oxydes peut bien

NEUVIÈME LEÇON.

occasionner aussi une différence dans leur manière de se comporter avec les acides ; et les phénomènes singuliers que présente l'acide sulfurique hydraté dissous dans l'alcool absolu, en prouvant l'influence que peuvent exercer les dissolvants sur les réactions des corps, permettent de rattacher, sans invraisemblance, à la même cause, les dissemblances observées dans la manière d'agir de l'acide sulfurique, suivant qu'il est anhydre ou hydraté.

En définitive, on serait donc tenté, sinon d'adopter la théorie de Davy, du moins de demeurer indécis entre elle et celle de Lavoisier, s'il n'y avait pas d'objections graves à faire valoir contre la première. On a peine à trouver un moyen de l'attaquer, tant elle paraît bien établie, tant elle est rationnelle ! Elle semble, tout au contraire, simplifier beaucoup la Chimie. Avec elle, en effet, plus que des hydracides ; avec elle, rien que formules semblables pour tous les composés salins, ou plutôt plus de sels, rien que des binaires, les corps regardés comme sels devenant analogues au chlorure de sodium.

Cependant la réflexion nous fait reconnaître deux motifs tendant à faire repousser ce système, et deux motifs tellement puissants qu'ils me semblent décisifs.

En voici un d'abord : c'est qu'il faudrait admettre une multitude d'êtres que nous n'avons jamais vus, et que nous devons désespérer de voir, des acides persulfurique, perazotique, percarbonique, etc., dont les formules seraient SO^4, Az^2O^6, C^2O^3, ... En un mot, chaque oxacide supposera l'existence d'un autre composé renfermant une proportion d'oxygène de plus. Or, je le déclare, toutes les fois qu'une théorie exige l'intervention de corps inconnus, il faut s'en défier ; il faut lui donner son assentiment avec la plus grande réserve, lorsqu'il n'est plus permis de s'y refuser, ou du moins en présence des analogies les plus pressantes. Plus cette théorie nécessite d'êtres imaginaires, plus on doit se montrer difficile. C'est, voyez-vous, et peut-être faites-vous la comparaison vous-mêmes, c'est retomber dans l'inconvénient du phlogistique ; et ici, ce ne serait pas seulement un phlogistique, ce serait une nuée de phlogistiques. Il y aurait presque autant de corps supposés que de corps connus : de là une confusion, un embarras pour la science auquel on ne saurait se résigner qu'en obéissant à une véritable, à une impérieuse nécessité.

Il y a une autre raison qui augmente encore l'invraisemblance de ces hypothèses. Dernièrement on a vu que l'acide phosphorique, dissous dans l'eau, pouvait s'offrir à trois états différents, sous chacun desquels il était doué de propriétés particulières. C'est qu'en effet il forme trois hydrates :

| $Ph^2O^5, 3\ H^2O,$ | $Ph^2O^5, 2\ H^2O,$ | $Ph^2O^5, H^2O.$ |

Le premier de ces hydrates a reçu le nom d'*acide phosphorique ordinaire* ; le second, d'*acide pyrophosphorique* ; le troisième, d'*acide métaphosphorique*. Peu importent ces noms : laissons-les de côté. Ces trois sortes d'acide phosphorique donnent lieu à des sels différents, dans lesquels l'eau qui se trouvait primitivement unie à l'acide se trouve remplacée par la base, atome par atome, soit en totalité, soit en partie. Du reste, ces trois variétés d'acide passent facilement de l'une à l'autre, soit en perdant de l'eau par la calcination, soit en gagnant de l'eau par un contact prolongé avec ce liquide. Entre elles existent donc, d'une part, des différences incontestables, et de l'autre, des rapprochements qui indiquent une grande ressemblance de nature. Les formules toutes simples qu'on leur assigne, en signalant entre ces acides une différence que l'on pourrait comparer, si l'on voulait, à celle qui existe entre l'alcool et l'éther, rendent également parfaitement bien compte de ces rapprochements. Or il n'en serait plus de même, si l'on envisageait ces corps, non plus comme des hydrates d'un même oxacide, mais comme des hydracides tout différents. Ils seraient alors représentés par

| $Ph^2O^8, H^6,$ | $Ph^2O^7, H^4,$ | $Ph^2O^6, H^2.$ |

Voilà de bien graves changements de nature pour des corps qui passent si aisément de l'un à l'autre. On admettrait dans leur composition des différences de premier ordre pour expliquer des différences de propriété d'ordre très-secondaire. L'effet ne serait pas proportionné à la cause.

J'insiste sur ce raisonnement, car je ne trouve pas d'autres faits opposer au système soutenu par Davy et M. Dulong. Ainsi la question n'est point irrévocablement vidée. D'un moment à l'autre, il est possible que cette théorie se relève triomphante, appuyée par quelque découverte qui lui donnera une force nouvelle ; mais jusqu'à présent je suis d'avis qu'elle doit être repoussée, en raison de cette multitude innombrable d'êtres inconnus qu'elle suppose. Si seulement, j'en voyais naître une partie, j'aurais moins de répugnance à croire à l'existence du reste.

Vous venez de voir que, dans les sels, Davy prend l'oxygène de la base pour le porter sur l'acide. Dans ces derniers temps, M. Longchamp a fait précisément l'inverse : il veut qu'on reporte de l'acide sur la base autant d'oxygène qu'elle en contient déjà. D'après lui, l'acide sulfurique et le protoxyde de plomb donnent, en s'unissant, un composé d'acide sulfureux et d'oxyde puce, dont la formule doit s'écrire ainsi : SO^2, PbO^2. L'acide sulfurique du commerce devient une combinaison d'acide sulfureux et d'eau oxygénée : SO^2, H^2O^2. C'est donc exactement l'hypothèse de Davy renversée.

D'après cela, si vous prenez le sulfate de sesquioxyde de manganèse, que l'on représente par $3\ SO^3, Mn^2O^3$, il faudra y voir ce qu'indique la formule $3\ SO^2, Mn^2O^6$. Or, après cette transformation, vous voyez que vous avez un acide très-fort, l'acide manganique, qui joue le rôle de base vis-à-vis d'un acide très-faible, l'acide sulfureux. Bien plus, c'est que ce sont deux acides qui ne peuvent coexister ; car l'acide sulfureux ramène l'acide manganique à l'état de protoxyde de manganèse.

S'agit-il du sulfate d'alumine, il n'est plus $3\ SO^3, Al^2O^3$, mais bien $3\ SO^2, Al^2O^6$. Or, voilà un composé, Al^2O^6, que personne ne connaît et dont l'existence n'avait point été soupçonnée, et il y en aura une multitude de semblables ; car il faut qu'à tous les oxydes salifiables correspondent d'autres oxydes renfermant le double d'oxygene ; et pour chaque acide susceptible de combinaison avec les bases, il faudra trouver un autre composé renfermant un atome d'oxygène de moins. Il faudra admettre l'existence de FeO^2, FeO^6, Gl^2O^6, MgO^2, KO^2, ..., et de Ph^2O^4, Ph^2O^2, ...

Il est inutile d'insister davantage sur les invraisemblances de cette théorie, bien moins heureuse que celle de Davy et qui ne présente aucun côté philosophique.

Quoi qu'il en soit, voilà trois manières de concevoir la composition des sels, et l'on peut représenter le sulfate de plomb par les trois formules suivantes :

| SO^3, PbO, | SO^4, Pb, | SO^2, PbO^2. |

Eh bien, il y a encore une autre théorie : c'est la négation de toute prédisposition dans les composants d'un sel. Elle consiste à dire : Vous cherchez comment les éléments des sels se groupent les uns auprès des autres…, eh bien, ils ne se groupent pas les uns auprès des autres, ils sont disséminés dans le composé. Bref, votre formule n'a aucun arrangement particulier à vous peindre : vous devez écrire SO^4Pb, ou plutôt O^4PbS, en suivant l'ordre alphabétique, car vous n'auriez pas de raison pour en adopter un autre.

Dès qu'une théorie n'est pas appuyée sur quelque nécessité, je la repousse. Il ne suffit pas qu'elle soit rigoureusement possible ; elle ne renfermerait rien d'invraisemblable que ce ne serait point encore assez : il faut qu'elle soit nécessaire, ou tout au moins qu'elle soit utile et basée sur des raisons solides ; il faut surtout, lorsqu'elle est destinée à en remplacer une autre, qu'elle soit mieux établie et plus raisonnable que celle qu'elle doit renverser.

Celle dont il s'agit réalise-t-elle ces conditions ? Voilà ce que je ne puis admettre. Elle ne repose sur aucune base réelle ; elle ne jette aucune lumière sur les propriétés des corps ; elle masque les rapports qui existent entre eux, et, appliquée à la nomenclature et aux formules, elle ne ferait qu'y apporter une confusion déplorable.

Que l'on vous dise : Il y a un composé dont la formule est $C^{12}H^{12}O^4$ ou C^3H^3O. Vous en ferez-vous tout de suite, d'après cela, une idée juste ? Je suppose même que l'on ajoute : C'est un liquide éthéré, très-volatil et d'une odeur suave. Serez-vous fixé sur sa nature ? Vous vous demanderez : Mais qu'est-ce que $C^{12}H^{12}O^4$? On voit bien, en se guidant par l'idée d'éther, que $C^{12}H^{12}O^4$, équivaut à $C^4H^2O^3$, C^8H^8, H^2O ; mais il équivaut aussi à $C^8H^6O^3$, C^4H^4, H^2O. Cette formule $C^{12}H^{12}O^4$, ou à plus forte raison celle-ci, C^3H^3O, vous laissera donc complètement dans l'incertitude.

Ce sera à peu près comme si l'on vous disait : J'ai à vous entretenir d'un personnage dont vous avez entendu parler ; il s'appelle A²BEIMRU. On ajouterait même que c'est un orateur illustre, un des membres les plus fameux de l'Assemblée constituante, que vous ne seriez pas

NEUVIÈME LEÇON.

encore très-avancé. L'un dirait : Ah ! c'est Mirabeau ; l'autre : Bon ! c'est[1] l'abbé Mauri. Une obscurité semblable accompagnera la formule $C^{12}H^{12}O^4$, qui appartient également à l'éther formique ou l'acétate de méthylène. Qu'à sa place on vous présente au contraire celle-ci : $C^4H^2O^3$, C^8H^8, H^2O ; dès lors, non-seulement vous savez parfaitement quel est le corps dont il s'agit, mais, en vous disant qu'il s'agit de l'éther formique, cette formule vous offre à elle seule le tableau résumé d'un grand nombre de ses propriétés.

Eh bien, je vous le demande, quelle nomenclature voudriez-vous préférer (car je confonds ici nomenclature, formules, manière de se représenter la constitution des corps ; c'est toujours la même question) ? Est-ce celle qui ne vous apprend autre chose que la nature des corps simples qui font partie d'un composé, ou bien celle qui le caractérise le mieux possible et qui rappelle le mieux ses propriétés essentielles ? La manière la plus utile de représenter les corps n'est-elle pas celle qu'il faut adopter de préférence ?

Au reste, ne nous obstinons point à tort. Quand il n'y a point de faits qui permettent d'aller plus loin que la formule brute, sachons nous y arrêter. Mais lorsqu'il y a un système d'idées qui s'accorde à nous présenter d'une certaine manière la constitution intime d'un corps, cherchons un nom et une formule qui en soient l'énoncé. Il ne suffit pas qu'ils expriment des faits possibles : il faut leur faire exprimer des faits *certains*, et le plus de faits qu'on peut. Rappelons-nous d'ailleurs que toutes ces questions sont entourées d'un nuage qu'il n'a pas été permis de dissiper complètement jusqu'ici, et soyons prêts à faire le sacrifice de nos opinions dans le cas où des *expériences décisives* viendraient à les renverser.

La marche à suivre au milieu des difficultés qu'offre ce sujet peut être résumée en quelques phrases. Il faut d'abord éviter toute idée préconçue et faire l'analyse brute de la substance proposée, puis la soumettre à des épreuves qui puissent en faire connaître les principales réactions. Quand elle sera binaire ou constituée à la manière des corps binaires, l'action des corps simples, très-positifs ou très-négatifs, sera éminemment propre à en mettre au jour la vraie nature. Sera-t-elle saline, les bases ou les acides forts serviront surtout à éclaircir sa constitution intime.

---

[1] Que le lecteur veuille bien s'attacher à la valeur des sons et point à l'orthographe des mots.

Je sais bien qu'on peut dire : Ces corps que vous retirez n'existaient pas, vous les faites naître. J'avoue que leur préexistence me semble vraisemblable et que j'y ai toujours cru ; mais, si j'avais été dans le doute, les résultats de M. Biot l'auraient levé. Il a vu, en effet, que l'essence de térébenthine déviait la lumière polarisée vers la gauche, et qu'en s'unissant à l'acide chlorhydrique pour former le camphre artificiel elle ne perdait point cette propriété, mais qu'elle la conservait au même degré. Il a trouvé un pouvoir rotatoire inverse dans l'essence de citron, quoiqu'elle ait la même composition ; et s'il n'a pas pu vérifier par des expériences précises si ce pouvoir subsistait intact dans son chlorhydrate, il s'est assuré du moins que ce composé déviait la lumière polarisée dans le même sens.

À l'égard de ces corps, le chimiste et le physicien sont donc conduits à la même conséquence : elle semble par conséquent bien établie ; et si elle est vraie pour le chlorhydrate d'essence de térébenthine, elle doit l'être aussi pour les substances analogues.

Les recherches de M. Biot méritent donc par leurs conséquences tout l'intérêt des chimistes ; elles peuvent devenir décisives pour la théorie, et le sont presque déjà.

Pour certains composés, la forme sous laquelle sont combinés les éléments paraît donc bien déterminée ; mais il y en a sur lesquels on ne sait trop quel jugement porter. Ainsi le chromate acide de potasse est-il un composé d'acide chromique et de potasse unis directement ? Je suis bien plus porté à croire que c'est une combinaison de chromate neutre et d'acide. De même, dans le sous-acétate de plomb, il me semble qu'il faut voir un composé d'oxyde de plomb et d'acétate neutre plutôt qu'un résultat de l'union immédiate de l'acide acétique et de l'oxyde de plomb. Ce sont au surplus des questions à résoudre par l'expérience, et non pas par des raisonnements *a priori*. On ne saurait établir aujourd'hui de système général sur ces matières. Il faut d'abord interroger soigneusement la nature ; il faut être fixé sur un grand nombre de cas particuliers : ce n'est que par là qu'il deviendra permis de s'élever avec confiance à des généralités.

Est-on, par exemple, dans la vérité lorsqu'on écrit

| Az^2O, | Az^2O^2, | Az^2O^3, | Az^2O^4, | Az^2O^5, |

NEUVIÈME LEÇON.

en admettant dans les composés ainsi représentés de simples combinaisons directes des deux corps simples ? Je ne le crois pas, et je suis persuadé, au contraire, que parmi ces cinq composés il y en a qui résultent de la combinaison des autres, soit entre eux, soit avec l'un des deux corps élémentaires. C'est à l'expérience, je le répète, à préciser l'état réel de leur constitution intime.

Beaucoup de chimistes aujourd'hui regardent l'oxyde de carbone comme un radical susceptible de jouer le rôle de corps simple vis-à-vis de l'oxygène et du chlore, par exemple. Cette manière de voir, qui trouve à présent un véritable appui dans la théorie des composés benzoïques, fut exposée ici, dans un premier essai de Philosophie chimique, auquel je consacrai quelques leçons en 1827. L'oxyde de carbone y fut assimilé au cyanogène : l'acide chloroxycarbonique et l'acide carbonique furent donc représentés par les formules C^2O, Cl^2 et C^2O, O ; et j'admis conséquemment que le même corps simple pouvait entrer en combinaison de deux manières différentes dans un même produit. D'après les expériences de MM. Wœhler et Liebig sur le benzoyle, cette manière de voir a été généralement adoptée, et elle a reçu une nouvelle confirmation par la loi des substitutions.

Tout récemment, M. Laurent et M. Persoz ont appliqué cette idée d'une manière très-étendue : D'après M. Persoz, l'acide azoteux est formé de bioxyde d'azote et d'oxygène $Az^2O^2 + O$ et l'acide azotique d'acide hypoazotique et d'oxygène $Az^2O^4 + O$: en un mot, tous les acides renferment un atome d'oxygène en dehors du radical ; en sorte que l'acide borique doit être $BoO^2 + O$, l'acide chromique $ChO^2 + O$, etc. Dirai-je qu'on doit admettre ces hypothèses ? Je ne le crois pas : on a trop peu de raisons à faire valoir en leur faveur. Évitons soigneusement les suppositions gratuites. Rappelons-nous, sans cesse qu'il y a le plus grand danger à créer des radicaux hypothétiques sans nécessité.

Voici donc ma proposition : Laissez les séries binaires comme elles sont ; laissez les séries salines comme elles sont. Toutefois, faites des expériences pour vous assurer si elles sont bien conçues, et croyez bien d'ailleurs que la décision prise pour une série aura besoin d'être vérifiée pour les autres et qu'il ne faudra pas se presser de généraliser.

Je me dois à moi-même, je dois à mes jeunes camarades ou élèves de leur dire ici ma pensée sans détour. C'est avec regret que je vois de jeunes chimistes, si capables de faire un usage précieux de tous leurs moments, en consacrer même une petite partie à combiner vaguement des formules d'une manière plus ou moins probable, plus ou moins possible.[1]

La nomenclature de Lavoisier n'exprime que la nature et l'état des corps : elle n'avait pas d'autre objet. Après que les équivalents chimiques furent bien établis, M. Berzelius songea à créer une nomenclature symbolique, dans laquelle on pût indiquer non-seulement le nom des éléments et la manière d'envisager leur réunion, mais de plus leurs quantités respectives, ce qu'il fit en exprimant les poids des atomes par des signes auxquels il associa l'indice de leur nombre. C'est ainsi qu'il établit ces formules si commodes, comme SO^3, PbO, qui disent en effet tout ce que je viens d'énumérer. Aussi ont-elles été généralement adoptées. Il n'y a guère que quelques chimistes anglais qui se refusent encore à en faire usage, et nous ne pouvons trop les en blâmer hautement.

Voilà donc deux nomenclatures bien distinctes, la nomenclature parlée et la nomenclature écrite, ayant chacune ses avantages et ses exigences. Sans doute la seconde est à la fois d'une exactitude et d'une précision bien précieuses ; mais s'ensuit-il qu'il faille chercher à modeler la première sur elle ? Non, messieurs, mille fois non. Il faut que la seconde reste ce qu'elle a été, une langue claire, simple et même élégante ; une langue qu'on puisse parler sans effort et comprendre sans travail. Il faut qu'elle soit exacte, mais aussi qu'elle

---

1 Dans le nombreux auditoire qui n'a cessé de se presser à ces savantes leçons, il n'est personne qui n'ait compris la pensée du professeur. Pensée de bienveillance, d'amitié, qui s'est librement échappée d'un cœur qui se croit suffisamment protégé par ses antécédents.

Et pourtant cette phrase a suscité des reproches de M. Laurent envers M. Dumas ; comme si, en ouvrant son laboratoire à tout jeune chimiste, au malheureux Boullay, à M. Peligot, à M. Pelouze, à M. Laurent et à tant d'autres, si en les initiant aux secrets de son expérience, si en les réchauffant du feu qui l'anime, M. Dumas avait dû renoncer au droit de leur donner un conseil.

Ah ! qu'il me soit permis d'ajouter que, loin de se laisser décourager, j'espère que M. Dumas conservera toujours envers la jeunesse cette inaltérable bienveillance qui l'a déjà placé si haut dans la vénération publique et qui lui a déjà permis de susciter au milieu de nous cette brillante école de jeunes chimistes qui fait l'espoir de la Science et celui du pays.

soit concise et harmonieuse.

Cependant il est impossible d'éviter qu'il soit fait quelques tentatives tendant à confondre ces deux manières de désigner les corps. Il ne se passe presque pas d'année où l'Institut ne reçoive un ou deux nouveaux plans de nomenclature, plus ou moins vicieux, plus ou moins niais. Les personnes qui se sont occupées d'Histoire naturelle ne s'en étonneront pas. Vous savez, par exemple, combien est belle, combien est utile la nomenclature linnéenne en Botanique, précisément parce qu'elle n'exprime rien, ou si peu, que l'envie de la modifier doit venir difficilement à un homme raisonnable, même quand la Science a subi quelques changements. Cependant, il y a des gens qui ne se rendent pas à ces raisons, et qui veulent renchérir sur Linné, au risque de former les dénominations les plus cruelles à prononcer.

Croirait-on, par exemple, qu'il se soit trouvé un botaniste, Bergeret, qui, s'efforçant d'exprimer tous les caractères des plantes dans leur nom, n'a pas eu l'oreille blessée des mots barbares qu'enfantait son système ? Et pourtant au nom ordinaire de la *mélisse*, simple et commode à prononcer, il substitue celui de *sœfnéanizara* ; la *lavande* devient *sœfniaceara* ; l'*ortie rouge*, *niqstyafoajiaz* ; le *serpolet, giqgyafoasiaz* ; et la *menthe, oiqgyafoajoaz* !!

Vous admirez la mélodie de ces noms et la facilité de leur prononciation : eh bien, ce qui vous semble si sauvage pour la science des fleurs, M. Griffins vient de le renouveler pour la Chimie. Ses noms expriment le *nombre des atomes* et non pas l'ordre de leur combinaison. Nous savons déjà ce qu'on y gagne philosophiquement ; voyons maintenant ce qu'on y gagne sous le rapport de l'harmonie et du beau langage. Attendez : il faut que je lise, autrement je ne pourrais m'en tirer. Je tombe sur le feldspath : voilà un minéral d'un nom bien connu et bien commode au moins pour sa brièveté. M. Griffins n'en veut pas ; il aime mieux dire :

Kalialisilioxi-monatriadodecaocta.

Et l'alun ordinaire, il faut l'appeler :

Kahalintriasulintetraoxinocta aquindodeca.

Vous allez dire peut-être que ces corps sont d'une composition très-compliquée, qui oblige nécessairement à leur donner des dénominations longues et embarrassées. Eh bien, prenons le fluoborate de baryte : dans le système de M. Griffins, il se nomme *Baliborintriaflurintetra aqui.*

Enfin la craie, pour laquelle les noms communs manquent si peu, que vous pouvez appeler scientifiquement carbonate de chaux ; en langage de Minéralogie chaux carbonatée ; ou bien encore, si vous voulez, *blanc de Meudon, blanc d'Espagne, pierre calcaire,* tout comme il vous plaira, car tous ces noms me semblent préférables à celui que je vois là, que je vais prononcer, la craie prend ici le nom de *Calcicariproxintria.*

Ces choses n'ont pas besoin d'être combattues, il suffit de les lire.

Laissons à la nomenclature écrite sa précision et ses indications rigoureuses ; mais songeons qu'à la nomenclature parlée il faut de l'élégance, il faut un peu de ce laisser-aller sans lequel les noms deviennent d'une longueur ridicule et fatigante.

En finissant, je ne puis m'empêcher de témoigner le regret que j'éprouve en voyant entrer dans la science des noms tels que *mercaptan*, ou *mercaptum*, qui ne reposent que sur de mauvais jeux de mots : car *mercaptan* veut dire *corpus mercurium captans,* corps qui prend le mercure ; et *mercaptum, corpus mercurio aptum,* c'est-à-dire corps uni au mercure. J'aimerais mieux en vérité la méthode d'Adanson, qui tirait au sort les lettres qui devaient former le nom dont il avait besoin. Tenez, j'en dirai encore autant d'un nom qui a été proposé récemment dans un des plus beaux Mémoires que la Chimie possède. L'importance du travail dont le corps ainsi nommé a été l'objet rend mon observation plus nécessaire : c'est le mot *aldéhyde*, qui signifie *alcool dehydrogenatum*, alcool déshydrogéné. Ainsi, dans l'alcool, on prend, sans s'embarrasser de l'étymologie, la particule *al*, qui, dans la langue arabe où est pris le mot *alcool*, indique la perfection d'une chose quelconque, particule qui, par conséquent, ne précise rien, qui est commune à tous les noms arabes pris à leur plus haut degré, et qui appartient aussi bien à l'alcoran qu'à l'alcool. On y ajoute la syllabe *hyd* qui n'est pas non plus le radical du mot *hyd*rogène.

Le mercaptan, c'est du bisulfhydrate d'hydrogène bicarboné.

L'aldéhyde, c'est un corps dont les connexions avec l'acide acétique devaient surtout frapper le nomenclateur. À mon avis, dans la nomenclature des corps organiques, il faut faire peu d'attention à leur *origine* et beaucoup à leurs *dérivés*. Ainsi le mot *chloral* ne ml apprend rien d'essentiel, tandis que le mot *chloroforme* exprime le fait saillant de l'histoire du corps, sa conversion en chlore et acide formique sous l'influence des bases.

Je puis faire ces remarques, j'ai le droit de les faire ; car nul ne professe une plus profonde estime pour les travaux de M. Zeise ; nul ne connaît mieux que moi ce que la Science doit à M. Liebig et ce que M. Liebig promet à la Science pour l'avenir. Que M, Liebig me permette de le lui dire, il est doué d'un génie trop puissant pour avoir le droit de cesser d'être logique, même en adoptant un mot.

Tout cela est transitoire, il est vrai, fort heureusement ; mais cette excuse ne rend pas de pareils noms meilleurs, et c'est une nécessité de les critiquer dans un cours tel que celui-ci ; surtout quand on songe que ce provisoire peut durer tout aussi longtemps que ces baraques ignobles bâties pour un jour et qui pendant des siècles ont défiguré les approches de nos plus beaux monuments.

Je terminerai cette leçon en vous exposant en deux mots mon système sur les questions que je viens de discuter. Le voici :

Donnez aux corps simples et aux corps qui agissent comme eux des noms insignifiants, pourvu qu'ils se prêtent facilement à la formation des noms composés.

Prenez pour les corps composés les formules qui, s'accordant avec l'analyse élémentaire, représentent le mieux l'expérience, et ne les basez jamais que sur elle.

Représentez autant que possible, dans la langue parlée, ces formules, par des noms clairs et commodes, en ce qu'elles ont d'essentiel, mais en négligeant toutes les circonstances accessoires, et sans prétendre tout énoncer.

Cela fait, vous aurez exprimé les vérités de votre temps, les vérités de votre époque. Vous laisserez pourtant à votre esprit toute sa liberté, en vous rappelant que, si vous n'enregistrez ainsi que des vérités, vous n'enregistrez pas du moins toute la vérité et que vos neveux auront à poursuivre l'œuvre que vous avez commencée.

DIXIÈME LEÇON.
(18 juin 1836.)

Affinité. — Tables de Geoffroy. — Opinions de Berthollet. — Lois de Berthollet. — Réflexions sur l'attraction moléculaire.

Messieurs,

Je me propose aujourd'hui de vous entretenir de ce que les chimistes ont appelé *affinité* et des observations auxquelles cette force a donné lieu, puisqu'on a coutume de considérer l'affinité comme une force particulière.

Le mot *affinité*, dans le sens que lui donnent les chimistes, n'a plus la même signification que dans le langage ordinaire. Dans la langue générale il signifie *parenté par alliance*, et dans un sens figuré *ressemblance* ; c'est un rapport de convenance qui établit une liaison entre certains corps, ou un rapport de similitude qui conduit à classer ensemble les êtres entre lesquels il existe. Si j'appliquais en Chimie cette manière d'entendre le mot *affinité*, je pourrais dire, par exemple, que le chlore, le brome et l'iode ont entre eux une grande affinité. Or on sait bien qu'au contraire ces trois corps ont très-peu d'affinité les uns pour les autres, dans l'acception que nous donnons à ce mot. L'affinité des chimistes n'est donc pas du tout la même que l'affinité ordinaire du langage commun. Cela n'est point particulier à la langue française. Dans les autres langues, les deux acceptions de ce mot *affinité* se retrouvent également réunies dans un même terme. Ainsi le mot *Verwandschaft* en allemand, le mot *Fraendskap* en suédois, le mot *affinity* en anglais, ont les deux significations sur lesquelles je viens d'insister. Il en est de même en d'autres langues.

Il est curieux et il sera utile de rechercher comment le terme *affinité* a pénétré dans la Science, et sous quelle forme il y est entré. Il n'y a pas très-longtemps qu'il a été employé pour la première fois : c'est dans un ouvrage publié par Barchusen, en 1698, sous le titre de *Pyrosophia*. Vous y trouvez encore les recettes de l'alchimie. Comme beaucoup d'autres le faisaient alors, Barchusen reconnaît quatre principes : le sel, l'huile, l'eau et la terre. Il appelle les deux premiers principes *actifs*, le troisième principe *neutre*, et le dernier principe *passif*. Il ajoute ensuite, suivant l'usage habituel des chimistes de son époque, qu'il faut se garder de confondre ces principes avec les corps de même nom que l'on sait se procurer ;

DIXIÈME LEÇON.

car, dit-il, si nous essayons de les séparer, il nous est impossible d'y parvenir : nous y laissons toujours quelque chose de terrestre, ou quelque autre ingrédient qui s'y trouve uni par suite d'une affinité étroite et réciproque. *Arctam enim atgue reciprocam inter se habent affinitatem... Impossibile arbitror inveniendum elementum quodpiam simplicissimum, quod non peregrinis heterogenisve gaudeat particulis.* Voilà par quelle phrase l'affinité est introduite dans la Science.

Il y a certainement loin de l'affinité chimique, telle que nous l'entendons aujourd'hui, à cette affinité de Barchusen, par laquelle sans nul doute il entendait dire que la difficulté d'isoler les principes provenait d'une ressemblance entre les corps mélangés, en vertu de laquelle ils se comportaient de la même manière. Là encore le sens du mot *affinité* est donc puisé dans la langue commune, et pour signifier un rapprochement semblable à celui qui existe entre le chlore et le brome. On pourrait dire en effet de ces deux corps que la similitude de leurs manières d'agir est un obstacle à leur séparation, parce que, les réactifs produisant sur eux des effets semblables, ils seront presque toujours volatilisés, précipités, combinés ou rendus libres sous l'influence des mêmes forces ou des mêmes agents.

Si vous voulez voir ce mot *affinité* entrer dans la Science avec l'acception qu'il y a maintenant, il faut recourir à Boërhaave. C'est lui qui a le premier nettement établi ce qu'on doit entendre par là, dans sa leçon sur les menstrues. Son ouvrage est écrit en latin, et le mot *affinitas* qu'il emploie a dû être traduit dans chaque langue, comme s'il eût conservé sa signification ordinaire : ce qui est vraisemblablement la cause de la différence qui existe dans tous les pays, comme je vous l'ai fait remarquer, entre l'acception usuelle de ce mot et son acception en Chimie.

Boërhaave entre dans des détails qui nous décèlent tous les soins et toute l'habileté qu'il apportait à ses expériences. Boërhaave ne veut point s'occuper de principes définis par l'imagination seule, et que les sens n'aient jamais saisis. Ce sont des corps réels qu'il prend, qu'il éprouve et qu'il observe. Boërhaave nous dit dans son Chapitre des menstrues : « Mettons dans un verre un peu d'esprit de nitre (pour nous l'acide azotique) : il est calme, il est en repos. J'y laisse tomber un fragment de fer, et aussitôt vous êtes témoins de phénomènes remarquables. Un vif bouillonnement soulève la liqueur ; c'est un air particulier qui se dégage. Ce mouvement est accompagné de bruit, d'une fumée piquante et de beaucoup de chaleur. Mais jusqu'à quand tout cela va-t-il durer ? Jusqu'à ce que le fer ait complètement disparu, et jusqu'à ce que l'esprit de nitre se soit entièrement combiné aux dernières particules du métal ; mais, une fois cette combinaison accomplie, tout s'arrête à l'instant et le calme se rétablit. Dans les phénomènes précédents, il y a deux choses à distinguer. Le fer s'est d'abord désagrégé, ensuite il s'est dissous ; il y a donc une force qui le retient en dissolution, après en avoir écarté les particules : il a donc contracté une alliance. »

Boërhaave, en insistant d'une manière spéciale sur ces circonstances, cherche, par diverses figures, a faire entendre sa pensée. Si le fer, dit-il, entre dans le menstrue, et s'il y reste, c'est qu'il se passe entre eux quelque chose qui est plutôt de l'amour que de la haine : « *Magis ex amore quam odio* ». Pour Boërhaave, l'affinité n'est plus une ressemblance, c'est une aptitude des corps à s'unir, qui nécessite au contraire une dissemblance de nature. Il compare cette union à un mariage. Dans l'action de l'esprit de nitre sur le fer, il voit des noces qui se célèbrent, et il faut convenir qu'il y a quelque vérité dans cette comparaison poétique. Il revient à plusieurs reprises sur ce sujet. Ces idées le frappent beaucoup, il insiste : « Je vous prie, dit-il, mes chers auditeurs, recueillez avec soin mes paroles. Ce que j'avance est bien digne de votre attention, et mérite de rester dans votre souvenir. Un menstrue agit en désagrégeant les corps solides ; mais encore une fois, quand leurs particules sont séparées, disjointes, il les maintient en dissolution. Or comment cela se ferait-il, si le menstrue et le corps à dissoudre ne se trouvaient combinés après la réaction par une *affinitié* propre qui les réunit en un corps homogène ? »

Vous remarquerez que dans son livre Boërhaave s'adresse à ses auditeurs. C'est que son ouvrage, intitulé *Elementa Chemiœ*, publié en 1733, n'est en effet autre chose que le cours qu'il faisait à Leyde. Il est vraiment curieux d'en lire la préface, dans les conjonctures présentes. Il s'y annonce comme s'occupant de longs et pénibles travaux. On sait, en effet, avec quels soins il travaillait, et de quelle persévérance il était susceptible. C'est ce qu'il a prouvé, par exemple, dans ses expériences sur le mercure, pour lesquelles il n'a pas craint de faire marcher le même appareil pendant plusieurs années sans interruption, plutôt pour être en état de confondre pleinement les alchimistes que pour assurer sa propre conviction. Qu'il se livrât alors à de laborieuses recherches, on n'en doute pas ; il ajoute que son projet était d'en gratifier un jour le monde savant, et de les publier dans un ensemble convenable ; il en offrait seulement, en attendant, les prémices à ses auditeurs. Tout cela se conçoit parfaitement.

« Eh bien, ajoute-t-il, je suis forcé d'en agir tout autrement. Parmi mes auditeurs, se sont trouvés quelques ingrats qui, séduits par l'insatiable cupidité des libraires (c'étaient les libraires de 1730), ont rendu bien amer pour moi l'enseignement dont j'étais chargé. Ils ont osé publier, *sous mon nom*, mes institutions et expériences de Chimie. Ils l'ont fait à mon insu, se jouant du public et de moi-même, sous quelque vain prétexte de liberté et de progrès. Dans ce livre, poursuit-il, *falsa, ridicula, barbara, in quâlibet paginâ mihi imputata haud indicabo, ne nauseam concitem.* » Et ces amers reproches, dans lesquels s'exhale la juste indignation du professeur de Leyde, seraient-ils ici moins légitimes et moins fondés ?[1]

Bref, ce fut à la suite de cette publication ; faite sans son aveu et à son grand regret, et dont nous possédons encore quelques exemplaires, que Boërhaave se résolut à publier lui-même son cours, pour se laver aux yeux de la postérité des souillures dont il s'y trouvait flétri. Pourtant c'était en 1733, la sténographie n'existait point encore, et la Science n'avait point alors à redouter comme aujourd'hui de se voir défigurer par elle avec autant d'audace que d'ignorance.

Mais abandonnons les *falsa*, *ridicula* et *barbara* à la pitié publique, et remarquons que pour Barchusen les corps qui ont entre eux de l'affinité se ressemblent, sont *cousins*, ce qui ne veut pas dire qu'ils *s'aiment* ; que pour Boërhaave, au contraire, l'affinité s'exerce entre des corps à l'égard desquels il ne signale aucun rapport de similitude, mais qui s'aiment, qui s'unissent, et qui célèbrent leurs noces avec plus ou moins de bruit et d'éclat.

Ainsi, Boërhaave établit bien les deux effets de l'action chimique, et insiste non-seulement sur la combinaison qui en est le résultat

---

1 Les leçons de M. Dumas étaient dans ce moment recueillies et publiées par une personne évidemment étrangère aux connaissances chimiques.

définitif, mais encore sur les circonstances accessoires, telles que les mouvements, la chaleur, le bruit, l'effervescence.

L'affinité se trouve encore très-bien caractérisée dans un travail qui parut à peu près à l'époque où florissait Boërhaave : je veux parler des Tables d'affinité de Geoffroy, qui eurent alors une célébrité fâcheuse, et suscitèrent un grand nombre d'imitateurs. Toutes ces Tables d'affinités furent la source de beaucoup d'erreurs entre les mains des chimistes, qui s'abandonnèrent avec trop de confiance à leurs indications, et surtout entre les mains des manufacturiers. La première, ouvrage d'un ancien Membre de notre Académie, Geoffroy l'ainé, qui la publia en 1718, n'est pourtant en définitive que l'expression d'expériences généralement bien conduites. Quelques-unes des seize colonnes que comprend sa Table vous en fournissent la preuve.

Acides.	Acide vitriolique.	Soufre minéral.
Alcalis fixes.	Soufre principe.	Alcalis fixes.
Alcali volatil.	Alcalis fixes.	Fer.
Terres.	Alcali volatil.	Cuivre.
Substances métalliques.	Terre.	Plomb.
	Fer.	Argent.
	Cuivre.	Antimoine.
	Argent.	Mercure.
		Or.

La première colonne donne l'ordre des affinités générales des corps pour les acides. Elle revient à dire que, si l'on fait agir un acide sur un métal, de manière à former un sel, l'addition d'une terre, ce qui doit s'entendre surtout de la magnésie, déterminera la décomposition du sel et la précipitation de l'oxyde métallique ; que si, dans la dissolution du sel terreux, on verse de l'ammoniaque, on verra se précipiter la terre dont l'alcali volatil prendra la place ; et enfin que la potasse ou la soude, mises en contact avec un sel ammoniacal, en sépareront la base et s'y substitueront. C'est en effet ce que démontre l'observation.

Dans la colonne relative à l'acide sulfurique, on trouve le fer avant le cuivre et le cuivre avant l'argent, ce qui devait être ; car le cuivre sépare l'argent de ses dissolutions salines, tandis qu'il est lui-même précipité par le fer. On voit du reste que les métaux sont placés au même rang que les bases ; on ignorait, en effet, alors sous quelle forme ils entraient en combinaison avec les acides.

S'agit-il de corps élémentaires, du soufre par exemple, Geoffroy se montre encore guidé par des expériences auxquelles on a peu de reproches à faire. Aujourd'hui même, on suivrait presque l'ordre qu'il a adopté.

Cette Table d'affinité exprimait donc des faits certains : elle avait pourtant son danger, que vous allez comprendre tout à l'heure ; mais ce n'est pas là ce qui frappa les contemporains de Geoffroy. Quand elle fut présentée à l'Académie, on ne peut pas dire qu'elle y fût bien venue. L'idée de *force* était à cette époque énergiquement repoussée de la Chimie : on ne voulait point en entendre parler. Aussi la Notice dont le travail de Geoffroy fut l'objet est-elle écrite avec la plus grande réserve. L'historien de l'Académie remarque qu'il est bien difficile d'expliquer l'action chimique et, par exemple, les précipitations métalliques. Pourquoi le cuivre est-il séparé de l'acide sulfurique par le fer ? C'est une affaire de convenances plus grandes, dit-il ; et les sympathies, les attractions conviendraient bien ici, si les sympathies, les attractions étaient quelque chose. Puis écoutez-le en 1731. Geoffroy était mort ; il était chargé de son éloge ; il pouvait parler avec plus de franchise des Tables d'affinités : il n'avait plus à craindre d'affliger son collègue. Voilà ce qu'il en dit : « Il donna (Geoffroy), en 1718, un *système singulier* et une Table d'affinités chimiques. Ces affinités firent de la peine à quelques-uns qui craignirent que ce ne fussent des *attractions déguisées*, d'autant plus dangereuses, que d'habiles gens ont déjà su leur donner des formes séduisantes. Mais enfin on reconnut qu'on pouvait passer par dessus ce scrupule. »

Des attractions déguisées ! c'est là ce qui effraye les contemporains de Geoffroy à la lecture de son Mémoire. Ils ont presque envie de se soulever contre ces affinités, dans la crainte qu'elles ne cachent des attractions ! Ce n'est qu'avec peine et après y avoir mûrement réfléchi qu'ils consentent à passer par dessus cette grave difficulté.

Vous entendez là le cri d'alarme de la mauvaise Physique du temps ; mais vous n'y trouvez rien qui décèle le danger réel de la Table d'affinités de Geoffroy. Le véritable défaut et les inconvénients de son système ne furent sentis que longtemps après.

Considérées en elles-mêmes, rien de mieux que des séries linéaires exprimant l'ordre des affinités basé sur l'observation. Ce sont des manières de représenter les résultats de l'expérience qui peuvent avoir une utilité incontestable. Mais là ne s'arrêtaient pas les prétentions de l'auteur : il s'imaginait que les rapports exprimés par sa Table, et qui étaient vrais pour les circonstances dans lesquelles il avait opéré, représentaient des faits absolus. Il se croyait donc en droit de prédire en toute occasion l'action réciproque des corps compris dans sa Table ; chose impossible, puisque cette action varie avec des circonstances physiques, dont il n'avait tenu aucun compte. Ainsi il confond les faits observés à sec avec ceux qui s'opèrent sous l'influence de l'eau ; cependant les résultats peuvent être inverses.

Supposons, par exemple, qu'il ait admis, sur la foi de sa Table, que le carbonate d'ammoniaque et le sulfate de chaux doivent se décomposer mutuellement. Cela sera vrai, si l'on prend les deux sels en dissolution pour les faire réagir l'un sur l'autre ; mais prenez-les à l'état solide, mettez-les dans une cornue, et essayez si la chaleur déterminera entre eux une réaction. Comme vous le savez parfaitement, il ne s'en produira aucune : le carbonate d'ammoniaque se volatilisera et le sulfate de chaux restera intact. Si même, au contraire, vous faisiez chauffer ensemble le sulfate d'ammoniaque et le carbonate de chaux qui se forment, quand on mêle les dissolutions de sulfate de chaux et de carbonate d'ammoniaque, vous détermineriez une réaction inverse et les deux sels primitifs se reproduiraient.

Les prétentions de Geoffroy étaient donc beaucoup trop élevées, et les applications qu'il voulait faire de sa Table étaient inexactes. On ne s'aperçut pas de la fausseté du principe qui lui servait de base ; on s'attacha seulement à ses conséquences, qui ne pouvaient manquer de faire une vive sensation Figurez-vous effectivement un voix qui s'élève pour annoncer que les observations confuses et si nombreuses déjà connues peuvent se rattacher l'une à l'autre par un lien qui n'avait pas encore été aperçu. Représentez-vous

DIXIÈME LEÇON.

un chimiste qui vient de dire : Parmi les phénomènes chimiques que vous voyez produire dans les cours, qui se passent dans vos laboratoires ou dont la nature vous rend témoins, il en est une multitude dont une Table unique peut vous donner la clef sur-le-champ. C'est là ce que signifiait le Mémoire de Geoffroy, et vous comprenez quel mouvement il dut exciter. Aussi, dès que cette Table eut été répandue parmi les chimistes, chacun d'eux voulut faire la sienne. Les uns y mettaient un plus grand nombreuse colonnes, les autres moins. Tel y faisait figurer des centaines de corps ; tel autre voulait en avoir davantage encore. C'est ainsi qu'en 1730 il en parut une de Grosse ; en 1750, une de Gellert ; en 1756, une de Rudiger. Enfin l'Académie de Rouen proposa un prix pour la meilleure Table d'affinités, et ce prix fut remporté en 1758 par Limbourg, qui envisagea la question sous un point de vue essentiellement pratique.

Une fois qu'on se fut mis dans ce goût d'affinités, on tomba dans un autre inconvénient très-grave : on s'égara dans la distinction d'une foule d'espèces d'affinités. On reconnaissait d'abord une affinité d'agrégation, qui n'était autre chose que la cohésion, et une affinité de composition, qui était l'affinité proprement dite. En rapprochant ainsi ces deux forces, on avait peut-être raison ; mais, de plus, on admettait des affinités de dissolution, des affinités de décomposition, des affinités de précipitation ; puis des affinités simples, des affinités doubles, des affinités composées, des affinités réciproques, des affinités par intermède, des affinités de prédisposition. Enfin c'était un dédale inextricable sur lequel je n'ai pas besoin d'insister.

Il y avait bien quelques raisons pour faire faire toutes ces subdivisions. C'est que les chimistes se trouvaient dans un grand embarras. Voulaient-ils expliquer tous les effets en les rattachant à une force unique, les faits n'étaient pas tous atteints. Cherchaient-ils à prendre vraiment les faits pour point de départ, ils étaient conduits à multiplier les forces d'une manière déplorable, ou à reconnaître des modifications sans nombre dans la force supposée.

Newton admettait aussi des effets d'attraction en Chimie. Il a dit des acides qu'ils étaient des corps qui attiraient fortement et qui étaient attirés de même. On lit encore dans ses écrits que « dans toute dissolution les particules du corps dissous ont plus d'attraction pour celles du menstrue qu'elles n'en ont mutuellement ». Vous voyez donc que, pour Newton, les phénomènes chimiques sont dus à des forces ; mais il s'arrête dès qu'il s'agit d'en préciser la nature ; il oppose même à la gravitation qui s'exerce entre les corps célestes et qui préside à leurs mouvements d'autres forces *attractives* et *répulsives* auxquelles il attribue le mouvement des particules des corps.

Newton s'était donc borné à reconnaître en Chimie l'attraction d'une manière générale ; Boërhaave de son côté prononçait le mot *affinité* ; c'était en quelque sorte la même idée présentée sous un terme plus poétique. On essaya plus tard ce que Newton n'avait pas osé. Prenant la gravitation universelle comme cause des phénomènes chimiques, Buffon admit que, si la grande distance des corps célestes rend les actions attractives indépendantes de la forme des masses, il n'en est plus de même dans les phénomènes chimiques, où l'influence de la forme des particules peut ajouter une nouvelle complication.

Voici comment s'explique l'illustre naturaliste dans sa *Seconde vue de la nature* : « La figure, qui dans les corps célestes ne fait rien ou presque rien à la loi de l'action des uns sur les autres, parce que la distance est très-grande, fait tout ou presque tout quand la distance est très-petite ou nulle. D'après ce principe, l'esprit humain peut encore faire un pas et pénétrer plus avant dans le sein de la Nature. Nous ignorons quelle est la figure des parties constituantes des corps ; nos neveux pourront, à l'aide du calcul, s'ouvrir un nouveau champ de connaissances. Lorsqu'ils auront acquis, par des expériences multipliées, la loi d'attraction d'une substance particulière, ils pourront trouver, par le calcul, la figure de ses parties constituantes. »

Bergmann, en admettant pour principe des actions chimiques l'attraction générale reconnue par Newton, attribue non-seulement à la forme des particules, mais encore à leur position, un rôle essentiel dans les effets produits ; à quoi Macquer ajoute l'influence de leur volume, de leur densité et de leur écartement, addition qui paraît bien superflue.

Cela dit, après tout se trouve-t-on beaucoup plus avancé ? N'y a-t-il pas entre l'établissement de cette force que l'on met en avant

DIXIÈME LEÇON.

et l'application qu'on doit en faire une distance énorme qui reste encore à franchir ? C'est comme si l'on vous disait : Il existe une force, l'attraction, qui produit tous les phénomènes astronomiques, mais on en ignore les lois, de sorte qu'on ne peut expliquer ni prévoir aucun de ses effets. Vous répondriez à cela : Je veux bien croire que cette attraction existe ; mais pourtant quelle preuve en ai-je, et à quoi me sert d'ailleurs votre assertion ? C'est pour moi une connaissance absolument stérile.

Bref, en pareil cas, que faudrait-il faire ? Prendre le télescope et observer les astres, afin de pénétrer les lois de cette attraction et de pouvoir en tirer parti. Eh bien, en Chimie agissons de même ; et, tout en admettant la gravitation de la matière en général, comme il est certain que, seule ou ornée à la manière de Bergmann ou Macquer, elle n'explique rien jusqu'ici et ne peut rien prévoir, faisons des expériences.

C'est ce que disait Pott, qui vivait vers la même époque, homme positif qu'on pourrait mettre en parallèle avec les successeurs de Geoffroy. Chez lui, rien que des observations précises dépouillées de toute explication théorique ; chez les autres, rien que des efforts pénibles et multipliés pour établir des doctrines générales sur des bases encore imparfaites. Pott était un chimiste prussien, manipulateur très-habile, dont les ouvrages ont été rassemblés en 1759. En toutes circonstances, il se borne à constater les faits. Ici il signale une combinaison, là une séparation, ailleurs une double décomposition. Mais du reste jamais il ne fait de réflexions sur les faits qu'il relate ; jamais il ne se mêle d'essayer de remonter à la cause. Quand il parle de l'action de l'acide chlorhydrique sur les azotates d'argent, de mercure, de plomb et de bismuth, il fait remarquer que les chimistes français attribueraient la précipitation produite à l'affinité ; « car, dit-il, ce mot leur plaît beaucoup ». Quant à lui, il aime mieux se borner à énoncer que « l'acide marin précipité s'approprie et *cornufie* les métaux blancs dissous dans l'acide nitreux ». Au fait, ses ouvrages sont des livres riches en faits bien observés, qui ont marqué à l'époque où ils ont paru et que l'on peut encore consulter aujourd'hui, quelquefois avec fruit. Sa réserve est souvent bonne à imiter pourvu qu'on n'exagère rien. Attachons-nous d'abord à constater les faits : nous en chercherons ensuite les lois. Mais ce n'est pas à réunir des faits que se borne la tâche de la Science, et nous devons reconnaissance à ceux qui cherchent des lois, même quand ils échouent dans leur entreprise.

Lavoisier, dont le talent a si hautement servi la Chimie, ne nous a rien appris relativement à l'affinité. On le voit seulement, en 1788, se borner à dire qu'il a quelques idées sur cette force, et qu'un jour il s'en occupera.

Mais Bergmann exprime hautement sa pensée, et marque si bien l'état des opinions à ce sujet avant Berthollet, qu'il est nécessaire de s'y arrêter un peu.

Bergmann s'était d'abord adonné à l'étude de l'Astronomie. Les idées de Newton l'avaient vivement frappé. Rempli d'admiration pour sa découverte des lois de la gravitation universelle, et pressé par un noble sentiment d'émulation, il ambitionna de répandre sur la science des mouvements moléculaires une lumière semblable à celle que Newton avait fait briller sur la science qui s'occupe des mouvements des corps célestes. C'est là l'idée qui l'a toujours dominé : on voit que ce fut l'occupation de toute sa vie. Malheureusement il a échoué.

Bergmann avait reçu de la nature et de la fortune tout ce qu'il faut pour se livrer avec succès aux recherches de laboratoire. Homme d'expérience, il a constamment pris dans ses Mémoires l'observation pour guider, et l'on pourrait croire que jamais il ne s'en est écarté. Mais lit-on son *Traité des affinités chimiques*, on ne peut s'expliquer les fautes qu'il contient, si l'on admet qu'il ait accordé à l'observation des faits toute l'importance qu'elle mérite.

Pour Bergmann les affinités sont constantes. Il y a bien, dit-il, quelques irrégularités ; mais ces cas extraordinaires sont comme ces comètes dont on n'a pu encore, à défaut d'observations, calculer l'orbite. Il n'hésite pas à prononcer une sentence générale, et, d'après lui, on peut prévoir tous les effets par l'affinité, à quelques exceptions près. De là ses Tables d'affinités qui semblent inconcevables dans un travail réfléchi. En voulez-vous quelques exemples. Cherchez l'ordre d'affinité des bases pour l'acide sulfurique ; vous trouverez, et vous n'en serez pas surpris, la baryte au premier rang et l'oxyde d'argent se rencontrera dans l'un des derniers. Voyez ensuite comment sont classées les bases par rapporta leur affinité pour l'acide muriatique ; vous verrez encore la baryte à leur tête, et

DIXIÈME LEÇON.

l'oxyde d'argent vers la fin. Admettre que, par la voie humide, la baryte et l'oxyde d'argent se comportent avec l'acide sulfurique de la même manière qu'avec l'acide chlorhydrique ! Il faut le lire pour en être convaincu.

Cette opinion erronée sur l'affinité de la baryte pour l'acide sulfurique, qui faisait croire que l'action de cette base sur les acides l'emportait sur celle de toute autre base, se conserva longtemps et eut de fâcheuses conséquences, qui firent voir toute l'énormité des abus introduits dans ces sortes de Tables. Pendant notre première Révolution, la soude vint à manquer : il fallait que la France trouvât dans son sein le moyen de s'en procurer ; il s'agissait donc d'inventer un procédé commode pour en fabriquer. Que fit-on ? On songea tout de suite à décomposer le sel marin par la baryte. On ne voyait dans ce projet qu'une seule difficulté à surmonter, celle d'avoir de la baryte à bon marché. Cependant ce problème finit par être très-bien résolu. Une fabrique de baryte fut établie à Paris. Déjà elle avait produit quelques centaines de quintaux de cet alcali, qui ne revenait point à un prix trop élevé. Enfin il ne restait plus qu'une petite chose à faire, celle à laquelle on avait le moins songé, parce qu'on la regardait comme la plus facile : il fallait, pour qu'un succès complet couronnât l'entreprise, décomposer le sel marin par la baryte ; mais il se trouva, malgré les Tables d'affinité, que la baryte ne décomposait pas le sel marin.

Dans l'ouvrage de Bergmann, vous ne rencontrerez pas seulement des erreurs de détails, telles que celles dont je viens de vous entretenir, mais aussi des erreurs d'ensemble, de graves erreurs.

Ce fut Berthollet qui eut la gloire d'en débarrasser la Science. Bergmann avait admis que les affinités étaient constantes, que du moins, s'il y avaitquelques exceptions, elles étaient fort rares, et que la connaissance de ces affinités permettait de prévoir toutes les réactions. Eh bien, par une de ces grandes révolutions, comme il s'en est rarement réalisé en Chimie, Berthollet a démontré précisément le contraire ; car il s'est attaché à établir, par des expériences positives, que les phénomènes dus à l'affinité pure sont du domaine de l'expérience et ne peuvent se prévoir, tandis que, tout au contraire, ceux où l'affinité est modifiée se prévoient facilement. Il a montré de plus que les premiers sont bien plus rares, et que les derniers se présentent à chaque instant. En un mot, Berthollet semble avoir pris le contre-pied des propositions de Bergmann, et par là il a rendu un service inespéré à la Chimie, surtout en ce qui concerne l'étude des réactions qui se passent au sein d'un dissolvant.

Ses idées se trouvent exposées dans sa *Statique chimique*, l'un des ouvrages qui honorent le plus la Chimie française. Le premier germe de ce livre célèbre a été conçu en Égypte. Vous savez en effet que Berthollet avait accompagné Napoléon lors de son expédition dans cette contrée, et c'est là qu'il a arrêté dans son esprit les bases de sa Statique. Cet ouvrage, au surplus, est écrit d'une manière un peu obscure. Les idées y sont belles et nettes, mais leur exposition est confuse et embarrassée : il est quelquefois difficile de les saisir. On y trouve bien des passages qu'il ne devient possible de comprendre qu'autant qu'on prend le soin de recourir aux écrits de ses élèves.

Ce que je vous dis de la *Statique chimique* ne saurait attaquer la gloire de son auteur, ni diminuer l'éclat qu'a jeté son profond génie. Je puis au reste vous parler de cet ouvrage avec franchise, en ce qui concerne la forme, car pour le fond il n'a pas de plus sincère admirateur que moi ; il m'a occupé presque constamment pendant trois à quatre années ; depuis l'âge de dix-sept ans jusqu'à celui de vingt et un ans, je l'ai lu, relu et médité. Souvent je m'accusais de ne pouvoir le comprendre ; mais, je le vois maintenant, c'était autant la faute de l'auteur que la mienne. Je le lisais la plume à la main, extrayant, réfléchissant, commentant ; ce travail, ces efforts, je dois en convenir, m'ont été fort utiles. C'est avec Berthollet que je me suis formé à l'étude de la Chimie, et je puis dire, en quelque sorte, que si aujourd'hui j'ai le droit d'élever ma voix dans cette enceinte, si vous me prêtez l'oreille avec bienveillance, c'est à l'étude que j'ai faite de la Statique de Berthollet que je le dois.

Je me trouve fort embarrassé pour vous présenter en raccourci ses idées, qu'il a délayées dans les deux volumes de son ouvrage. On ne saurait trouver nulle part ses opinions fondamentales nettement définies. Je suis forcé de vous demander de m'accorder assez de confiance pour croire que j'ai compris sa pensée principale. Voici comment, à mon avis, elle doit être exprimée.

Les corps ne peuvent agir les uns sur les autres qu'autant que leurs molécules sont amenées à une distance insensible ; mais,

DIXIÈME LEÇON.

lorsqu'elles en sont là, ils agissent toujours les uns sur les autres. Prenez, par exemple, une dissolution de sulfate de potasse et ajoutez-y de l'acide azotique, ou bien prenez une dissolution d'azotate de potasse et ajoutez-y de l'acide sulfurique : dans les deux cas, aucun phénomène apparent ne se manifeste, et beaucoup de gens pourraient dire que les deux liqueurs se mêlent sans réagir chimiquement. Eh bien, suivant Berthollet, l'un ou l'autre de ces deux mélanges, renferme quatre corps différents, qui restent en dissolution, savoir : de l'acide azotique, de l'acide sulfurique, de l'azotate de potasse et du sulfate de potasse ; c'est-à-dire que les deux acides agissent à la fois sur la base et se la partagent proportionnellement à leurs quantités, ou plutôt, en rectifiant la pensée de Berthollet par une modification qu'il y eût certainement introduite s'il eût connu la théorie atomique, ils se partagent la base en raison du nombre de leurs atomes.

Les deux sels et les deux acides libres vont rester en présence tant qu'il n'interviendra aucune circonstance capable d'en troubler l'équilibre. Mais supposez qu'une cause quelconque éloigne l'un des quatre corps, l'équilibre sera dérangé, puis rétabli par une nouvelle réaction, et la décomposition marchera de proche en proche. Ainsi, que l'on chauffe le mélange, le plus volatil des corps réunis se dégagera le premier : ce sera l'acide azotique. Or, cet acide étant séparé, l'influence de l'acide sulfurique ne se trouvera plus contre-balancée ; elle déterminera la production d'une nouvelle quantité de sulfate de potasse et d'acide azotique libre. Celui-ci, se volatilisant encore, permettra à l'acide sulfurique de continuer à agir de la même manière, et, toutes les portions d'acide azotique étant successivement éliminées, bientôt il ne restera plus autre chose que du sulfate de potasse et l'excès d'acide sulfurique : si l'on en a pris un excès.

En mettant la potasse en rapport avec une dissolution de sulfate d'ammoniaque, il se passera des phénomènes tout semblables. D'abord production d'ammoniaque libre et de sulfate de potasse, qui resteront en dissolution avec le reste de la potasse et la portion de sulfate d'ammoniaque non décomposée. Portera-t-on ensuite la liqueur à l'ébullition, l'ammoniaque libre se dégagera : l'influence de la potasse cessant d'être neutralisés, cet alcali continuera à déplacer l'ammoniaque de sa combinaison avec l'acide sulfurique ;

et, ces effets se renouvelant à chaque instant, la réaction marchera sans interruption, jusqu'à ce que toute l'ammoniaque ait disparu et que tout l'acide sulfurique se soit combiné avec la potasse.

Si vous prenez deux sels, leur action mutuelle se prêtera aux mêmes explications. Soient, par exemple, de l'azotate et du sulfate de soude dissous dans l'eau et mêlés. Il y aura partage de chaque acide entre les bases et de chaque base entre les acides ; d'où résulteront quatre sels différents ; de l'azotate de potasse, de l'azotate de soude, du sulfate de potasse, du sulfate de soude. Et si rien ne vient troubler l'équilibre des acides et des bases ainsi groupés, les quatre sels subsisteront indéfiniment. Mais il n'en sera plus de même si l'un d'eux, par une cause quelconque, est écarté de la sphère d'activité des autres. C'est ce qui aurait lieu, par exemple, si l'un d'eux était insoluble.

Tel serait le cas d'un mélange d'azotate de baryte et de sulfate de soude. Aussitôt qu'on réunit les dissolutions de ces deux sels, il se forme, comme vous savez, un précipité qui renferme, à l'état de sulfate de baryte, toute la baryte de l'azotate et tout l'acide sulfurique du sulfate de soude. Pour Berthollet, la décomposition n'est point instantanée ; il y a un moment où la liqueur contient à la fois, comme dans le cas précédent, quatre sels : de l'azotate de baryte, de l'azotate de soude, du sulfate de soude, du sulfate de baryte. Mais à peine le partage des acides et des bases s'est-il fait de cette manière, que le sulfate de baryte se sépare en raison de son insolubilité ; l'action réciproque de l'azotate de baryte et du sulfate de soude se renouvelle, ou, pour mieux dire, se continue sans éprouver d'interruption, et elle marche si rapidement, que le temps nécessaire pour qu'elle s'effectue est indivisible pour nous.

Non-seulement Berthollet, en proclamant des principes inverses de ceux de Bergmann, a fait rentrer dans la règle les exceptions de celui-ci, mais il a donné le moyen d'expliquer des faits qui, au premier abord, paraissent fort étranges. Comment se fait-il que le sulfate de chaux et le carbonate d'ammoniaque donnent à froid, par l'intermède de l'eau, du sulfate d'ammoniaque et du carbonate de chaux, puisqu'à chaud ces deux derniers sels reproduisent les deux premiers ? Berthollet rend compte de ces deux effets inverses à l'aide du même principe. Dans le premier cas, c'est le carbonate de chaux qui, en vertu de son insolubilité, se sépare de la sphère d'activité et rend la réaction complète ; dans le second, c'est le carbonate d'ammoniaque qui joue ce rôle en vertu de sa volatilité.

L'expérience si curieuse de M. Pelouze sur la décomposition, par l'acide carbonique, de l'acétate de potasse dissous dans l'alcool, se prête à la même explication. Le carbonate de potasse est insoluble dans l'alcool : voilà pourquoi l'acide carbonique, malgré sa tendance à conserver l'état gazeux, peut dans cette circonstance déplacer l'acide acétique et s'y substituer. Ce fait peut sembler extraordinaire au premier abord ; mais il découle, ainsi que les faits précédents, comme conséquence naturelle et inévitable de la loi de Berthollet.

Ainsi, dans les dissolvants, et en un mot dans tous les mixtes où l'action chimique peut se manifester, il s'établit une réaction entre les corps mis en présence, et le groupement des substances douées d'affinités opposées se fait d'après un partage qui a lieu en raison des quantités, ou, si vous voulez, en raison du nombre des atomes. Voilà, si je ne me trompe, le point de départ de Berthollet, la base de son raisonnement, que fort souvent on a perdue de vue, parce qu'on n'avait pas à en faire d'application habituelle. Berthollet admet donc qu'il y a partage entre les corps en présence. Il admet qu'une base se partage entre plusieurs acides, qu'un acide se partage entre plusieurs bases. Il ajoute ensuite : si l'action chimique peut donner naissance à un produit que ses propriétés physiques fassent disparaître de la sphère d'activité, tout partage cesse d'avoir lieu. Cette dernière, cette belle sentence est d'une application de chaque jour.

Il y a, vous le voyez, dans les principes de Berthollet, considérés de haut et dans leur ensemble, deux choses bien distinctes : une loi pratique confirmée par tous les faits, et une hypothèse destinée à l'expliquer. La première s'appuie sur l'expérience, et n'est point à discuter. Examinons, au contraire, la dernière à fond.

Est-il vrai que, dans une dissolution, les corps de nature semblable se partagent les matières antagonistes de manière à produire des mélanges en proportions indéfinies ? En faveur de cette proposition, nous n'avons plus à invoquer l'appui d'expériences positives et multipliées. Elle peut inspirer des doutes légitimes. À cet égard, il y a parmi les chimistes dissidence d'opinions. Ainsi, en nommant

M. Gay-Lussac comme ayant soutenu les idées de Berthollet, vous allez vous étonner sans doute qu'on puisse trouver quelque chose à alléguer contre elles. Néanmoins, M. Thenard, élève de Berthollet, comme M. Gay-Lussac, bien loin de les partager, les a toujours combattues.

Parmi les faits que l'on peut apporter à l'appui de ce dernier, en voici un qui me semble très-puissant. Je prends une dissolution d'acide borique ; son action sur la teinture de tournesol est tout autre que celle qu'y produisent les acides énergiques, tel que l'acide sulfurique : il y a seulement coloration en rouge vineux. Que j'ajoute ensuite une dissolution de sulfate de soude ; si, suivant la pensée de Berthollet, les deux acides borique et sulfurique se partageaient la base, une partie de l'acide sulfurique deviendrait libre, et la liqueur passerait par conséquent du rouge vineux au rouge pelure d'oignon, couleur qu'acquiert le tournesol en présence de cet acide ; cependant vous ne remarquerez aucun changement de teinte. Voulez-vous que je vous rende témoins de l'effet qu'aurait déterminé l'acide sulfurique libre ? J'en verse quelques gouttes, et aussitôt apparaît le rouge pelure d'oignon dont je vous parlais, et dont la nuance ne se modifiera plus, quelle que soit la quantité d'acide que j'ajoute.

Avec l'acide sulfhydrique et l'acide carbonique, je pourrais vous montrer des résultats tout semblables. Il faut donc conclure que le partage supposé par Berthollet n'a pas toujours lieu, ou tout au moins qu'il s'effectue de telle sorte que l'acide énergique s'empare de la presque totalité de la base, et qu'il n'en laisse qu'une quantité inappréciable à l'acide faible.

Pour moi, j'admettrais volontiers les idées de Berthollet, quand il s'agit d'acides ou de bases dont l'énergie est à peu près égale ; mais, lorsque des corps doués d'affinités très-énergiques sont en présence d'autres corps dont les affinités sont très-faibles, je propose d'adopter la règle suivante : Dans une dissolution, tout demeurant dissous, les affinités fortes se satisfont, laissant les affinités faibles s'arranger entre elles. Les acides forts prennent les bases fortes, et les acides faibles ne peuvent s'unir qu'aux bases faibles. Les faits connus sont parfaitement d'accord avec cette règle pratique.

D'après cela, par exemple, en mêlant de l'acétate de potasse et du

DIXIÈME LEÇON.

sulfate de fer, les deux sels devront se décomposer mutuellement et former du sulfate de potasse et de l'acétate de fer. Et effectivement, si l'on soumet un tel mélange à l'action de l'acide sulfhydrique, le fer se précipite à l'état de sulfure, comme d'une dissolution d'acétate, effet qui n'a jamais lieu avec le sulfate.

Mais maintenant il faut revenir sur nos pas, pour juger de la différence des deux points de vue. Si vous avez adopté le raisonnement de Berthollet, presque tous les faits de la Chimie se trouvent nettement expliqués et saisis clairement dans leur ensemble. Si, au contraire, vous venez dire : d'une part, dans une dissolution, les affinités fortes se satisfont sans partage ; et d'autre part, dans tout mélange liquide, les substances éliminables prennent naissance et entraînent une réaction totale, vous énoncez deux lois empiriques très-utiles, mais entre lesquelles on n'aperçoit plus aucun lien. Mieux vaut cependant en rester là que de se confier à des principes que l'expérience semblerait démentir.

Ainsi, quand Berthollet suppose qu'une base en présence de deux acides se partage entre eux proportionnellement au nombre de leurs atomes, il énonce une opinion difficile à démontrer. Les expériences indiquent, au contraire, que l'acide le plus fort prend toute la base, ou qu'il n'en laisse à l'autre du moins qu'une quantité si faible que nos réactifs ne l'apprécient pas.

Mais, quand il explique les effets qui résultent, dans tant de réactions chimiques, de l'intervention de l'insolubilité ou de celle de la volatilité de l'un des produits possibles, il pose une des lois les plus sûres et les plus fécondes dont la Chimie se soit enrichie.

Voilà, pour s'arrêter aux faits précis, où devrait se terminer cette discussion ; mais je crois qu'il ne sera pas sans utilité de vous faire part de quelques réflexions qui m'ont frappé depuis longtemps : je veux parler des distinctions à faire entre l'affinité et la cohésion.

En y réfléchissant, on voit que l'attraction moléculaire se présente à nous sous trois formes bien distinctes ; car elle peut s'exercer :

D'abord, entre les molécules du même corps : c'est la cohésion proprement dite, la cohésion des physiciens ;

Ensuite, entre des molécules plus ou moins semblables qui se mêlent en conservant les propriétés individuelles qui les caractérisent : c'est la force de dissolution ; c'est la force opposée à cette résistance des corps à se dissoudre, que l'on appelle souvent aussi, en Chimie, *cohésion* ;

Enfin, entre des molécules dissemblables qui s'unissent étroitement et donnent un produit doué de propriétés qui lui sont propres : c'est l'affinité.

Vous remarquerez que la cohésion physique ne comporte aucune limite entre les molécules qu'elle réunit. Chaque cristal, chaque masse solide ou liquide homogène est susceptible de se grossir, de s'accroître par l'addition de nouvelles parties, et cet accroissement n'admet aucune borne.

Il n'en est pas tout à fait de même des dissolutions. Elles ne peuvent se faire au-dessus de certaines limites, au delà desquelles du reste on en varie indéfiniment les proportions. Ainsi, à l'eau sucrée ou salée on ne saurait ajouter du sucre ou du sel, si elle est déjà saturée ; mais on peut y introduire de l'eau en grande quantité. Se fait-il, en tout cas, un mélange indéfini, ou bien est-ce une combinaison qui se délaye ? C'est un point que je ne veux point discuter ici. Je puis dire en passant que je pencherais vers le dernier avis ; cela d'ailleurs ne fait rien ici, car il reste toujours vrai qu'à une dissolution on peut ajouter beaucoup du véhicule qui a servi à la faire, sans altérer le composé.

Enfin s'agit-il de corps fortement antagonistes, comme un acide et une base, s'agit-il, en un mot, de corps qui s'unissent étroitement et sans conserver leurs propriétés, l'action moléculaire présente des limites précises et définies ; elle se fait par sauts très-distincts.

Faut-il voir là trois forces distinctes : la cohésion, la force de dissolution et l'affinité, ou bien la même force modifiée ? Cette dernière opinion est la plus simple. N'est-ce pas aussi celle que conduit à adopter un examen attentif de la question ?

La cohésion s'exerce entre des particules *similaires* ; elle est faible et sans limite apparente. La force de dissolution s'exerce de préférence sur des particules *analogues* ; elle est plus forte que la cohésion, et si elle s'exerce d'une manière indéfinie, c'est seulement entre certaines limites. L'affinité s'exerce surtout entre des particules *très-dissemblables* ; elle est très-énergique, présente des limites tranchées et donne des produits toujours définis.

N'êtes-vous pas surpris de voir la force accroître d'intensité, et ses

DIXIÈME LEÇON.

effets devenir de plus en plus définis à mesure que les propriétés des molécules s'éloignent ? Ainsi, prenez un bloc de cristal ; rien n'est plus facile que d'en séparer les particules similaires : il suffit d'un choc pour le rompre. Demande-t-on la séparation des deux silicates qui le constituent essentiellement, c'est chose plus délicate ; cependant une fusion tranquille peut la produire en partie. Voulez-vous isoler la silice des oxydes, il faut avoir recours à des réactions plus puissantes ; néanmoins les acides forts mettront la silice en liberté, en s'emparant des bases. Mais, si vous demandez la décomposition de la silice elle-même, s'il faut surmonter la force qui réunit l'oxygène et le silicium, alors il devient nécessaire de mettre en jeu tout ce que la Chimie a de plus énergique.

À ces principes se rattachent des généralités frappantes de vérité : tels sont ces deux résultats, bien connus, que les corps se combinent avec d'autant plus de force que leurs propriétés sont plus opposées, et qu'ils se dissolvent d'autant mieux qu'ils se ressemblent davantage. Par exemple, c'est avec les corps non métalliques que se combinent de préférence les métaux ; c'est par les alcalis que les acides sont attirés avec le plus de force, et ainsi de suite. S'agit-il, au contraire, de trouver des dissolvants, il faut chercher les substances qui se rapprochent le plus de celles que l'on veut dissoudre. Avez-vous des métaux à dissoudre, pour cela, prenez d'autres métaux : le mercure, par exemple, conviendra le plus souvent. Sont-ce des corps très-oxydés, recourez, en général, aux dissolvants très-oxydés ; des corps très-hydrogénés, ce sont ordinairement des dissolvants très-hydrogénés que vous devrez choisir. Une huile dissout facilement une graisse, une résine : eh bien, consultez la composition de ces corps, elle est toute semblable.

D'où l'on voit aisément que l'affinité de Barchusen se rapportait surtout à la force de dissolution, qui jouit en effet de la propriété d'unir des corps qui se ressemblent, et de les unir souvent d'une manière presque inextricable.

Bref, et pour résumer, une seule attraction moléculaire pourrait fort bien suffire pour expliquer les variations que l'on observe dans les faits, puisqu'elle s'exercerait sur des particules, tantôt identiques, tantôt analogues, tantôt dissemblables. Si la forme des particules doit être prise en considération, leur action réciproque devrait varier dans le même sens que la dissemblance des particules, et c'est aussi ce qui a lieu. Laissons à l'expérience ultérieure le soin de préciser la nature de cette force, et de déterminer les lois de ses effets divers, si ces vues, qu'on ne peut aujourd'hui présenter que comme probables, se trouvent vérifiées par la suite.

Voilà les réflexions les plus générales que j'avais à vous présenter sur l'affinité, sur l'attraction chimique, considérée comme un fait dont on cherche à démêler les conséquences, sans prétendre remonter à la cause. Mais nous n'avons traité que la première partie de la question ; et pour reprendre la figure de Boërhaave, dans ce mariage des particules, nous avons examiné la convenance des conjoints ; nous avons cherché à deviner les qualités des enfants. Or les noces ne se passent pas en silence et sans appareil. Il y a mouvement, bruit, tumulte, comme le disait Boërhaave ; il y a, comme nous le disons aujourd'hui, souvent apparition de lumière, ordinairement production de chaleur, toujours, à ce qu'il paraît, dégagement d'électricité. En étudiant ces accidents passagers, on a cru pouvoir démêler la cause de l'affinité : c'est ce que nous discuterons dans notre prochaine séance, par laquelle je compte terminer ce cours.

ONZIÈME LEÇON.
(25 juin 1836.)

Électricité développée par l'action chimique. — Action chimique de la pile. — Théorie électrochimique de Davy. — Théorie d'Ampère. — Théorie de Berzélius. — Expériences de M. Faraday. — Conclusion.

Messieurs,

Après nous être occupés de la nature et de l'état moléculaire des corps, après avoir défini, autant qu'il nous a été possible de le faire, la nature de l'affinité et la manière dont elle s'exerce, il nous reste à examiner les circonstances physiques qui accompagnent les effets de cette force, et à discuter les idées que ces circonstances ont fait naître.

Le dégagement de chaleur qui a lieu dans les phénomènes

chimiques est un fait reconnu depuis un temps immémorial : la combustion du bois nous en donne un exemple familier. La première observation de la lumière produite dans les actions chimiques intenses remonte également à l'antiquité la plus reculée, et c'est encore un résultat dont nous sommes constamment témoins, puisque tous les combustibles employés pour le chauffage et l'éclairage dégagent a la fois, en brûlant, lumière et chaleur. On savait de plus qu'en même temps il se fait dans les corps mis en présence un changement de nature, une altération réciproque de leurs propriétés. Ainsi voilà trois sortes de phénomènes qui naissent de l'affinité dont la connaissance est excessivement ancienne : développement de chaleur, apparition de lumière, modifications profondes et durables dans les propriétés des corps.

Il y a en outre fort longtemps qu'on sait que l'action chimique ne peut avoir lieu qu'entre des particules douées d'une certaine mobilité. De là ce vieil axiome : *Corpora non agunt nisi soluta* ; et par le mot *soluta* on a voulu comprendre également les corps dissous par des véhicules, et, comme on le disait alors, les corps dissous par le feu, les corps en fusion.

Enfin on savait encore (nous avons besoin de rappeler toutes ces circonstances), on savait qu'ordinairement l'action chimique est exaltée par la chaleur, même entre des corps liquides ou gazeux, et par conséquent pourvus de cette mobilité dont on conçoit la nécessité pour mettre en rapport les molécules. Cependant, il ne faudrait pas poser en thèse générale que l'élévation de la température favorise toujours les combinaisons ; car en certaines occasions elle produit un effet inverse.

Tant que l'on envisageait seulement les réactions entre des corps que la chaleur rendait plus fluides, on pouvait dire : C'est tout simplement en diminuant la cohésion que la chaleur facilite les effets de l'affinité. Mais comment appliquer ce principe à la combinaison de l'oxygène et de l'hydrogène qui tous les deux sont gazeux, dont l'élévation de température ne peut qu'écarter de plus en plus les molécules, et qui cependant n'ont à froid aucune action mutuelle et qui ne se combinent qu'à la chaleur rouge ? Comment, en un mot, étendre cette explication aux réactions qui s'exercent entre des corps liquides ou gazeux, où, par conséquent, la mobilité des molécules existe déjà ?

Il faut de même renoncer à rendre compte des décompositions produites par la chaleur, en les attribuant uniquement à l'augmentation de la distance des molécules ; car on soulèverait des difficultés aussi insurmontables que celles que je viens d'indiquer.

S'il ne nous est pas donné de pouvoir préciser la nature du rôle que joue le calorique dans les actions chimiques, il n'est guère plus facile de concevoir la cause du dégagement de chaleur auquel celles-ci donnent lieu. Il est de fait que généralement elles produisent de la chaleur, et fréquemment de la lumière. Mais d'où vient cette chaleur ? D'où vient cette lumière ? Lavoisier, je vous l'ai déjà fait remarquer en vous parlant de ce grand homme, Lavoisier en voyait l'origine dans le calorique abandonné par le gaz oxygène. On admit pendant un certain temps, avec lui, que le calorique latent des gaz qui perdaient leur élasticité, en entrant dans une combinaison solide ou liquide, devenu libre par là-même, occasionnait l'élévation de température observée. Dans les cas très-nombreux où ce raisonnement ne trouvait pas son application, on se réfugiait dans les capacités calorifiques. On attribuait la chaleur développée à cette circonstance que la capacité calorifique des corps réagissants aurait été plus grande que la capacité des composés formés. Mais à présent que chacun sait à quoi s'en tenir sur ces questions, de semblables suppositions ne sont plus permises. Souvent, en effet, bien loin qu'il y ait perte de capacité calorifique après la réaction, on trouve un résultat inverse.

Voilà donc où l'on est conduit après tout, à reconnaître une force qui produit les combinaisons, qui s'exerce suivant des lois inconnues et qui fait naître des composés doués de propriétés distinctes et permanentes, en même temps qu'il se dégage de la chaleur, souvent accompagnée de lumière, et dont il faut chercher la cause ailleurs que dans la théorie dont je viens de vous parler.

Vous voyez que jusqu'ici je ne vous ai point encore parlé de l'électricité. Cependant ce n'est point d'hier que datent les premières observations sur ses rapports avec les phénomènes de la Chimie : elles datent de l'année 1781, et, chose bien remarquable ! c'est à Laplace et à Lavoisier qu'elles sont dues.

À l'époque que je viens de citer, Volta, qui venait de découvrir le condensateur auquel il a donné son nom, était à Paris, et il le fit manœuvrer devant l'académie. Soit par une inspiration qui lui fut propre, soit par suite de ses conversations avec Laplace et Lavoisier, il désira essayer avec eux si la production des vapeurs n'était point accompagnée d'une production d'électricité. Que ce soit lui qui ait aidé les deux académiciens français, que ce soient ceux-ci au contraire qui l'aient aidé, c'est un point qui a soulevé plus tard une discussion historique encore irrésolue : dans l'incertitude, il faut leur faire une part égale, et les confondre tous les trois dans l'invention de ce genre d'études. Quoi qu'il en soit, ils ne réussirent qu'après leur séparation, l'un étant retourné en Italie, les autres expérimentant à Paris.

Laplace et Lavoisier, en dissolvant le fer dans l'acide sulfurique, recueillirent, à l'aide du condensateur de Volta, de l'électricité en quantité telle qu'ils obtinrent de vives étincelles. Ils obtinrent aussi de l'électricité sensible avec l'acide carbonique dégagé de la craie par l'acide sulfurique. Le fer dissous dans l'acide azotique leur en fournit également. Elle était toujours négative dans ces diverses expériences. Tous ces résultats, chose bien singulière ! ils ne songèrent pas à les rapporter à l'action chimique ; ils ne les considérèrent que sous un point de vue physique : ils n'y voyaient que l'effet du passage d'un corps à l'état de fluide élastique ; et ils furent confirmés dans cette idée par leurs observations sur la vaporisation de l'eau, qui leur donna des signes d'électricité sensibles. On sait maintenant que la vaporisation seule n'en produit pas la moindre trace et que l'eau n'en développe, en se volatilisant, que quand elle contient quelque matière en dissolution. Mais alors on était bien loin de là, et Laplace et Lavoisier ne se doutèrent point de la nécessité d'opérer sur de l'eau absolument pure.

Ces expériences n'ayant point été présentées dans leur rapport avec la Chimie, mais seulement comme faits purement physiques et dans leur application à la Météorologie, elles n'attirèrent pas l'attention des chimistes, et la question demeura au point où Laplace et Lavoisier l'avaient laissée.

Cependant, en 1800, Volta découvrit la pile : elle devint entre ses mains la source d'une foule d'expériences brillantes ; il en reconnut parfaitement les effets électriques et physiologiques. Ce n'est pas lui toutefois qui fixa le premier l'attention sur ses effets chimiques, et l'on en voit bien la cause. Volta, préoccupé du soin de faire triompher sa doctrine, se dévouait à combattre Galvani et ses adhérents, qui voulaient faire dépendre les effets de la pile de l'existence d'un fluide particulier ; il s'attacha et dut s'attacher presque uniquement à démontrer l'identité de l'électricité de la pile et de l'électricité ordinaire, à faire rentrer les effets de son instrument dans les lois générales de l'électricité ; et ce but, il l'atteignit complétement.

Ce furent Nicholson et Carlisle qui eurent l'heureuse idée de soumettre l'eau à l'action du courant électrique, et ils ne tardèrent pas à apercevoir les phénomènes les plus curieux. L'eau était décomposée : l'hydrogène se rendait au pôle négatif, l'oxygène gagnait le pôle positif, et les volumes des deux gaz se trouvaient dans un rapport simple, car ils obtinrent 72 parties d'oxygène et 143 parties d'hydrogène. Mais ce qui compliqua singulièrement les résultats, c'est qu'il se développait un acide à un pôle et un alcali à l'autre, en sorte que la teinture de tournesol était rougie au côté positif et bleuie à l'autre ; ce qui fit naître une foule de discussions et d'expériences fort confuses. Il y avait là deux faits bien distincts, ils furent confondus. La composition de l'eau n'était pas encore généralement admise : quelques esprits faux voulaient encore la nier ; cependant les expériences de Lavoisier l'avaient si nettement établie, que l'on a peine à concevoir les travers dans lesquels tombèrent nombre de savants à cette occasion. Bref, il fallut un des plus grands génies qui aient cultivé la Chimie pour dissiper les nuages qu'avaient fait naître les résultats de l'action de la pile sur l'eau.

Outre ces phénomènes accidentels, indépendamment des acides ou alcalis développés, restait un fait tout nouveau, la décomposition de l'eau par le courant électrique, faite à distance et pouvant même s'opérer à travers tous les conducteurs. D'un côté, de l'hydrogène se dégage ; de l'autre, c'est de l'oxygène ; dans intervalle, vous ne voyez rien. De là des théories diverses, émises simultanément car chacun cherchait à se rendre compte de cet étrange phénomène.

Écoutez Monge ; il vous dit : Puisqu'au pôle négatif on recueille du gaz hydrogène, il faut qu'il se soit produit en même temps un composé plus oxygéné que l'eau ; il faut qu'il se soit fait une *eau oxygénée*. De même, puisqu'au pôle positif on obtient du gaz oxygène, il faut croire que l'hydrogène, qui s'en est séparé, a donné

ONZIÈME LEÇON.

naissance à de l'*eau hydrogénée*. On lui répliquait : Mais, quand on interrompt le courant pour examiner le résidu, on ne retrouve que de l'eau. C'est tout simple, avait-il à répondre : l'oxygène qui se trouve en excès dans l'eau oxygénée est justement, avec l'hydrogène en excès de l'eau hydrogénée, dans le rapport convenable pour faire de l'eau ordinaire : ces deux composés ne peuvent subsister en présence l'un de l'autre que sous l'influence du courant ; dès qu'ils cessent d'y être soumis, ils réagissent mutuellement, et dès lors vous ne trouverez plus que de l'eau.

Cette théorie soulève bien des difficultés ; elle n'est pas susceptible de démonstration, et suppose l'existence de deux composés dont un seul a pu être réalisé depuis.

Mais que direz-vous de celle de Ritter ? Je vous demande pardon d'en occuper tant soit peu vos moments ; mais je n'aurai pas besoin d'y insister longtemps, et elle vous donne un curieux exemple de la bizarrerie des idées que l'on voit se produire de temps en temps dans les sciences. Ritter disait donc : Vous croyez que l'eau est décomposée par la pile. Eh bien, pas du tout ; elle ne l'est pas. Ce que vous appelez *hydrogène*, et que vous prenez pour un des éléments de l'eau, c'est l'eau elle-même en combinaison avec l'électricité positive. Ce que vous nommez *oxygène*, c'est encore de l'eau qui s'est unie à l'électricité négative. Les molécules de l'eau qui étaient combinées avec l'électricité négative ne pouvaient manquer d'être attirées par le fil positif : voilà pourquoi elles se sont dégagées de ce côté. Les molécules combinées avec l'électricité positive ont dû, au contraire, se rendre vers le fil négatif. Si maintenant vous rassemblez ces molécules diversement électrisées, et que vous y mettiez le feu, eh bien, alors les deux électricités se réunissent : de là, chaleur et flamme, tandis que l'eau ramenée à l'état électrique naturel reprend sa forme ordinaire. Je le répète, il est inutile d'insister. Ces vues portent en elles-mêmes leur réfutation.

On doit à Fourcroy les premières idées un peu saines sur la manière dont l'eau doit se décomposer par l'action de la pile. Il conçut qu'il pouvait très-bien y avoir décomposition complète aux pôles, et transport invisible de l'un des éléments d'un pôle à l'autre, par le courant électrique.

Sa théorie fut un peu modifiée par Grotthus. D'après celui-ci, au moment où un atome d'oxygène devient libre près du fil positif, les deux atomes d'hydrogène qu'il abandonne réagissent sur une molécule d'eau voisine, lui prennent un atome d'oxygène, et recomposent ainsi de l'eau qui pourra se décomposer à son tour. Mais cet oxygène étant pris, que devient l'hydrogène qui lui était uni ? Il agit comme le précédent sur une nouvelle molécule d'eau, s'empare de son oxygène et en repousse l'hydrogène. L'hydrogène de cette seconde molécule sépare de même l'hydrogène d'une troisième, en lui enlevant son oxygène ; l'hydrogène de cette troisième sépare celui d'une quatrième, et ainsi de suite ; de telle manière qu'il y a une suite continue de décompositions et de recompositions successives jusqu'auprès du fil négatif. Alors l'hydrogène séparé, au lieu d'aller encore décomposer une autre molécule, se trouve mis en liberté. Cette explication réunit jusqu'ici les raisons les plus déterminantes en sa faveur.

Hâtons-nous d'abréger les détails de peu d'intérêt, pour arriver à l'homme qui a exercé la plus grande influence sur l'application de l'électricité à la Chimie. Passons directement à l'examen du Mémoire dans lequel Davy se posa avec tant d'éclat dans la brillante carrière où il débutait. Ce Mémoire eut une destinée rare : il fut couronné par l'Académie des Sciences de Paris en 1807, au moment où la guerre la plus animée divisait la France et l'Angleterre.

Le premier objet que Davy eut, et dut avoir en vue, fut la discussion des effets observés dans la décomposition de l'eau par la pile. On avait toujours remarqué, comme nous l'avons déjà dit, la production d'un acide du côté où se dégageait l'oxygène, et celle d'une base là où se dégageait l'hydrogène. De là des idées bien singulières : on avait même été jusqu'à vouloir déduire de ces résultats que l'eau pouvait se changer en acide et en base, et même en une base minérale. Voilà dans quel état Davy prit la question. Elle était, vous le voyez, bien embrouillée et bien obscure. Il mit tous ses soins à l'éclaircir, et il le fit avec un succès si complet, en y apportant des précautions si rationnelles et si minutieuses, avec un zèle si constant, avec une sagacité si exquise, que l'exposé de son travail se lit toujours avec un intérêt inexprimable.

Dans ses premiers essais, il rencontra constamment le même acide et la même base : c'étaient toujours de l'acide chlorhydrique et de la soude. La réunion de ces deux substances eût produit du sel marin : c'était donc de ce sel qu'elles devaient provenir ; en effet, Davy reconnut dans le verre des vases qu'il employait la présence de quelques traces de chlorure de sodium, suffisantes pour expliquer la formation de l'acide chlorhydrique et de la soude observés. Il en conclut l'obligation de renoncer à l'emploi des vases de verre, et recourut à des vases d'agate. Mais dans ceux-ci le courant électrique trouvait encore des matériaux à décomposer ; si bien que Davy reconnut la nécessité de faire usage de vases métalliques, et parmi eux il choisit de préférence les vases d'or, comme étant les moins attaquables.

Le vase ne pouvait plus céder aucune substance décomposable. Cependant, et malgré les soins convenables pour opérer sur de l'eau bien exempte de matières organiques, il se formait encore un acide auprès du fil positif, encore une base près du fil négatif biais, en ce cas, l'acide était de l'acide azotique, la base était de l'ammoniaque. Ces deux corps renfermant les éléments de l'eau et de l'air, leur production étant constante et leur quantité extrêmement faible, il comprit que l'eau elle-même et l'air dissous dans l'eau avaient dû contribuer ensemble à leur formation. Dès lors tout était expliqué, tout était éclairci. Les phénomènes accidentels qui accompagnaient la décomposition de l'eau étaient dévoilés et définis ; le fait principal, sa conversion en oxygène et hydrogène, était établi et mis hors de toute atteinte. Admirable effet du génie, dont le propre consiste presque toujours à purifier les résultats généraux des accidents qui les troublent.

Davy, comparé à ses contemporains, nous en offre ici un exemple remarquable. Vous en trouvez plusieurs autres, qui ne le sont pas moins, dans la vie scientifique de Lavoisier. Ainsi, considérez sa lutte avec Bayen, à l'occasion de la décomposition de l'oxyde rouge de mercure par le feu, et vous verrez que Bayen se laissait préoccuper par des expériences exactes d'ailleurs, mais faites sur des oxydes impurs, ce qui l'empêchait de voir le fait dont il était témoin sous son véritable jour. Bayen observe : ici des traces de chlorure de mercure ; là des traces de sous-nitrate ; ailleurs de l'eau, et il perd de vue le gaz oxygène. Lavoisier, au contraire, s'attache à l'action très-nette de la chaleur sur l'oxyde, à sa conversion en oxygène et mercure, et s'en sert comme d'un flambeau pour éclairer toute la Chimie. Suivez encore Lavoisier dans ses recherches sur la conversion de l'eau en terre. Il n'est point séduit par les apparences ; il n'est point arrêté par les petits accidents qu'il rencontre et que la Science ne savait pas encore expliquer ; il marche droit à son but, et saisit hardiment le fait principal.

Le parallèle de Lavoisier et de Davy met en évidence un autre rapprochement : c'est que chacun d'eux, dès ses premiers travaux, crée son système d'idées, et s'empare de son instrument. Lavoisier, basé sur ce principe que dans la nature rien ne se perd, rien ne se crée, fait de la balance un réactif fidèle, un guide sûr pour suivre sans s'égarer toutes les réactions de la Chimie ; et, à son aide, il éclaire, il agrandit, il régularise la Science. Davy, prenant pour point de départ les rapports de ressemblance qu'il remarque entre les forces électriques et les forces chimiques, trouve dans la pile un moyen nouveau d'analyse, et bientôt il enrichit la Chimie d'un grand nombre de corps qui prennent naissance entre ses mains sous l'influence de ce puissant instrument.

L'étude des effets de la pile sur l'eau a suffi pour faire sentir à Davy combien était vaste la carrière dans laquelle il venait d'entrer. Il comprit aussitôt la grandeur des forces qu'il avait commencé à mettre en jeu et l'importance des effets qu'elles pouvaient produire. C'était sa vie tout entière qui venait de se dévoiler à lui. Si la pile qu'il avait à sa disposition avait pu non-seulement décomposer l'eau, mais encore combiner l'azote et l'hydrogène et même l'azote et l'oxygène, dont l'union directe est si difficile ; si cette pile avait pu décomposer le chlorure de sodium disséminé dans le verre, et par une action longtemps prolongée séparer les composants du verre lui-même, que ne devait-il attendre d'une pile plus forte ? Quels composés ne pouvait-il espérer d'atteindre, s'il parvenait à disposer d'un appareil plus puissant encore ? Tous les corps allaient donc désormais se décomposer entre ses mains. Aussi fit-il tous ses efforts, employa-t-il toute son influence, fit-il usage de tout le crédit que lui donnaient ses succès dans l'enseignement public pour se procurer des piles de plus en plus fortes, et enfin ses vœux furent pleinement accomplis. Alors Davy était armé. Et, quand on sait tout ce qu'il y avait de poésie dans sa brillante imagination, et comment il s'était fait de la nature un système qu'il croyait pouvoir tout embrasser, quand on sait qu'il avait étudié les alchimistes, quand on sait quelles étaient ses idées de panthéisme,

ONZIÈME LEÇON.

on comprend avec quelle ardeur curieuse il a du suivre une pensée qui lui apparaissait si vaste ; on comprend avec quel respect inquiet il a dû en essayer à le pouvoir.

Il était difficile que Davy ne fût pas préoccupé par une idée qui s'offrait naturellement à son esprit, et il s'est laissé dominer par cette idée. Il s'est dit : Puisque les corps se séparent par des forces électriques, c'est aussi par des forces électriques qu'ils doivent être réunis. Ce principe admis, la possibilité de tout décomposer avec une pile suffisante en était la conséquence nécessaire : cette déduction se trouvait d'accord avec l'expérience ; l'action produite sur le verre venait à son appui et elle était bien démonstrative. Aussi parvint-il bientôt, à l'aide du courant électrique, à décomposer le plâtre, le sulfate de strontiane, et même des roches tout à fait insolubles. Enfin, mais bien plus tard, il obtint le potassium et le sodium. Admirable privilége du génie qui, après avoir écarté un accident, s'en empare et le féconde d'une façon qui éblouit le vulgaire et qui arrache un cri d'enthousiasme à l'homme éclairé ! Oui, pour un esprit supérieur, dès qu'une pile, faible avec le temps, décompose le verre qui résiste si bien dans d'autres circonstances, ce fait suffit et mène à comprendre qu'une pile très-forte décomposera le corps le plus rebelle et le décomposera tout de suite.

Mais cette pile, après tout, pouvait avoir fourni une force antagoniste de l'affinité, et non pas une force identique avec l'affinité elle-même. Davy crut apparemment trouver la réponse à cette objection dans l'examen des phénomènes qui accompagnent l'action chimique.

Il s'assura que les corps qui ont entre eux de l'affinité développent de l'électricité, quand on les met en contact. Si, par exemple, vous prenez un morceau de cuivre et un morceau de soufre, et que vous les approchiez l'un de l'autre, ils se chargeront aussitôt d'électricité : le premier sera électrisé positivement, et le second négativement. Placez un cristal d'acide oxalique sur de la chaux, il y aura de même manifestation d'électricité dans ces deux substances : l'acide prendra de l'électricité positive, la base de l'électricité négative. Des expériences de ce genre peuvent être multipliées à l'infini.

Davy est allé plus loin. Il a constaté que, si l'on élève la température de deux corps en contact et qui tendent à se combiner, la charge électrique de chacun d'eux va toujours en croissant, jusqu'à un maximum où elle est même très-forte. À un certain moment, il se développe de la chaleur et quelquefois de la lumière, les deux corps se combinent et toute tension électrique disparaît. Vous avez pris du soufre et du cuivre, qui l'un et l'autre renfermaient les deux fluides électriques neutralisés ; vous les avez rapprochés, et les deux fluides se sont inégalement partagés, l'un s'étant porté en excès dans le soufre, l'autre s'étant condensé au contraire dans le cuivre. Élevez maintenant la température : la séparation des deux fluides se manifeste de plus en plus, le soufre devient plus positif et le cuivre plus négatif. Enfin, si vous continuez à chauffer, il arrive un moment où les électricités accumulées sur les deux corps en présence ont une tension si forte qu'elles se réunissent. Alors le feu éclate et la combinaison s'effectue au milieu de ce dégagement de chaleur et de lumière. Voilà un exemple où le système de Davy se peint dans toute sa netteté.

Vous voyez donc que, suivant lui, les corps en contact se chargent d'électricité contraire ; que plus ils en développent, plus ils ont d'affinité, et qu'arrivés où la tension des électricités est capable d'entraîner leurs particules, ils se précipitent l'un sur l'autre : aussitôt les électricités se confondent et les corps sont combinés. Ainsi, de l'état de neutralité, les corps parviennent peu à peu à une tension maximum, pour revenir à la neutralité tout à coup.

Cette manière d'envisager l'affinité satisfait à toutes les données de la Chimie. Mais elle rencontre une difficulté radicale : c'est qu'il faut reconnaître dans le simple contact des corps le pouvoir de développer de l'électricité.

Si Davy a pris pour fondement de sa théorie le principe que les corps s'électrisaient en se touchant, il ne l'a pas fait inconsidérément, ce n'est point une supposition qu'il a lancée au hasard. S'il a admis le fait, c'est qu'il l'a vu, et bien d'autres l'ont pareillement vu, soit avant lui, soit après lui. Volta l'a pris pour base de sa théorie de la pile, que tout le monde a longtemps admise. Vous voyez que Davy s'en est servi à son tour comme base de sa théorie électrochimique. Cependant au temps actuel le fait est contesté, ou du moins autrement interprété. Aujourd'hui on regarde le contact comme incapable de déterminer par lui-même aucun signe d'électricité. Les corps, en se touchant, n'en développeraient jamais s'il n'y avait en même temps action chimique. L'action chimique serait donc seule la véritable source de l'électricité : le contact n'en pourrait être que la cause occasionnelle, en permettant l'action chimique.

Nous ne pouvons donc admettre la vérité de la théorie de Davy, et pourtant elle est grande et belle. Elle suffit à tous les phénomènes de la Chimie, elle a suffi à fournir la brillante carrière de son auteur. C'est elle qui, par exemple, l'a conduit, par un de ces triomphes de la pensée que l'on ne peut voir sans quelque orgueil pour l'humanité, à la découverte du potassium et des autres métaux alcalins. C'est elle aussi qui lui a enseigné le moyen de conserver le doublage des vaisseaux, en transportant sur du zinc, que l'on peut renouveler à volonté, une action qui détruisait le cuivre dont le navire est revêtu à grands frais. Cette théorie mérite donc encore toute votre attention, et je vais essayer de vous la présenter dans son ensemble, mais en peu de mots.

Vous comprenez qu'il m'est impossible ici de vous exposer les idées d'un auteur de la même manière qu'il les a présentées ; je dois m'efforcer de les simplifier. Il faut que je condense, dans quelques mots, ce qu'il a développé quelquefois dans un très-grand nombre de pages. Je suis obligé de me borner à la partie essentielle de ses conceptions, d'écarter tous les détails qui ne sont pas indispensables, et quelquefois d'ajouter des explications qui deviennent nécessaires pour suppléer à celles dans lesquelles je ne veux pas entrer.

La théorie de Davy, telle que je la comprends, revient en définitive à dire : Une attraction générale lie les particules des corps ; c'est elle qui produit ce que l'on appelle communément *cohésion*. Mais le contact de deux corps dissemblables développe une force nouvelle, l'électricité, qui tend à isoler les particules similaires de chacun d'eux et à rapprocher les particules des deux corps différents. Plus les corps sont de nature opposée, et plus l'électricité qu'ils dégagent est forte. Or il arrive un terme où la seconde force l'emporte sur la première, où l'attraction générale est vaincue par l'attraction électrique. Dès lors, les particules similaires se quittent, les particules dissemblables s'unissent, et la combinaison a lieu. Une fois ce résultat obtenu, le rôle de la force développée par le contact se trouve accompli, son effet devient inutile, elle s'anéantit, et la matière rentre sous les lois de l'attraction universelle.

Ces conceptions peuvent n'être pas vraies, mais elles sont belles, mais elles ont un caractère élevé ; on ne peut s'empêcher de les admirer. Elles forment un système net et complet, qui se prête également bien aux idées d'ensemble et aux détails, dans lequel la cohésion s'entend, l'action chimique s'entend, et où l'état permanent des composés s'entend aussi. On conçoit, avec ce système, comment les combinaisons se font avec une énergie qui varie suivant l'antagonisme des corps, comment les plus dissemblables doivent être les plus disposés à s'unir avec force, et aussi comment ce sont ceux où se manifeste l'état électrique au plus haut degré. On se rend compte de la production de la chaleur et de la lumière que développent les actions chimiques, puisque leur apparition n'offre plus que les circonstances ordinaires des phénomènes électriques. En un mot, ce système n'est jamais en défaut, du moins tant qu'on ne sort pas du cercle de la Chimie ; et il a guidé son inventeur dans les découvertes les plus éclatantes, comme dans l'étude des phénomènes les plus humbles. Il lui a servi à exciter les actions chimiques les plus violentes, aussi bien qu'à détourner les effets chimiques les plus obscurs. Respect au système qui produit de tels résultats : gloire à l'homme qui l'a créé et qui sut en faire de si belles applications.

Nous venons de voir que, pour Davy, les corps renferment les deux fluides électriques réciproquement neutralisés. De quelle manière d'ailleurs s'y trouvent-ils distribués intérieurement ? Il ne s'en occupe pas. Cette distribution est devenue l'objet de quelques hypothèses que nous devons maintenant discuter.

L'une d'elles a été proposée par un homme dont nous déplorons amèrement la perte récente, par M. Ampère, cet esprit naïf et profond, à la fois physicien subtil et chimiste rempli de vues hardies et ingénieuses, qui a jeté dans les sciences des germes si neufs et si fertiles. Pour lui, les molécules des corps auraient une électricité constante dont elles ne pourraient se séparer, et autour de chacune d'elles se fermerait une enveloppe d'électricité contraire, neutralisée à distance par celle de la molécule. Chaque molécule d'hydrogène, par exemple, renfermerait une certaine quantité d'électricité positive qui lui serait propre, et elle serait entourée d'une espèce d'atmosphère d'électricité négative : les molécules d'oxygène, au contraire, se trouveraient négatives à l'intérieur et positives à l'extérieur.

À l'aide de cette hypothèse fondamentale, M. Ampère se trouvait en état d'expliquer beaucoup de faits. Rapprochez suffisamment deux particules ainsi constituées et électrisées différemment, leurs atmosphères se réunissent ; de là, chaleur et lumière. Puis les molécules elles-mêmes, en vertu de leur état électrique opposé, se joignent et restent étroitement unies ; de là, combinaison permanente. D'ailleurs, en ce conflit électrique, on peut saisir l'électricité en mouvement et la porter sur de bons conducteurs ; de là, les signes d'électricité qui se manifestent. Vous voyez donc qu'avec cette théorie on rend parfaitement raison et des circonstances qui accompagnent les combinaisons et de la nature du résultat. S'agit-il d'expliquer les décompositions opérées par la pile, rien n'est plus facile. Que faut-il en effet pour séparer les molécules qui se sont réunies ? Leur rendre leurs atmosphères. Eh bien, c'est précisément ce que fait la pile, et, dès qu'elle les a entourées d'une quantité d'électricité suffisante pour qu'elles puissent se repousser, la combinaison est détruite et les éléments sont mis en liberté.

Jusque-là cette théorie s'accorde fort bien avec l'observation. Mais il y a une multitude de faits avec lesquels elle est tout à fait en opposition. Ainsi, voilà le soufre qui se combine avec le cuivre et qui est négatif à son égard : ce serait la preuve qu'il a de l'électricité négative inhérente à ses molécules. Comment alors concevoir sa combinaison avec l'oxygène, où il joue au contraire le rôle de corps positif ?

On a essayé de résoudre cette grave difficulté, en recourant à la théorie qui n'admet qu'un seul fluide électrique, et en faisant entrer dans les explications la considération des quantités d'électricité propres à chaque corps. Mais ce moyen d'échapper à l'objection proposée en soulève beaucoup d'autres ; en sorte qu'il faut finir par conclure que l'hypothèse de M. Ampère, quelque ingénieuse qu'elle soit, est absolument inadmissible. Tel est le sort, et cette circonstance est à remarquer, tel est le sort des systèmes d'affinité et des systèmes de groupements moléculaires présentés par les physiciens. Lors même qu'ils possèdent, comme M. Ampère, des notions exactes sur les phénomènes et les lois de la Chimie, le défaut d'habitude de la pratique de cette science se fait toujours sentir chez eux. Pourquoi la théorie électrochimique de Davy satisfait-elle à tous les faits de la Chimie connus lors de sa création, et même à tous les faits découverts depuis lors, sans qu'on en ait un seul à lui opposer ? C'est qu'elle est sortie des mains d'un chimiste consommé. J'en dirai autant de la théorie de M. Berzélius. Que celle de Davy soit incompatible avec les données de la Physique, je ne le nie point. Mais que les physiciens viennent à nous, qu'ils marchent de concert avec les chimistes, et qu'ils soient bien convaincus que les moindres détails de notre science sont à considérer, si l'on veut donner une théorie de l'action chimique.

M. Berzélius a parfaitement compris que l'on ne pouvait admettre dans les particules une électricité constante ; aussi s'est-il fait une autre image de leur constitution. Je vais essayer, non de vous exposer sa théorie telle qu'il l'a présentée, mais de vous l'offrir telle que je la conçois.

Vous savez que, par la chaleur, les tourmalines prennent des pôles électriques semblables aux pôles magnétiques d'un aimant. Voilà l'idée qui a frappé M. Berzélius dans la conception de sa théorie.

Rappelons, d'un autre côté, les singuliers résultats qu'a obtenus M. Ermann sur la propriété dont jouissent certains corps, de conduire inégalement les deux fluides électriques. Si vous mettez en communication permanente les deux pôles d'une pile, au moyen d'un fil métallique par exemple, les deux électricités se joindront et reconstitueront le fluide naturel, en sorte qu'il s'établira une succession continue de décompositions et de recompositions de l'électricité naturelle. Mais, si vous réunissez les deux pôles de la pile avec certaines substances, elles ne laisseront passer qu'une des deux électricités. Ainsi, par exemple, la flamme de l'hydrogène, celle de l'alcool, et en général les flammes hydrogénées placées dans le circuit du courant électrique, permettront au fluide positif seul de s'écouler. La flamme du phosphore, au contraire, n'offrira passage qu'au fluide négatif. Dans le premier cas, le pôle positif de la pile se trouvera donc déchargé, et le pôle négatif seul restera chargé. Ce sera l'inverse dans le second cas.

Eh bien, figurons-nous les molécules qui représentent les équivalents électrisées à la manière des tourmalines, et par conséquent électrisées diversement à leurs deux pôles ; supposons

ONZIÈME LEÇON.

d'ailleurs qu'elles agissent l'une sur l'autre, comme conducteurs unipolaires, de façon à ne se décharger qu'à l'un de leurs pôles. Nous pourrons alors nous rendre compte de toutes les particularités de l'action chimique.

Mettez, par exemple, l'oxygène et l'hydrogène dans les circonstances favorables à leur combinaison, les molécules de l'un et de l'autre gaz agiront par leurs deux pôles, qui se réuniront en sens inverse, c'est-à-dire que les pôles négatifs de l'hydrogène se tourneront du côté des pôles positifs de l'oxygène, et que les pôles positifs de l'hydrogène se placeront vers les pôles négatifs de l'oxygène. Mais, comme ces molécules ne peuvent abandonner que l'électricité d'un de leurs pôles, d'un côté les électricités contraires se réuniront, de l'autre les électricités en présence et d'espèce contraire se conserveront intactes. La réunion des premières développera de la chaleur et de la lumière ; l'influence réciproque des secondes maintiendra les particules combinées. Ainsi se trouveront expliquées sans difficulté la chaleur et la lumière qui accompagnent l'action chimique, tout comme la permanence des combinaisons. Que l'affinité s'exalte par la chaleur, ce sera chose toute simple ; il faudra y voir un effet semblable à celui qu'éprouve la tourmaline.

Dans cette manière de voir, l'impossibilité de développer de l'électricité par le simple contact ne sera point une difficulté. Il n'y aura point d'électricité dégagée tant que les corps ne feront que se toucher ; il sera inutile qu'il y en ait. Il y en aura au contraire dans l'action chimique, à cause du conflit des atmosphères qui enveloppent chaque pôle. Ces atmosphères pourront même concourir aussi à la production de la chaleur et de la lumière. Enfin, rien de plus aisé que de comprendre que le même corps ait des intensités chimiques diverses ou même opposées. Cela dépendra de l'effet de son antagoniste sur l'écoulement de son électricité polarisée.

Ainsi donc ce système, comme celui de Davy, satisfait à tous les besoins de la Chimie. C'est tout simple, ils ont été faits par des chimistes. Si cette condition n'eût point été remplie, ils ne les auraient point proposés.

La théorie de Berzélius a sur celle de Davy l'avantage de demeurer conforme à deux faits : l'impossibilité de produire de l'électricité par simple contact et la réalité de son développement dans les actions chimiques. Pour Davy, il faudrait tout l'opposé : que les corps pussent s'électriser par le contact, et c'est ce que l'on nie ; et qu'ils ne donnassent point d'électricité en se combinant, et l'on sait qu'ils en donnent. Au reste, quant à cette dernière assertion, Davy eût certainement pu s'en accommoder.

En définitive, les idées de Berzélius restent donc seules irréprochables jusqu'ici, tandis que celles de Davy sont repoussées par les données de la Physique. Cependant je dois ajouter que depuis dix ans j'ai vu les physiciens changer si souvent d'opinion sur cette question, qu'en vérité je ne sais trop si je dois regarder la chose comme irrévocablement jugée. Je dis cela sans prétendre jeter aucun blâme sur les physiciens, sans vouloir aucunement les accuser de versatilité ou d'inattention dans leurs observations : je n'en accuse que la difficulté du sujet.

Que faut-il conclure, Messieurs, de l'examen de ces diverses doctrines ? C'est que le système électrochimique le moins contestable est, si l'on veut, une belle généralisation, mais qu'il n'est après tout qu'un ensemble de suppositions dont la preuve nous manque. Ce sont des vues ingénieuses, il est vrai, mais tout à fait hypothétiques. Que faudrait-il donc pour les asseoir sur des bases solides et assurées ? Recourir au moyen que nous avons conseillé tant de fois, trouver une balance pour les phénomènes électrochimiques, avoir un procédé qui permit d'en mesurer les effets. Tant qu'on se borne à une étude générale des phénomènes, sans y introduire de mesures précises, les théories de ce genre sont peu discutables. Dans les sciences physiques, les conditions numériques sont la meilleure, sont la seule vraie pierre de touche des théories.

Est-il facile d'obtenir de semblables données dans les phénomènes dont il s'agit ? Une telle entreprise paraissait d'abord entourée de difficultés prodigieuses ; mais elle est devenue très-abordable sous un certain rapport depuis quelque temps. Il était réservé au digne successeur, à l'élève de Davy, de frayer un chemin dans cette direction ; aussi M. Faraday a-t-il déjà obtenu les résultats les plus remarquables.

ONZIÈME LEÇON.

Quand on songe à la manière d'attaquer les questions électrochimiques par des expériences propres à fournir des données numériques, le premier côté sous lequel elles se présentent consiste à chercher à évaluer la quantité d'électricité développée par telle ou telle action chimique ; mais alors les difficultés sont extrêmes. Si vous plongez, par exemple, du zinc dans de l'acide sulfurique étendu, il y aura des décompositions et des recompositions simultanées de l'électricité naturelle. La quantité d'électricité libre que vous en recueillerez, en ajoutant un conducteur métallique, sera variable, lors même que l'effet chimique serait constant, et sera d'ailleurs très-petite relativement à la quantité totale : c'est du moins ainsi que les choses paraissent se passer. M. Faraday a tenté quelques recherches de ce genre, mais il n'y a trouvé qu'un travail pénible et ingrat. Je vous avoue même que je n'ai pas bien saisi le point de vue où il s'était placé.

Ce que tout le monde, au contraire, comprend et admire, ce sont les expériences qu'il a faites en envisageant la question du côté inverse. Alors il a vu qu'en faisant agir, pendant le même temps, un même courant électrique sur de l'eau, du chlorure d'étain, du borate de plomb, de l'acide chlorhydrique, les quantités des divers éléments séparés étaient toutes proportionnelles à leurs équivalents. Ainsi, si la décomposition de l'eau donne 12,5 d'hydrogène et 100 d'oxygène, celle du chlorure d'étain donnera en même temps 735 parties d'étain et 442 de chlore ; celle de l'oxyde de plomb 1294 de plomb et 100 d'oxygène ; enfin celle de l'acide chlorhydrique 442 de chlore et 12,5 d'hydrogène. Ainsi la séparation des corps équivalents exige la même quantité d'électricité. C'est un bien beau résultat, lors même qu'il ne serait pas vrai que cette électricité se fût combinée avec les corps qui se sont séparés, et qu'elle ne dût pas être considérée comme un élément nécessaire à leur existence, ainsi que M. Faraday est disposé à le croire.

Permettez-moi, Messieurs, de prolonger un peu cette séance. Nous ne pouvons pas laisser imparfaitement résolues les questions qui nous occupent. Il y a un autre fait à citer comme complément de ce qui précède. Combien faut-il d'électricité pour opérer les décompositions ? En faut-il beaucoup, ou bien une petite quantité suffit-elle jour produire des effets considérables ? Eh bien, on est épouvanté de la quantité énorme qui est nécessaire pour effectuer des décompositions très-peu importantes. M. Faraday a constaté, par la mesure de l'hydrogène dégagé, qu'il y avait seulement 18 milligrammes d'eau décomposés par l'action d'un courant électrique capable de porter à l'incandescence un fil de 1/100 de pouce de diamètre, et de l'y maintenir pendant trois à quatre minutes ; ce qui peut être représenté d'une autre manière qui, sans doute, vous frappera davantage. Cette quantité d'électricité nécessaire pour la décomposition de 18 milligrammes d'eau équivaut à 6 millions de fois l'étincelle que donne une bouteille de Leyde de 20 pouces de haut, bien chargée. Avec de telles masses d'électricité mises en jeu, on peut certes bien aisément rendre compte de la chaleur et de la lumière dégagées par les actions chimiques, en leur supposant une origine électrique.

Il est nécessaire de soumettre à votre attention le parti que l'on peut tirer d'expériences faites dans la direction de celles que M. Faraday nous a déjà fait connaître. Jusqu'ici M. Faraday n'a opéré que sur des composés renfermant un équivalent de chaque élément. On aimerait à voir qu'il eût pris, par exemple, deux oxydes ou deux chlorures du même radical. Les résultats que l'on obtiendra en pareil cas seront de la plus haute importance, et jetteront probablement un grand jour sur la véritable constitution des corps composés.

Mais ces détails suffisent, et je dois m'arrêter. Vous demeurez convaincus que la Chimie ne tardera point à prendre un nouvel essor, quand, s'appuyant sur de bonnes observations, elle pourra discuter et comparer les *chaleurs spécifiques* d'un grand nombre de corps, et vérifier la loi de Dulong et Petit sur tous les composés ; quand elle pourra, d'après des expériences précises et nombreuses, comparer les *électricités spécifiques* d'un grand nombre des ubstances simples ou composées : ce qui paraît possible, d'après les belles expériences de M. Faraday.

Vous avez vu tout ce que l'isomorphisme, le dimorphisme ont jeté de clartés vives sur l'histoire des corps ; vous avez compris l'immense service rendu par la création et le développement de la théorie des équivalents ; mais rien ne peut nous permettre de prévoir les résultats auxquels on parviendrait, par une étude approfondie du rôle de la chaleur et de celui de l'électricité, dans la constitution des molécules du corps. Si des notions sur la forme ou l'arrangement des particules matérielles nous ont déjà tant appris, que ne peut-on pas attendre de l'étude des forces qui semblent présider à toutes les opérations de la Chimie, de l'étude de la chaleur et de l'électricité dans leurs rapports avec les particules des corps, puisqu'il n'existe aucune combinaison qui puisse se faire ou se défaire sans évolution de chaleur ou d'électricité ?

Avant de terminer cette dernière leçon, je crois nécessaire de vous faire quelques observations sur les matières qui devront faire partie du Cours de l'année prochaine. Car vous comprenez que les leçons que vous venez d'entendre ne peuvent se répéter chaque année.

Je me suis occupé à comparer les théories chimiques à diverses époques, et l'histoire m'a montré que toutes les grandes théories de cette science exigeaient un certain temps, presque déterminé, pour naître, se développer et disparaître du champ de la discussion. Si l'on compare les temps qui se sont écoulés entre l'apparition de chacune d'elles et leur admission définitive, on arrive à ce résultat singulier qu'en général un laps d'environ dix ans est nécessaire et suffisant pour leur établissement complet dans la Science. Je parle seulement, bien entendu, de ce qui s'est passé depuis l'époque où les chimistes sont en grand nombre, et ont entre eux, par le moyen des recueils scientifiques, des communications faciles qui leur permettent de coordonner leurs recherches. Ainsi généralement, au bout de dix ans, le jugement d'une grande théorie est porté en dernier ressort : c'est fini, c'est un fait accompli, c'est une idée passée dans la Science ou repoussée irrévocablement.

En voulez-vous quatre ou cinq exemples ? Voyez d'abord la grande théorie de Lavoisier. Elle naît en 1772 ; elle rencontre une opposition vigoureuse ; elle suscite où elle se rattache un grand nombre de travaux ; mais enfin les bases en sont entièrement posées vers 1782 ou 1783. C'est dans le cours de cette période que Priestley, Scheele et Lavoisier ont parcouru leur vaste et brillante carrière.

En 1800, Volta découvre la pile, dont on saisit bientôt les applications à la Chimie. Un nouveau champ s'ouvre pour les chimistes ; Davy s'y jette avec ardeur. Dix ans sont à peine écoulés, que les grandes découvertes, dont la pile devait enrichir la Chimie, sont achevées, et que l'immense influence des forces électriques dans cette science est glorieusement établie.

La même décade renferme également à peu près tout ce qui a essentiellement contribué à l'établissement des proportions chimiques. C'est pendant son cours que furent mis au jour, discutés et classés dans la Science, les travaux publiés par Dalton, Gay-Lussac et Berzélius.

En 1810, une nouvelle idée apparaît. Le chlore, pris jusqu'alors pour un composé, fut rangé parmi les éléments et présenté comme un adversaire de l'oxygène. La théorie de Lavoisier sembla renversée. Il n'en était rien ; on l'a étendue, mais on ne l'a point altérée. Lavoisier ne connaissait point les nouveaux faits dont il était question, il n'avait pu en tenir compte ; mais ils rentraient dans son système, il ne restait qu'à les y classer : le chlore a pris place à côté de l'oxygène, et bientôt le soufre et bien d'autres corps ont figuré auprès d'eux.

De 1820 à 1830, nouveau genre de discussion. Les preuves du dimorphisme et les belles observations de M. Mitscherlich ont été acquises à la Science, et la Minéralogie en fut révolutionnée. À ces deux doctrines s'est jointe celle de l'isomérie, et toutes trois ont jeté en Chimie un jour tout nouveau. Mais arrivez à 1830, et vous trouvez tous ces principes et leurs conséquences universellement reconnus.

Quelle marche suit-on aujourd'hui ? On sait très-bien que tous les efforts sont portés vers la Chimie organique. Les premières tentatives sur la manière dont il convenait d'envisager leur constitution ont déjà bien plus de dix ans de date ; aussi voyons-nous les théories de Chimie organique approcher rapidement de leur terme. Déjà même, malgré les divergences apparentes, on est sur le point d'être d'accord. On peut donc penser à faire entrer dans un cours supérieur, tel que celui-ci, la discussion des phénomènes appartenant à cette partie de la Chimie. C'est ce que je me propose de faire l'année prochaine. Je m'occupe à rassembler les matériaux nécessaires à l'accomplissement de ce projet ; et, si rien ne s'y oppose, je consacrerai une partie des leçons de l'année prochaine à l'explication la plus simple et la plus générale de ce qui se passe dans les corps organisés pendant leur vie, ou après leur mort, en m'appuyant sur les résultats de la Physiologie et sur ceux de la

ONZIÈME LEÇON.

Chimie organique.

Je ne crains pas de le dire, Messieurs, et là aussi nous découvrirons de belles lois, des lois simples, des harmonies dignes de toute l'attention des esprits éclairés.

Votre curiosité sera même singulièrement excitée, quand nous chercherons ensemble à approfondir tous ces beaux phénomènes qui se passent dans les corps de la nature organique, et que vous verrez la Chimie luttant courageusement avec la nature vivante l'égaler si souvent et la surpasser parfois. Vous penserez alors que, si la Chimie succombe en tant d'occasions, que si elle échoue quand elle veut analyser et surtout reproduire tant de corps organiques, vous penserez, dis-je, qu'il faut moins s'en prendre à ses méthodes qu'il notre inexpérience actuelle.

Et une fois initiés aux secrets de cette lutte, à laquelle tous les chimistes actuels ont voulu prendre part, vos regards demeureront fixés sur elle avec un profond intérêt.

Que de questions, et quelles questions, sont en jeu maintenant ! C'est ce que j'essayerai peut-être de vous faire deviner l'an prochain, mais ce que je n'oserais certainement pas vous dire, de peur d'éveiller en vos esprits des espérances que l'avenir ne confirmerait pas. Il vous sera facile de comprendre néanmoins à quels problèmes élevés de Philosophie naturelle se rattachent les travaux des chimistes actuels, quels progrès immenses ils promettent à la Médecine et aux Arts, et vous saisirez alors tout ce qu'il y a de dramatique dans la lutte qui se poursuit.

FIN.

ISBN : 978-1986579582

www.ingramcontent.com/pod-product-compliance
Lightning Source LLC
Chambersburg PA
CBHW052144220526
45471CB00004B/1511